工业软件技术及应用系列教材

U0192391

UG NX12.0 机械设计与产品造型

朱慕洁　主　编

杨　亘　畅国帏　柯美元　许中明　吴裕农　副主编

电子工业出版社
Publishing House of Electronics Industry
北京·BEIJING

内 容 简 介

本书以 UG NX 12.0 为基础，重点介绍了使用 UG NX 软件进行机械零件设计及产品造型的方法、步骤和技巧。全书主要内容包括 UG NX12.0 简介与基础操作、UG NX 草图设计、3D 曲线设计、基准与实体建模、细节特征与工程特征、曲面设计、特征操作与同步建模、零件装配设计、工程图设计等。

本书内容丰富，选材恰当，对于重要的工具在讲解时都配有量身定制的案例，便于读者加深理解；每个单元的最后都有综合应用实例，单元后还有一定量的精选习题供读者练习。另外，本书配套有丰富的素材文件和教学视频，读者可在华信教育资源网（www.hxedu.com.cn）下载。

本书可作为应用型本科、职业院校机械设计类专业的教材，亦可作为相关技术人员的参考用书。

图书在版编目（CIP）数据

UG NX12.0 机械设计与产品造型 / 朱慕洁主编. —北京：电子工业出版社，2022.2

ISBN 978-7-121-43039-8

Ⅰ.① U… Ⅱ.①朱… Ⅲ.①机械设计-计算机辅助设计-应用软件-高等学校-教材

Ⅳ.① TH122

中国版本图书馆 CIP 数据核字（2022）第 035497 号

责任编辑：朱怀永

印　　刷：北京七彩京通数码快印有限公司
装　　订：北京七彩京通数码快印有限公司
出版发行：电子工业出版社
　　　　　北京市海淀区万寿路 173 信箱　邮编　100036
开　　本：787×1092　1/16　印张：19.75　字数：505.6 千字
版　　次：2022 年 2 月第 1 版
印　　次：2025 年 1 月第 3 次印刷
定　　价：58.00 元

前　言

　　UG NX 是 Siemens PLM Software 公司出品的一款集设计、仿真、制造等于一体的集成软件，它为用户的产品设计及加工提供了数字化造型和验证手段。UG NX 针对用户的虚拟产品设计和工艺设计的需求，提供了经过实践验证的解决方案。UG NX 包含了功能较为全面的产品设计应用模块。UG NX 具有高性能的机械设计和制图功能，为产品设计提供了灵活性，满足了客户设计复杂产品的需要。同时，UG NX 也是一个优秀的交互式 CAD/CAM（计算机辅助设计与计算机辅助制造）系统，它功能强大，可以轻松实现各种复杂实体及造型的建构。它在诞生之初主要基于工作站，但随着 PC 硬件的发展和个人用户数量的增加，在 PC 上的应用取得了迅猛的增长，已经成为产品设计、模具设计的主流工具之一，广泛应用于机械、电子、化工、航空、建材等行业。

　　应用 CAD 技术可以提高企业的设计效率和设计质量，优化设计方案，缩短设计周期，从而加强企业的核心竞争力。现代企业已经把 CAD 技术当成工程技术人员必须具备的一项基本技能，为满足社会对这方面人才的需求，各高等院校相继开设了计算机辅助设计课程。

　　本书以 UG NX12.0 为蓝本，从介绍命令入手由浅入深地介绍了 UG NX 的基本知识及进阶应用，包括 UG NX12.0 简介与基础操作、UG NX 草图设计、3D 曲线设计、基准与实体建模、细节特征与工程特征、曲面设计、特征操作与同步建模、零件装配设计、工程图设计共 9 个单元；为避免出现学习命令时老师难讲学生难学的情况，本书将部分实例融入命令的讲解之中，让学生边学边练，加强对每个命令的理解与记忆。

　　本书由顺德职业技术学院朱慕洁老师担任主编；其中单元 1、7、8、9 由朱慕洁老师编写，单元 2、3、4、5、6 分别由副主编杨亘老师、畅国帏老师、柯美元老师、许中明老师、吴裕农老师编写。

　　说明：为了保证真实性和一致性，本书中的零件图形统一由 UG NX 绘制并直接从界面截取而获得，图形绘制标准为 UG NX 系统标准，读者应注意该标准与国家制图标准的区别。同时，本书配套教学资源包中除包含教学过程中需要用到的素材文件，还包含精彩的教学视屏。

　　本书在编写过程中得到了电子工业出版社及兄弟院校的大力支持与协助，在此我表示衷心的感谢。由于编者编写水平有限，存在疏漏和不足在所难免，恳请同行及广大读者批评指正。

编　者

本书配套资源包

目　录

单元 1　UG NX12.0 简介与基础操作 ································ 1

1.1　UG NX12.0 简介 ·· 1
1.2　UG NX12.0 主界面 ······································· 1
　　1.2.1　初始界面 ··· 1
　　1.2.2　工作界面 ··· 3

单元 2　UG NX 草图设计 ······································ 5

2.1　UG NX 草图简介 ··· 5
2.2　任务环境中绘制草图 ······································· 5
　　2.2.1　设置草图平面 ····································· 5
　　2.2.2　草图设置 ··· 9
　　2.2.3　基本图元绘图工具 ································· 9
　　2.2.4　高级草图工具 ···································· 14
　　2.2.5　曲线编辑 ······································· 21
　　2.2.6　几何约束 ······································· 23
　　2.2.7　尺寸标注 ······································· 25
　　2.2.8　草图综合知识 ··································· 28
2.3　草图综合范例 ··· 29
2.4　综合练习 2 ··· 34

单元 3　3D 曲线设计 ··· 36

3.1　3D 曲线简介 ·· 36
3.2　基本曲线命令 ··· 36
　　3.2.1　直线 ··· 36
　　3.2.2　圆弧/圆 ··· 37
　　3.2.3　艺术样条 ······································· 38
　　3.2.4　抛物线 ··· 39
　　3.2.5　双曲线 ··· 39

3.2.6 一般二次曲线 ································ 40
3.2.7 螺旋线 ······································ 41
3.2.8 曲面上的曲线 ···························· 44
3.2.9 文本 ··· 44
3.3 高级曲线命令 ···································· 47
3.3.1 偏置曲线 ································· 47
3.3.2 偏置 3D 曲线 ···························· 49
3.3.3 在面上偏置曲线 ······················ 49
3.3.4 投影曲线 ································· 51
3.3.5 组合投影 ································· 52
3.3.6 镜像曲线 ································· 53
3.3.7 相交曲线 ································· 54
3.3.8 等参数曲线 ······························ 54
3.3.9 等斜度曲线 ······························ 55
3.3.10 复合曲线 ······························· 56
3.3.11 截面曲线 ······························· 57
3.3.12 抽取虚拟曲线 ························· 58
3.3.13 桥接曲线 ······························· 59
3.3.14 修剪曲线 ······························· 60
3.3.15 分割曲线 ······························· 61
3.3.16 调整曲线长度 ························· 62
3.4 曲线综合应用范例 ······························· 63

单元 4 基准与实体建模 ······························· 69
4.1 基准特征 ·· 69
4.1.1 坐标系 ··· 69
4.1.2 基准点 ··· 70
4.1.3 基准轴 ··· 70
4.1.4 基准平面 ···································· 71
4.2 拉伸与旋转 ······································ 71
4.2.1 拉伸 ··· 71
4.2.2 旋转 ··· 73
4.2.3 拉伸与旋转综合应用实例 ············· 74
4.3 扫掠实体与通过曲线组创建实体 ··········· 82
4.3.1 扫掠 ··· 82
4.3.2 沿引导线扫掠 ······························ 84
4.3.3 变化扫掠 ···································· 85
4.3.4 管道扫掠 ···································· 87
4.3.5 通过曲线组 ································· 88
4.3.6 扫掠与混合综合应用实例 ············· 89
4.4 综合练习 3 ······································ 103

单元5 细节特征与工程特征 ·· **108**

5.1 圆角 ·· 108

    5.1.1 边倒圆 ··· 108

    5.1.2 面倒圆 ··· 113

    5.1.3 倒圆拐角 ··· 117

5.2 倒斜角 ·· 119

5.3 拔模特征 ·· 119

    5.3.1 拔模 ·· 119

    5.3.2 拔模体 ··· 123

5.4 孔工具 ·· 125

5.5 槽工具 ·· 130

5.6 筋板工具 ·· 131

5.7 壳工具 ·· 133

5.8 加厚工具 ·· 135

5.9 细节特征与工程特征应用实例 ··· 136

5.10 综合练习5 ·· 145

单元6 曲面设计 ·· **149**

6.1 一般曲面 ·· 149

    6.1.1 四点曲面 ··· 149

    6.1.2 通过点曲面 ··· 149

    6.1.3 从极点曲面 ··· 150

    6.1.4 拟合曲面 ··· 151

    6.1.5 过渡曲面 ··· 153

    6.1.6 有界平面 ··· 154

    6.1.7 填充曲面 ··· 154

    6.1.8 条带曲面 ··· 154

    6.1.9 中面 ·· 155

6.2 网格曲面 ·· 156

    6.2.1 通过曲线组 ··· 156

    6.2.2 通过曲线网格 ··· 157

    6.2.3 艺术曲面 ··· 158

    6.2.4 N 边曲面 ··· 158

6.3 扫掠曲面 ·· 160

    6.3.1 扫掠 ·· 160

    6.3.2 样式扫掠 ··· 160

    6.3.3 截面 ·· 161

    6.3.4 变化扫掠 ··· 163

    6.3.5 沿引导线扫掠 ··· 163

6.4 曲面操作 ·· 163
　　6.4.1 曲面复制 ································ 163
　　6.4.2 曲面修剪 ································ 163
　　6.4.3 曲面延伸 ································ 164
　　6.4.4 修剪和延伸 ···························· 165
　　6.4.5 规律延伸 ································ 166
　　6.4.6 偏置曲面 ································ 167
　　6.4.7 偏置面 ·································· 168
　　6.4.8 变距偏置面 ···························· 169
　　6.4.9 凸起 ···································· 170
6.5 曲面合并 ·· 171
　　6.5.1 缝合 ···································· 171
　　6.5.2 组合 ···································· 172
6.6 构造实体 ·· 173
6.7 分割面 ·· 173
6.8 曲面设计综合应用实例 ···························· 174

单元 7 特征操作与同步建模 ······················ 193
7.1 阵列 ·· 193
7.2 镜像 ·· 198
7.3 同步建模 ·· 200
7.4 体处理 ·· 208
7.5 编辑特征 ·· 209
7.6 布尔运算 ·· 211
7.7 特征操作与同步建模综合应用实例 ················ 212
7.8 特征操作与同步建模综合练习 ···················· 227

单元 8 零件装配设计 ······························ 229
8.1 新建装配文件 ······································ 229
8.2 引用集 ·· 229
8.3 装配约束 ·· 230
8.4 装配导航器 ·· 232
8.5 装配基本操作 ······································ 233
8.6 爆炸图 ·· 237
8.7 显示自由度 ·· 238
8.8 自顶向下的装配设计 ································ 239
8.9 零件装配设计综合应用实例 ························ 242
8.10 零件装配设计综合练习 ···························· 257

单元 9　工程图设计 ·· **260**

9.1　工程图的基本操作 ··· 260

9.2　插入视图 ·· 263

9.3　编辑视图 ·· 279

9.4　图样标注 ·· 287

9.5　工程图设计综合应用实例 ··· 301

9.6　工程图设计综合练习 ··· 305

单元 1   UG NX12.0 简介与基础操作

1.1   UG NX12.0 简介

UG NX 是德国西门子下属 UGS 公司开发的 CAD/CAM/CAE 综合应用软件，作为 CAD 技术的代表作，它集成了产品开发、模具设计、模流分析、模具制造于一体。UG NX 广泛地应用于航空、汽车及运输、电子及电信、制造及组装等行业。

UG NX 作为业界认可度最高的软件之一，它的优势体现在以下几个方面。

1）产品设计方面

● UG NX 建模以"体"为基础，然后根据需要进行"合并""减去""相交"等布尔运算，大大提高了建模的灵活性。

● 在特征中引入公差能很好地消除建模过程中的误差，特别是对于从其他 3D 软件导入的文件，可以大幅度地降低编辑操作的难度。

2）工程图设计方面

● 通过一组高集成的制图工具，能既方便又快捷地创建工程图；并能导出多种工程图格式供给不同的软件使用。

● UG NX 工程图作为一个图纸页插入建模文件，这样减小了存储操作的复杂性，节省了存储空间。

3）模具设计与制造方面

● UG NX 能进行冲压模具、注塑模具、压铸模具等多种模具设计，为每类模具都提供相应的模块，自动化程度高。

● UG NX 具有强大的 CAM 制造能力，为模具的设与制造一体化提供了基础保障。

UG NX12.0 可以运行在 Win7、Win8、Win10 等 64 位操作系统环境下，并在以往版本的基础上对特征构建流程进行了优化，对部分对话框进行了整合，因此集成度更高，操作更加方便。

1.2   UG NX12.0 主界面

1.2.1   初始界面

启动 UG NX12.0，进入图 1-1 所示 UG NX12.0 初始界面。该状态下由于未加载应用模块，因此只有最基本的文件操作功能。

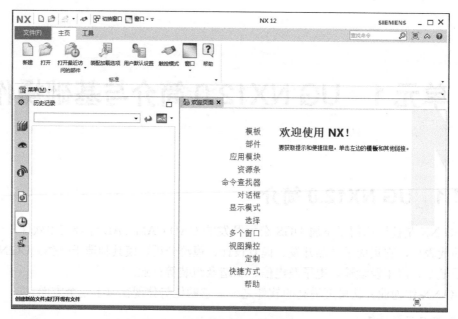

图 1-1　UG NX 12.0 初始界面

● **新建文件**：这里以模型为例，在初始界面中单击新建按钮，或者在"文件"选项卡单击"新建"命令，系统弹出"新建"对话框（见图 1-2）；选择"模型"选项卡，在"模板"列表中选择"模型"选项；在"名称"文本框输入文件名称（文件名不能包含中文字符），在"文件夹"文本框选择或输入文件存储路径；单击 确定 按钮完成新文件的创建。

图 1-2　"新建"对话框

●**打开文件**：在初始界面中单击打开按钮，或者在"文件"选项卡单击"打开"命令，系统弹出"打开"对话框（见图 1-3）；在"查找范围"下拉框中选择文件夹路径；在"名称"列表中选择文件名称；单击 OK 按钮打开文件。

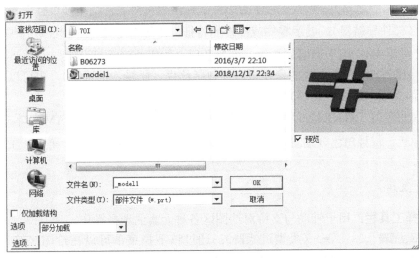

图 1-3　"打开"对话框

●**查找命令**：在初始界面的文本框中输入要查找的命令、工具条或应用模块，这样可以快速调出相应的模块或命令。

1.2.2　工作界面

打开一个已有的 UG 模型即可进入 UG NX 主工作界面（见图 1-4）。

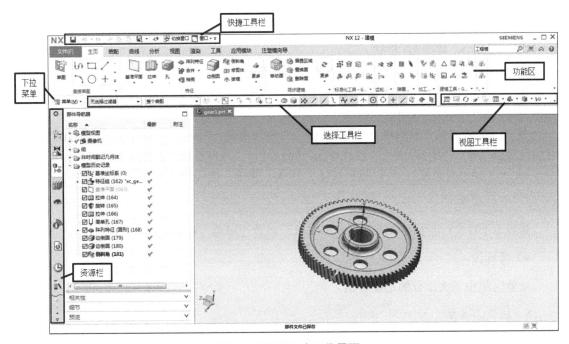

图 1-4　UG NX 主工作界面

1）资源栏

资源栏提供文件资源相关内容。

（装配导航器）：展示装配体的组织结构，也可对其零件进行编辑操作。

（约束导航器）：展示装配体的约束条件，也可对零件约束项进行编辑。

（部件导航器）：展示零件或部件的特征，也可对零部件的特征进行编辑。

（重用库）：用于调用标准件、模架及用户创建的可重用元件。

（HD3D）：分析生成的可视报告（包括约束、质量、位置等），也可以分析生成特征时产生的信息（干涉、错误等）。

（角色）：UG NX12.0 中提供了"高级""CAM 高级功能""CAM 基本功能""基本功能"4 种角色，每种角色分别对应不同的授权等级，建议选择"高级"角色，在此角色下功能比较完整。

2）工具栏

● **选择工具栏**：用于辅助与支持对绘图区各种元素的选择操作。

无选择过滤器（类型过滤器）：通过该下拉菜单可以在绘图区筛选"坐标系""基准""实体""小平面体""曲线""曲线特征""点""片体""特征""草图""视图""面""边"等。

（多选下拉菜单）：框选时指定范围的方法包括"矩形""套索""圆"3 种。

（常规选择过滤器）：在框选时可以设定条件（颜色、图层、细节）进行筛选。

（启用捕捉点）：通过启用捕捉点可以帮助读者在绘图区选取特殊位置点（如中点、端点、象限点等）。

● **视图工具栏**：对视图进行旋转、缩放、移动等操作。

（缩放）：视图缩放。

（平移）：视图平移。

（旋转）：视图 3D 旋转。

（适合窗口）：将视图显示大小与窗口相匹配。

（定向视图下拉菜单）：将视图方向转至 UG 默认的几何方向，包括正三轴测图、正等轴测图、前视图、左视图、右视图、俯视图、仰视图、后视图等。

（渲染样式下拉菜单）：系统提供了"带边着色""着色""带有淡化边的线框""带有隐藏边的线框""静态线框""艺术外观""面分析""局部着色"8 种渲染样式。

（显示与隐藏）：可以控制实体、片体、基础、曲线等几何元素的显示与隐藏。

3）下拉菜单

新版本 UG NX 将主菜单改成了下拉菜单，放置在屏幕左侧功能区的下方。

4）功能区

功能区集中了大部分的功能按钮。

5）快捷工具栏

快捷工具栏为少数常用命令提供更为便捷的访问方式。

单元 2   UG NX 草图设计

2.1   UG NX 草图简介

　　草图是构建三维图的基础，UG NX 草图有嵌入式草图和独立草图两种。在各类特征（拉伸、旋转等）对话框中单击"草绘"按钮进入草绘环境后建立的草图称为嵌入式草图，在 UG 工具栏或下拉菜单中选择草绘工具进入草绘环境后建立的草图称为独立草图。独立草图在部件导航器列表中可以找到相应的草图特征。嵌入式草图的绘制方法与独立草图是相同的，本书以独立草图为例介绍草图的绘制方法。

2.2   任务环境中绘制草图

　　启动 UG NX12.0，选择菜单 **文件(F)** → **新建(N)...** 命令，系统弹出"新建"对话框，在 **模型** 选项卡的 **模板** 列表中选择 **模型**，在"名称"文本框输入模型名称ex1_1，单击 **确定** 按钮，进入建模环境。单击 **菜单(M)** ，选择"插入"→"在任务环境中绘制草图"，系统弹出"创建草图"对话框（见图 2-1）。

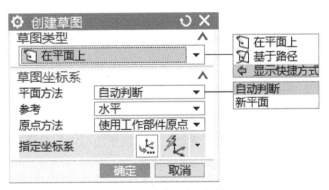

图 2-1   "创建草图"对话框 1

2.2.1   设置草图平面

　　UG NX 共提供了 3 种草图平面设置方法，即"在平面上+自动判断""在平面上+新平面""基于路径"。下面对这 3 种方法依次进行说明。

1. 在平面上+自动判断

"创建草图"对话框如图 2-1 所示，这时用户可在绘图区选择一个已存在的面（基准平面或实体表面）。

● **参考**：指定的草图参考元素落在哪个方向（水平或垂直）。

● **指定坐标系**：指定草图参考元素，该元素会落在上一步"参考"中设定的方向。例如：上一步设定为"水平"，则该素元会是草图的 X 轴。

● **原点方法**：指定草图原点位置。系统提供了两种指定草图原点的方法，"使用工作部件原点"把当前部件原点作为草图原点；"指定点"由用户选择一个点作为原点。

2. 在平面上+新平面

"创建草图"对话框如图 2-2 所示，这时需要用户在绘图区创建一个草图平面。

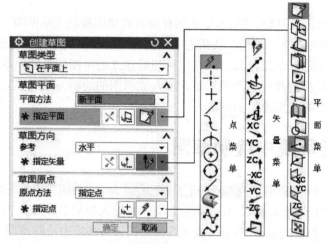

图 2-2 "创建草图"对话框 2

● **平面菜单**：共提供 14 种创建平面的方法。

（自动判断）：系统根据用户选定的图元自动做出判断。

（按某一距离）：根据用户指定的平面偏移指定的距离得到一个新平面。

（成一角度）：根据用户指定的平面沿指定轴线旋转指定角度得到一个新平面。

（二等分）：根据两个平行平面得到一个中位面。

（曲线和点）：通过点和曲线创建新平面，新平面可以与曲线垂直，也可以是通过曲线，具体是哪种情况，系统自动判断。

（两直线）：通过共面的两条直线创建一个新平面。

（相切）：创建与指定曲面相切的新平面。

（通过对象）：通过一个能确定唯一平面的图元创建新平面，如圆弧、平面曲线、实体平面等。

（点和方向）：通过一个指定点创建与坐标轴垂直的新平面。

（曲线上）：创建通过曲线或棱边上任一位置点且垂直于该曲线的新平面。

（YC-ZC 平面）：工作坐标系 YC-ZC 平面。

（XC-ZC 平面）：工作坐标系 XC-ZC 平面。

（XC-YC 平面）：工作坐标系 XC-YC 平面。

（视图平面）：按当前视角创建新平面。

● **矢量菜单**：共提供 12 种创建矢量的方法。

（自动判断的矢量）：系统根据用户选定的图元自动做出判断。

（两点）：通过两点连线创建矢量。

（曲线/轴矢量）：第一种情况，选定的曲线为直线，那么创建的是通过该曲线的矢量；第二种情况，选定的曲线是圆弧，那么创建的是通过圆心且与圆弧平面垂直的矢量。

（曲线上的矢量）：创建的是通过曲线上的点且与曲线相切的矢量。

（面/平面法向）：创建垂直于曲面的矢量。

XC（XC 轴）：创建通过工作坐标系 XC 轴的矢量。

YC（YC 轴）：创建通过工作坐标系 YC 轴的矢量。

ZC（ZC 轴）：创建通过工作坐标系 ZC 轴的矢量。

-XC（-XC 轴）：创建通过工作坐标系 XC 轴的反向矢量。

-YC（-YC 轴）：创建通过工作坐标系 YC 轴的反向矢量。

-ZC（-ZC 轴）：创建通过工作坐标系 ZC 轴的反向矢量。

（视图平面）：通过工作坐标系原点且垂直于当前视角的视图平面。

● **草图方向**：若"参考"设置为"水平"，则矢量构造器构建的矢量为草图 X 轴。

● **原点方法**：指定草图原点位置。系统提供了两种指定草图原点的方法，"使用工作部件原点"把当前部件原点作为草图原点；"指定点"由用户选择一个点作为原点。

● **点菜单**：共提供 12 种创建点的方法。

（自动判断）：系统根据用户选定的图元自动做出判断。

（光标位置）：在 XC-YC 平面内光标所在的位置创建点。

（现有点）：根据已经存在的点（点特征）创建新点。

（端点）：选择一条曲线或边界线，系统根据光标位置选择较近端点。

（控制点）：选择样条曲线，系统根据光标位置选择较近端点或中间点。

（交点）：在绘图区选择两条相交曲线或一个曲面与一条曲线求出交点，如果存在不止一个交点则系选择最靠近光标的交点。

（圆心）：在圆心、椭圆中心、球心处创建新点。

（象限点）：在圆弧与坐标轴相交且最靠近光标的交点处创建新点。

（曲线/边上的点）：选择曲线或棱边上最靠近光标的点创建新点。

（面上的点）：选择曲线面上最靠近光标的点创建新点。

（样条极点）：用户选择"根据极点"方法绘制的样条曲线，系统会选中离光标最近的极点。

∿（样条定义点）：用户选择"通过点"方法绘制的样条曲线，系统会选中离光标最近的定义点。

3. 基于路径

通过选定的路径及路径上的一个点创建与路径存在一定关系的草图平面，此时"创建草图"对话框如图 2-3 所示。

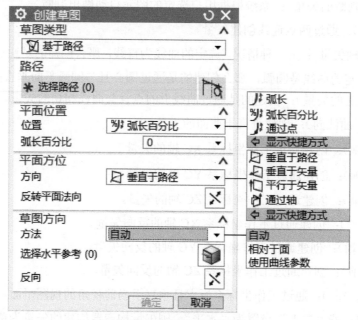

图 2-3 "创建草图"对话框 3

● **选择路径**：用户可在绘图区选择一条曲线或边界线作为创建草图平面的路径。
● **平面位置**。

♪ 弧长：选中该项后，当前下拉框下方会出现"弧长"文本框，用户按期望的位置输入数值，系统根据离选定路径起始端点的弧长等于设定弧长来确定草图平面的位置。

♪ 弧长百分比：选中该项后，当前下拉框下方会出现"弧长百分比"文本框，用户按期望的位置输入数值，系统根据离选定路径起始端点的弧长百分比等于设定弧长百分比来确定草图平面的位置。

♪ 通过点：选中该项后，当前下拉框下方会出现点构造器，用户可以创建一个点，系统会自动将点投影到路径上确定草图平面的位置。

● **平面方位**。

垂直于路径：创建的草图平面与所选择的路径垂直。

垂直于矢量：选中该项后，当前下拉框下方出现矢量构造器，用户按期望构造一个矢量，创建的草图平面将与该矢量垂直。

平行于矢量：选中该项后，当前下拉框下方出现矢量构造器，用户按期望构造一个矢量，创建的草图平面将与该矢量平行。

通过轴：选中该项后，当前下拉框下方出现矢量构造器，用户按期望构造一个矢量，创建的草图平面将通过该矢量轴。

● **草图方向。**

自动：选中该项后，当前下拉框下方出现"选择水平参考"项，用户按期望选择一条棱边或直线作为草图的 X 轴。

相对于面：选中该项后，当前下拉框下方出现"选择面"项，用户按期望选择一平面，系统以该面的法向作为草图的 X 轴。

使用曲线参数：系统用路径曲线所在平面作为草图水平方向。

2.2.2　草图设置

"创建草图"对话框设置完成后，单击"确定"按钮，进入草图绘制阶段，此时功能区如图 2-4 所示，选择菜单 任务(K) → 草图设置(K)...命令，系统弹出"草图设置"对话框（见图 2-5），即可进行草图个性化设置。该对话框分三个设置区域"活动草图""不活动草图""常规"，活动草图是指当前正在进行绘制的草图，不活动草图是指在当前草图之前已经完成的草图。

图 2-4　任务环境下功能区

图 2-5　"草图设置"对话框

2.2.3　基本图元绘图工具

1. 直线工具

单击功能区直线工具按钮 / 或选择菜单 插入(S) → 曲线(C) → / 直线(L)...命令，然后在绘图区选择直线起点和终点即可创建一条直线。

● XY 凸 （输入模式）：采用输入模式绘制直线有两种输入法，其中 XY 表示直角坐标输入，凸 表示参数输入，分别输入直线长度与角度即可。

2. 圆弧工具

单击功能区圆弧工具按钮 或选择菜单 插入(S)→曲线(C)→ 圆弧(A)... 命令，系统弹出图 2-6 所示圆弧工具操控板。

● ：通过指定圆弧上三点创建圆弧。
● ：通过指定圆弧中心和两个端点创建圆弧。
● XY 凸：两种输入方法，其中 XY 表示直角坐标输入，凸 表示参数输入。

3. 圆工具

单击功能区圆工具按钮○或选择菜单 插入(S)→曲线(C)→○ 圆(C)... 命令，系统弹出图 2-7 所示圆工具操控板。

● ⊙：通过指定圆心和圆周上一点创建圆。
● ○：通过指定圆周上三点创建圆。
● XY 凸：两种输入参数法，其中 XY 表示直角坐标输入；凸 表示参数输入。

图 2-6　圆弧工具操控板

图 2-7　圆工具操控板

4. 矩形工具

单击功能区矩形工具按钮 或选择菜单 插入(S)→曲线(C)→□ 矩形(R)... 命令，系统弹出图 2-8 所示矩形操控板。

● ：通过指定两个对角点创建一个水平或垂直矩形。
● ：通过指定矩形三个角点创建一个任意方向的矩形。
● ：通过指定矩形中心点、一条边的中点及端点创建一个任意方向的矩形。
● XY 凸：两种输入方法，其中 XY 表示直角坐标输入，凸 表示参数输入。

5. 点工具

单击功能区点工具按钮十或选择菜单 插入(S)→基准/点(D)→十 点(T)... 命令，系统弹出点构造器，通过点构造器创建点。

6. 轮廓工具

单击功能区轮廓工具按钮 或选择菜单 插入(S)→曲线(C)→ 轮廓(O)... 命令，系统弹出图 2-9 所示轮廓工具操控板，该工具可以连续绘制直线、圆弧，提高绘图效率。

● ：切换到直线绘制。
● ：切换到圆弧绘制。

● **XY** ⬚ ：两种输入方法，其中 **XY** 表示直角坐标输入，⬚ 表示参数输入。

图 2-8 矩形工具操控板

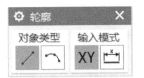
图 2-9 轮廓工具操控板

7. 艺术样条

单击功能区艺术样条工具按钮 ⤳ 艺术样条 或选择菜单 插入(S) → 曲线(C) → ⤳ 艺术样条(D)... 命令，系统弹出如图 2-10 所示的"艺术样条"对话框，构建艺术样条有"通过点"与"根据极点"两种方法。

● ∿ **通过点**（图 2-10（a））。

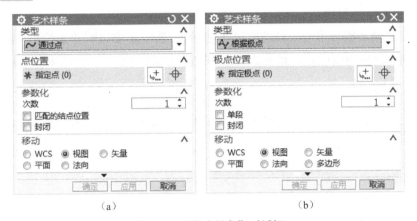

（a）   （b）

图 2-10 "艺术样条"对话框

通过指定的点构建样条曲线，指定的点位于样条曲线路径之上，通过依次指定若干点创建的艺术样条示例如图 2-11 所示。

➤ ✳ **指定点 (0)**：在绘图区选择点或通过点构造器创建点。

➤ **次数**：表示曲线的阶次，阶次范围应大于等于 1、小于等于 24，阶次越高，曲线越平滑。

➤ ☑ **匹配的结点位置**：选中该复选框，系统将根据曲线形状匹配得到若干个极点，这时曲线会转化为根据极点类型的样条曲线。

➤ ☑ **封闭**：选中该复选框，系统将在起点与终点间形成相同阶次的闭合回路。

➤ **移动**：移动功能可用于对曲线形状进行微调；选中 ◉ **WCS** 单选按钮可沿锁定的工作坐标轴移动选定的曲线定义点；选中 ◉ **视图** 单选按钮可在视图平面内自由移动曲线定义点；选中 ◉ **矢量** 单选按钮可沿锁定的矢量方向移动曲线定义点；选中 ◉ **平面** 单选按钮可在选定的平面上移动曲线定义点；选中 ◉ **法向** 单选按钮定义点可沿垂直于曲线的方向移动。

● ⤳ **根据极点**（见图 2-10（b））。

通过指定的极点（不少于 4 个）构建样条曲线，指定的点是样条曲线的控制点，通过依次指定若干极点创建的艺术样条示例如图 2-12 所示。

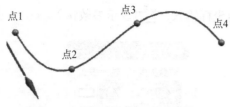

图 2-11 "通过点"构建的艺术样条

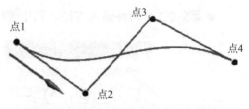

图 2-12 "根据极点"构建的艺术样条

➤ ✳ 指定点 (0)：在绘图区选择点或通过点构造器创建点。

➤ 次数：表示曲线的阶次，阶次范围应大于等于 1、小于等于 24，阶次越高，曲线越平滑，阶次最高为 n（极点数）−1。

➤ ☑ 单段：选中该复选框，系统将自动匹配到允许的最高阶次，需要曲线尽可能平滑时勾选该复选框。

➤ ☑ 封闭：选中该复选框，系统将在起点与终点间形成相同阶次的闭合回路，选中 ☑ 单段 复选框则不可封闭。

➤ 移动：移动功能可用于对曲线形状进行微调；选中 ◉ 多边形 单选按钮可沿由极点组成的多边形移动选定的曲线极点。其余各单选按钮用法与"通过点"的艺术样条相似。

8. 椭圆工具

单击功能区椭圆工具按钮 ⊙ 椭圆 或选择菜单 插入(S) → 曲线(C) → ⊕ 椭圆(E)... 命令，系统弹出图 2-13 所示"椭圆"对话框。

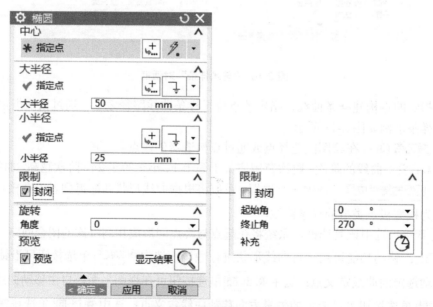

图 2-13 "椭圆"对话框

● ✳ 指定点 。

可以在绘图区选择一个点或通过点构造器创建点，系统将这个点作为椭圆的中心。

● 大半径 选项组。

定义椭圆的半长轴。

> ➤ ✔ **指定点**：在绘图区选择一个点或使用点构造器创建一个点（这个点相对于椭圆中心坐标须为正），系统将根据这个点与椭圆中心的距离确定椭圆半长轴。

> ➤ **大半径**：可直接在该文本框内输入半长轴的数值。

● **小半径** 选项组。

定义椭圆的半短轴。

> ➤ ✔ **指定点**：在绘图区选择一个点或使用点构造器创建一个点（这个点相对于椭圆中心坐标须为正），系统将根据这个点与椭圆中心的距离确定椭圆半短轴。

> ➤ **小半径**：可直接在该文本框内输入半短轴的数值。

● **限制** 选项组。

定义椭圆的角度范围。

> ➤ ☑ **封闭**：勾选该复选框时，系统将创建一个完整椭圆。

> ➤ ☐ **封闭**：取消勾选该复选框时，下方会展开"起始角""终止角"两个文本框和"补充"按钮 🕓，要求输入起始角度和终止角度；单击 🕓 按钮则系统会取当前椭圆弧的补集。例如，当前为一段 $0° \sim 270°$ 的椭圆弧，则取补集后为一段 $270° \sim 360°$ 的椭圆弧。

● **预览** 设置区。

设置系统是否在绘图区生成预览。

9. 多边形工具

单击功能区多边形工具按钮 ⊙ **多边形**或选择菜单 **插入(S)** → **曲线(C)** → ⊙ **多边形(Y)** 命令，系统弹出图 2-14 所示"多边形"对话框。

● ✳ **指定点**。

可以在绘图区选择一个点或通过点构造器创建点，系统将这个点作为多边形的中心。

● **边**设置区。

可在下方文本框中输入多边形的边数。

● **大小**选项组。

定义多边形的大小。

> ➤ **大小下拉框**：设置指定多边形大小的方法，UG NX 提供了"内切圆半径""外接圆半径""边长"三种方法。

> ➤ ✔ **指定点**：在绘图区选择一个点或使用点构造器创建一个点，系统将根据这个点与多边形中心的距离确定多边形的内切圆半径、外接圆半径或边长。

> ➤ ☐ 🔒 **半径**：通过该文本框可输入内切圆半径或外接圆半径以确定多边形的大小，勾选该复选框可以按输入值锁定多边形大小而不受鼠标移动的影响。

> ➤ ☐ 🔒 **旋转**：通过该文本框可输入旋转角度以确定多边形的方位，勾选该复选框可以按输入角度值锁定多边形方向而不受鼠标移动的影响。

10. 二次曲线工具

单击功能区二次曲线工具按钮 ⌒ **二次曲线**或选择菜单 **插入(S)** → **曲线(C)** → ⌒ **二次曲线(N)** 命令，系统弹出图 2-15 所示"二次曲线"对话框。

● ✳ **指定起点**。

可以在绘图区选择一个点或通过点构造器创建点，系统将这个点作为二次曲线的起点。

图 2-14 "多边形"对话框

图 2-15 "二次曲线"对话框

● ✱ 指定终点 。

可以在绘图区选择一个点或通过点构造器创建点，系统将这个点作为二次曲线的终点。

● ✱ 指定控制点 。

可以在绘图区选择一个点或通过点构造器创建点，系统将这个点作为二次曲线的控制点。

● Rho 选项组。

定义二次曲线的饱满值，在下方文本框中可输入 0~1 的任一值，当 RHO<0.5 时曲线为椭圆，当 RHO=0.5 时曲线为抛物线；当 RHO>0.5 时曲线为双曲线。

● 预览 选项组。

设置系统是否在绘图区生成预览。

2.2.4 高级草图工具

1. 偏置曲线工具

单击功能区偏置曲线工具按钮 偏置曲线 或选择菜单 插入(S) → 来自曲线集的曲线(F) → 偏置曲线(V)... 命令，系统弹出图 2-16 所示"偏置曲线"对话框。

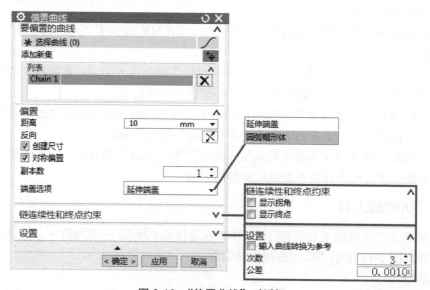

图 2-16 "偏置曲线"对话框

● ✳ 选择曲线 (0) 。

选择用于偏置的源曲线，源曲线可以是草绘曲线也可以是实体的棱边。

● 添加新集选项组。

单击添加新集按钮✛，激活该项可以选择一条新的源曲线链，新的曲线链可以与旧的曲线链设置不同的偏置参数。

● 列表 区。

列表显示当前操作中的所有源曲线，列表中只有一条源曲线链处于选中状态，只有选中源曲线可以进行偏置参数的设置。

● 偏置选项组。

➢ 距离 ［   mm   ▾］文本框：设置偏置的距离数值。

➢ 反向 ［✕］：单击该按钮可以反转偏置的方向。

➢ ☑ 创建尺寸：选中该复选框可为偏置距离创建尺寸标注。

➢ ☑ 对称偏置：以源曲线为中心向两侧各偏置一条曲线。

➢ 副本数 ［   1   ▴▾］：设置偏置曲线的数量。

➢ 端盖选项：偏置曲线时对拐角的处理方式。"延伸端盖"表示拐角处两线段自然延长相交，"圆弧形形体"表示拐角处两线段通过半径等于偏置距离圆角进行衔接（见图 2-17）。

● 链连续性和终点约束 选项组。

➢ ☑ 显示拐角：勾选该复选框，加亮显示偏置曲线链的非连续位置。

➢ ☑ 显示终点：勾选该复选框，加亮显示偏置曲线链的起点与终点。

● 设置 选项组。

➢ ☑ 输入曲线转换为参考：勾选该复选框，偏置完成后源曲线链转化为参考线。

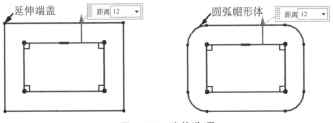

图 2-17　端盖选项

2. 阵列曲线工具

单击功能区阵列曲线工具按钮 ⬚ 阵列曲线 或选择菜单 插入(S) → 来自曲线集的曲线(F) → ⬚ 阵列曲线(P)... 命令，系统弹出图 2-18 所示"阵列曲线"对话框。

● ✳ 选择曲线 (0) 。

选择用于阵列的源曲线，源曲线可以是草绘曲线也可以是实体的棱边。

● 布局 ［⬚ 线性   ▾］。

在"布局"下拉框选择"线性"，即线性布局阵列（见图 2-19（a）），对话框如图 2-18（a）所示。

➢ ✳ 选择线性对象 (0)：设置排列的矢量方向，如坐标轴、实体棱边等。

➢ 反向 ⟋：设置反转排列的方向。

➢ 间距 数量和间隔 ▾：设置间距方法，共有 3 种，即"数量和间隔""数量和跨距""节距和跨距"。这里以"数量和间隔"为例介绍用法。

➢ 数量 ▾：设置该方向上的阵列数量（包括源曲线本身）。

➢ 节距 mm ▾：设置该方向上相邻两个图元间的距离。

➢ ☑ 使用方向2：勾选该复选按框可以由线性排列升级为平面排列，该复选框被选中时可以参照"方向 1"的方法来设置"方向 2"。

● 布局 ⚙ 圆形 ▾。

在"布局"下拉框"圆形"，即圆形布局阵列（见图 2-19（b）），对话框如图 2-18（b）所示。

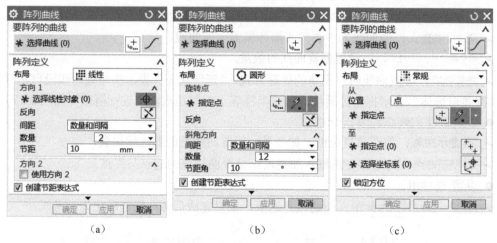

（a）　　　　　　　　（b）　　　　　　　　（c）

图 2-18 "阵列曲线"对话框（三种布局）

（a）线性阵列　　　　（b）圆形阵列　　　　（c）常规阵列

图 2-19 三种布局阵列示例

➢ ✳ 指定点：选择圆形阵列的旋转中心点。

➢ 反向 ⟋：设置反转排列的方向。

➢ 间距 数量和间隔 ▾：设置间距方法，共有 3 种，即"数量和间隔""数量和跨距""节距和跨距"。这里以"数量和间隔"为例介绍用法。

➢ 数量 ▾：设置该方向上的阵列数量（包括源曲线本身）。

➤ 节距角 [° ▼]：设置该方向上相邻两个图元间的角度。

● 布局 [常规 ▼]。

在"布局"下拉框选择"常规"，即常规布局阵列（见图 2-19（c）），对话框如图 2-18（c）所示。

➤ 位置 [点 ▼]：切换起始位置的方法，有"点"和"坐标系"2 种。

➤ 指定点 [+ ⚡ ▼]：当上述"位置"方法为"点"时该项被激活，用于选择或创建阵列起点。

➤ 指定点 (0) [+++]：用于选择阵列终点。

➤ 选择坐标系 (0) [⚙]：用于选择阵列终止坐标系，这时系统将该坐标系原点作为阵列终点。

➤ ☑ 锁定方位：选中该复选框，系统将锁定图元的方位。例如，源图元为水平放置，则阵列的副本仍为水平放置。

3. 镜像曲线工具

单击功能区镜像曲线工具按钮 [镜像曲线] 或选择菜单 插入(S) → 来自曲线集的曲线(F) → [镜像曲线(M)...] 命令，系统弹出图 2-20 所示"镜像曲线"对话框，图 2-21 为镜像曲线操作图解。

图 2-20 "镜像曲线"对话框

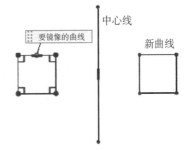

图 2-21 镜像曲线操作图解

● 选择曲线 (0)：选择用于镜像的源曲线，源曲线可以是草绘曲线也可以是实体的棱边。

● 选择中心线 (0)：选择用于镜像的中心线，也可以选择坐标轴为中心线。

● ☑ 中心线转换为参考：选中该复选框，中心线在镜像完成后转化为参考线。

4. 交点工具

交点工具的功能是通过已知曲线与草图平面相交得到一个草绘点。单击功能区交点工具按钮 [交点] 或选择菜单 插入(S) → 来自曲线集的曲线(F) → [交点(N)...] 命令，系统弹出图 2-22 所示"交点"对话框，图 2-23 为交点操作示例。

● 选择曲线 (0)：选择用于求交的曲线。

● 循环解 [⟳]：当曲线与草图平面有多个交点时用于切换到另一结果；如图 2-23 所示，单击该按钮时求得的点会在 1 和 2 之间切换。

● ☑ **关联**：选中该复选框，那么当求交的源曲线参数修改后，草图中求交得到的点会根据修改后的源曲线做出相应的变化。

图 2-22 "交点"对话框

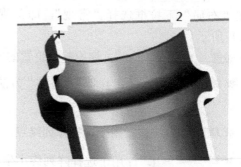

图 2-23 交点操作示例

5. 派生直线工具

单击功能区派生直线工具按钮 ⊼ **派生直线** 或选择菜单 **插入(S)** → **来自曲线集的曲线(F)** → ⊼ **派生直线(I)...** 命令，然后在绘图区选择两条直线，如果这两条直线平行则生成一条中线，如果这两条直线相交则生成一条角平分线，派生直线图解如图 2-24 所示。

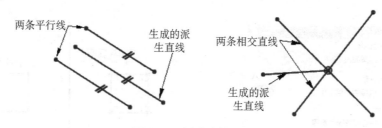

图 2-24 派生直线图解

6. 相交曲线工具

利用相交曲线工具可通过已知曲面与草图平面相交得到一条草绘曲线。单击功能区相交曲线工具按钮 ◈ **相交曲线** 或选择菜单 **插入(S)** → **配方曲线(U)** → ◈ **相交曲线(U)...** 命令，系统弹出图 2-25 所示"相交曲线"对话框。

● ✳ **选择面 (0)**：选择用于求交的曲面，选择的曲面必须与草图平面相交。

● **循环解** ⟳ ：图 2-26 所示，取消选中"忽略孔"复选框，相交的结果会有两种，单击该按钮可以在两种结果之间切换。

● ☑ **关联**：选中该复选框，当求交的源曲面参数修改后，草图中求交得到的曲线会根据修改后的源曲面做出相应的变化。

● ☑ **忽略孔**：选中该复选框，系统会根据相交曲线的曲率补充破孔处断开的曲线（见图 2-26 与图 2-27）。

● ☑ **连结曲线**：当求得的相交曲线为多段时，选中该复选框可以将它们连接为一条曲线。

图 2-25 "相交曲线"对话框

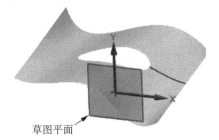

草图平面

图 2-26 取消选中"忽略孔"复选框后的结果

草图平面

图 2-27 选中"忽略孔"复选框后的结果

7. 投影曲线工具

投影曲线是通过选定一条现有实体的棱边或曲线将其沿垂直于草图平面的方向投影至草图平面而得到草绘曲线的方法。单击功能区投影曲线工具按钮 🔓 投影曲线 或选择菜单 插入(S) → 配方曲线(U) → 🔓 投影曲线(J)... 命令，系统弹出图 2-28 所示"投影曲线"对话框。

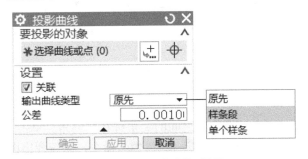

图 2-28 "投影曲线"对话框

● ✳ 选择曲线或点 (0)：选择可用于投影的曲线或棱边。

● ☑ 关联：选中该复选框，那么当求交的源曲面参数修改后，草图中求交得到的曲线会根据修改后的源曲面做出相应的变化。

● 输出曲线类型："原先"与源曲线保持一致，"样条段"将求解曲线转化为多段样条曲线，"单个样条"将求解曲线转化为单段样条曲线。

8. 倒圆角工具

利用圆角工具可以在两条或 3 条草绘曲线之间创建圆角。单击功能区倒圆角工具按钮 ⌐ 角焊 或选择菜单 插入(S) → 曲线(C) → 🔲 圆角(F)... 命令，系统弹出图 2-29 所示"圆角"操控板。

- ⬜ ⬜：选择圆角的方法。单击左边按钮为"修剪"，创建圆角时对拐角进行修剪（见图 2-30（a））；单击右边按钮为"不修剪"，创建圆角时不会对拐角进行修剪（见图 2-30（b））。
- ⬜：单击该按钮，当对 3 个图元进行倒圆角后删除第三个图元，如图 2-31 所示。
- ⬜：单击该按钮，在当前圆角的可能求解间进行切换，如图 2-32 所示。

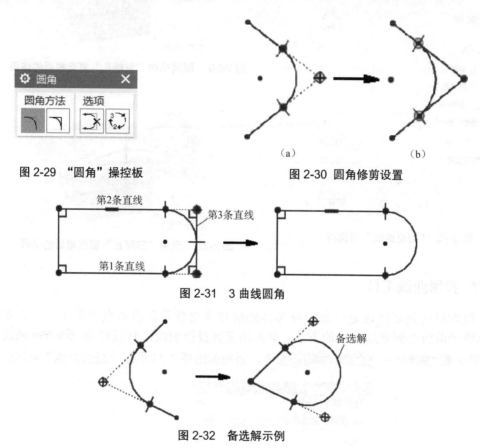

图 2-29 "圆角"操控板

（a） （b）

图 2-30 圆角修剪设置

第2条直线

第3条直线

第1条直线

图 2-31 3 曲线圆角

备选解

图 2-32 备选解示例

9. 倒斜角工具

利用倒斜角工具可对两条草图直线之间的尖角进行倒斜角。单击功能区倒斜角工具按钮 ⬜ 倒斜角或选择菜单 插入(S) → 曲线(C) → ⬜ 倒斜角(H)... 命令，系统弹出图 2-33 所示"倒斜角"对话框。

- 要倒斜角的曲线 选项组。
  - ❋ 选择直线 (0)：激活并选择两条用于倒角的直线。
  - ☑ 修剪输入曲线：选中该复选框，倒角后对原直线进行修剪。
- 偏置 选项组。
  输入倒斜角参数。
  - 倒斜角 ｜对称 ▼：在下拉框中选择倒斜角的方法。"对称"倒角两边距离相等（见图 2-34（a））；"非对称"倒角两边可以独立设置参数（见图 2-34（b））；"偏置和角度"通过偏置距离与角度值设置倒角参数（见图 2-34（c））。

图 2-33 "倒斜角"对话框

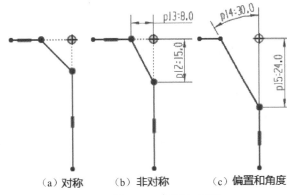

（a）对称　　　（b）非对称　　　（c）偏置和角度

图 2-34 倒斜角示例

➢ □🔒 距离 ⬚ mm ▾：输入倒角参数值。

● 倒斜角位置 选项组。

🏷 指定点 ⚡ ▾：通过在绘图区的指定点确定倒斜角位置。

2.2.5 曲线编辑

1. 快速修剪工具

单击功能区快速修剪工具按钮 ⟍ 或选择菜单 编辑(E)→ 曲线(V)→ ⟍ 快速修剪(Q)... 命令，系统弹出图 2-35 所示"快速修剪"对话框。

● 修剪方法一。

Step1：选择边界曲线。单击 边界曲线 选项组 选择曲线 (0)，激活边界曲线的选取功能，在绘图区选择如图 2-36 所示曲线 1 作为边界曲线。

Step2：选择目标曲线。单击 要修剪的曲线 选项组 选择曲线 (0)，激活目标曲线的选取功能，在绘图区选择如图 2-36 所示曲线 2 作为目标曲线，完成修剪。如果目标曲线与边界曲线延长线相交，这时需要勾选 ☑ 修剪至延伸线 复选框。

● 修剪方法二。

直接单击 要修剪的曲线 选项组 选择曲线 (0)，激活目标曲线的选取功能，在绘图区选择如图 2-37 所示曲线 1 作为目标曲线，完成修剪。这种方法可以在交点处对目标曲线进行修剪。

2. 快速延伸工具

单击功能区快速延伸工具按钮 ⟋ 或选择菜单 编辑(E)→ 曲线(V)→ ⟋ 快速延伸(X)... 命令，系统弹出图 2-38 所示"快速延伸"对话框。

● 延伸方法一。

Step1：选择边界曲线。单击 边界曲线 选项组 选择曲线 (0)，激活边界曲线的选取功能，在绘图区选择如图 2-39 所示曲线 1 作为边界曲线。

Step2：选择目标曲线。单击 要延伸的曲线 选项组 选择曲线 (0)，激活目标曲线的选取功能，在绘图区选择如图 2-39 所示曲线 2 作为目标曲线，完成延伸。如果目标曲线与边界曲线延长线相交，这时需要勾选 ☑ 延伸至延伸线 复选框。

图 2-35 "快速修剪"对话框

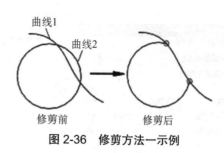

图 2-36 修剪方法一示例

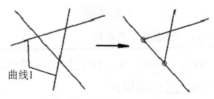

图 2-37 修剪方法二示例

图 2-38 "快速延伸"对话框图

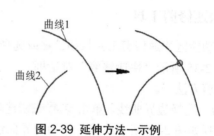

图 2-39 延伸方法一示例

● 延伸方法二。

直接单击 **要延伸的曲线** 选项组 **选择曲线 (0)**，激活目标曲线的选取功能，在绘图区选择如图 2-40 所示曲线 1 作为目标曲线，完成延伸。

3. 制作拐角工具

单击功能区制作拐角工具按钮 **制作拐角** 或选择菜单 **编辑(E)** → **曲线(V)** → **制作拐角(M)...** 命令，系统弹出图 2-41 所示"制作拐角"对话框。在绘图区选择两条相交或延长后能相交的曲线即可完成拐角的创建（见图 2-42）。

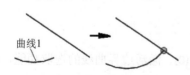

图 2-40 延伸方法二示例

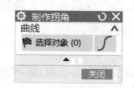

图 2-41 "制作拐角"对话框

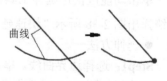

图 2-42 制作拐角示例

2.2.6　几何约束

几何约束是对选定的草图图元进行位置限制的一种方法，主要有"几何约束"和"设为对称"两种。

1. 几何约束工具

单击功能区几何约束工具按钮 ⫽⫼ 或选择菜单 插入(S) → ⫽ 几何约束(T)... 命令，系统弹出图 2-43 所示"几何约束"对话框，其主要功能项介绍如下。

图 2-43　"几何约束"对话框

● 约束 选项组。

➢ ⌐：约束两点重合。

➢ │：将选定点约束到曲线上。

➢ ⊘：使一曲线与另一曲线相切

➢ ⫽：约束两直线平行。

➢ ⊥：约束两曲线在交点处相互垂直。

➢ ▬▬：将直线约束到水平。

➢ ▮：将直线约束到垂直。

➢ •—•：约束两个点或图元端点在水平方向对齐。

➢ ┊：约束两个点或图元端点在垂直方向对齐。

➢ ┼—：约束一个选定的点或顶点，使之与一条直线或圆弧的中点对齐。

➢ ⫻：约束两条或多条选定的直线，使之共线。

➢ ◎：约束两条或多条选定的圆弧，使之同心。

➢ ＝：约束两条或多条选定的直线，使之等长。

➢ ⌒：约束两个或多个选定的圆弧，使之半径相等。

● 要约束的几何体选项组。

➢ ✳ 选择要约束的对象 (0)：激活后选择约束的源对象。

➤ ✳ 选择要约束到的对象 (0)：激活后选择约束的目标对象。

● 设置 选项组。

单击"设置"选项组任一位置展开设置项（见图 2-44），启用的约束会在约束区显示图标，通过"设置"选项组可根据需求进行个性化的设置。

图 2-44　约束设置

2. 设为对称工具

单击功能区设为对称工具按钮 ⊟ 或选择菜单 插入(S) → ⊟ 设为对称(M)... 命令，系统弹出图 2-45 所示"设为对称"对话框。该工具可以设置两个图元（点、直线、圆、圆弧）关于中心线对称；当图元是圆或圆弧时，参与对称的实际元素是圆心。

● 主对象 选项组。

➤ ✳ 选择对象 (0)：选择需要对称的主对象。

● 次对象 选项组。

➤ ✳ 选择对象 (0)：选择需要对称的次对象。

● 对称中心线 选项组。

➤ ✳ 选择中心线 (0)：选择对称的中心线（直线、棱边、坐标轴）。

➤ ☑ 设为参考：选中该复选框，当中心线为当前草图直线时，将其转化为中心线（见图 2-46）。

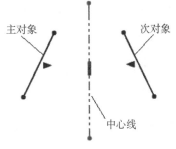

图 2-45　"设为对称"对话框　　　　　图 2-46　设为对称示例

2.2.7　尺寸标注

1. 快速尺寸工具

单击功能区尺寸标注按钮下的快速尺寸工具按钮 或选择菜单 插入(S) → 尺寸(M) → 快速(P)... D 命令，系统弹出图 2-47 所示"快速尺寸"对话框。

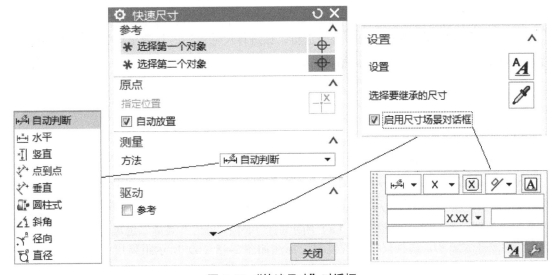

图 2-47　"快速尺寸"对话框

（1）"快速尺寸"工具的功能

● 参考 选项组。

➢ 选择第一个对象：选择尺寸标注的起始位置。

➢ 选择第二个对象：选择尺寸标注的终止位置。

● 原点 选项组。

➢ 指定位置：指定尺寸标注放置的位置。

➢ 自动放置：选中该复选框则尺寸标注位于默认位置。

● 测量 选项组。

➢ 方法 水平 ▼：锁定标注水平线性尺寸。

➤ 方法 | 竖直 ▼ ：锁定标注垂直线性尺寸。

➤ 方法 | 点到点 ▼ ：标注点到点的距离。

➤ 方法 | 垂直 ▼ ：标注点到直线的垂直距离。

➤ 方法 | 圆柱式 ▼ ：与点到点功能相似，但尺寸数值前会增加一个"Φ"符号。

➤ 方法 | 斜角 ▼ ：标注角度尺寸。

➤ 方法 | 径向 ▼ ：标注圆或圆弧的半径。

➤ 方法 | 直径 ▼ ：标注圆或圆弧的直径。

● 驱动 选项组。

➤ ☑ 参考：选中该复选框，当前尺寸转化为参考尺寸。

● 设置 选项组。

单击"快速尺寸"对话框下方的小三角形"▼"展开"设置"选项组。

➤ 设置 | ᴬ/ ：设置尺寸标注的文字、箭头、尺寸标注线格式及公差等。

➤ 选择要继承的尺寸 | 🖊 ：选择一个当前草图中的已有尺寸，新尺寸将继承选定尺寸的风格样式。

➤ ☑ 启用尺寸场景对话框：选中该复选框，在进行尺寸标注时将弹出场景对话框，用户可以在该对话框中设置尺寸标注的风格样式。

（2）快速尺寸工具的应用

● 直线标注。

Step1：打开"快速尺寸"对话框。

Step2：激活"参考"选项组中的 ✳ 选择第一个对象，在绘图区选择如图 2-48 所示直线。

Step3：①在"测量"选项组中选择"方法"为 | 水平 ▼ ，选择尺寸放置位置，标注如图 2-48（a）所示水平尺寸；②在"测量"选项组中选择"方法"为 | 竖直 ▼ ，选择尺寸放置位置，标注如图 2-48（a）所示垂直尺寸；③在"测量"选项组中选择"方法"为 | 点到点 ▼ ，选择尺寸放置位置，标注如图 2-48（b）所示距离尺寸。

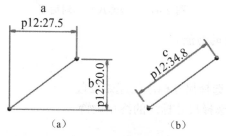

图 2-48　直线标注示例

● 角度标注。

Step1：打开"快速尺寸"对话框。

Step2：在"测量"选项组中选择"方法"为 | 斜角 ▼ 。

Step3：激活"参考"选项组的 ✳ 选择第一个对象，在绘图区选择如图 2-49 所示直线 1。

Step4：激活"参考"选项组的 ✳ 选择第二个对象，在绘图区选择如图 2-49 所示直线 2。

Step5：选择尺寸放置位置，标注如图 2-49 所示角度尺寸。

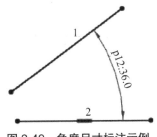

图 2-49　角度尺寸标注示例

● 半径尺寸标注。

Step1：打开"快速尺寸"对话框。

Step2：在"测量"选项组中选择"方法"为 ⟨ 径向 ▼ ⟩。

Step3：激活"参考"选项组中的 ✳ 选择第一个对象，在绘图区选择如图 2-50 所示圆弧。

Step4：选择尺寸放置位置，标注如图 2-50 所示半径尺寸。

● 直径尺寸标注。

Step1：打开"快速尺寸"对话框。

Step2：在"测量"选项组中选择"方法"为 ⟨ 直径 ▼ ⟩。

Step3：激活"参考"选项组中的 ✳ 选择第一个对象，在绘图区选择如图 2-51 所示圆。

Step4：选择尺寸放置位置，标注如图 2-51 所示直径尺寸。

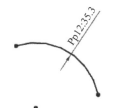 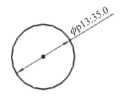

图 2-50　半径尺寸标注示例　　　图 2-51　直径尺寸标注示例

2. 周长尺寸工具

周长尺寸工具用于创建周长约束以控制选定的直线和圆弧的总长度。单击功能区尺寸标注按钮下的周长尺寸工具按钮 ⟨ 周长尺寸 ⟩ 或选择菜单 插入(S) → 尺寸(M) → ⟨ 周长(M)... ⟩ 命令，系统弹出图 2-52 所示"周长尺寸"对话框。激活 ✳ 选择对象 (0)，选择需要约束总长度的所有草图曲线，此时在 ⟨ 距离 _____ mm ▼ ⟩ 下拉框中会显示总长度，输入新的总长后单击"应用"或"确定"按钮，即可创建周长尺寸约束。

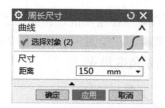
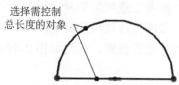

图 2-52 "周长尺寸"对话框及周长尺寸应用示例

2.2.8 草图综合知识

1. 定向到草图

在草图绘制过程中，有时需要旋转三维图形以便进行观察，观察完成后需要再次回到草图环境，这时会用到"定向到草图"命令。单击功能区定向到草图按钮 定向到草图 或选择菜单 视图(V) → 定向视图到草图(K) 命令，即可回到草图环境。

2. 重新附着

在草图绘制过程中若发现选择的草图平面有误，这时如果退出草图环境的话，前面的操作也会丢失，一种简有效的办法就是对草图进行"重新附着"，具体操作如下。

Step1：单击功能区重新附着按钮 重新附着 或选择菜单 工具(T) → 重新附着草图(H)... 命令，系统弹出"重新附着草图"对话框（见图 2-53）。

Step2：选择新的草图平面、草图参考方向及新的草图原点，完成重新附着草图操作（见图 2-54）。

图 2-53 "重新附着草图"对话框

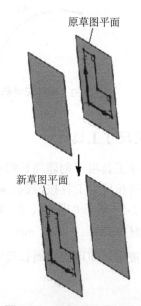

图 2-54 重新附着草图操作示例

3. 延迟评估与评估草图

单击"延迟评估"按钮，对图元进行的尺寸编辑、新增几何约束后，在单击"评估草图"按钮前图元不会更新。

如图 2-55 所示，单击功能区草图按钮组 ▼，在展开面板中勾选 ✔ 延迟评估 和 ✔ 评估草图 选项，系统调出两个按钮，然后可以在功能区使用这两个功能按钮；另一种操作方法是选择菜单 工具(T) → 更新(U) → 延迟草图评估(Y) 和 评估草图(V) 命令。

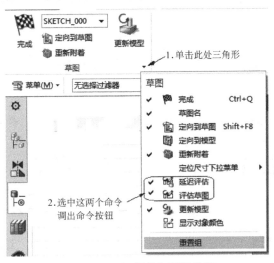

图 2-55 延迟评估与评估草图

4. 退出草图与完成草图

选择菜单 任务(K) → 退出草图(E) 命令，即可以不保存而退出草图；选择菜单 任务(K) → 完成草图(K) 命令或单击功能区完成草图按钮 ，即可保存并退出草图。

2.3 草图综合范例

1. 草图实例 1

完成如图 2-56 所示图形。

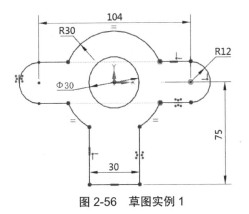

图 2-56 草图实例 1

（1）选择菜单 文件(F) → 新建(N)... 命令，系统弹出"新建"对话框，在 模型 选项卡的 模板 选项组中选择 模型，在"名称"文本框输入模型名称 ctsj_1，单击 确定 按钮，进入建模环境。单击菜单 菜单(M)▾，选择"插入" → "在任务环境中绘制草图"命令，系统弹出"创建草图"对话框，单击 确定 按钮接受默认设置。

（2）单击菜单 菜单(M)▾，选择"插入" → "在任务环境中绘制草图"命令，系统弹出"创建草图"对话框，在对话框直接单击 确定 按钮，进入任务草图。

（3）单击功能区圆工具按钮◯，以 WCS 原点为圆心绘制一个圆（见图 2-57），修改尺寸标注为 $R30$。

（4）单击功能区圆工具按钮◯，在上一个圆右侧绘制第二个圆（见图 2-58），修改尺寸标注为 $R12$；单击功能区 几何约束 按钮，在打开的"几何约束"对话框中选择点在曲线上，将圆心点约束至草图 X 轴。

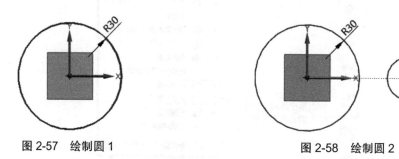

图 2-57　绘制圆 1　　　　　　　　图 2-58　绘制圆 2

（5）单击功能区直线工具按钮，按住 Alt 键（避免自动约束的干扰），绘制图 2-59（a）所示直线；单击功能区 几何约束 按钮，在打开的"几何约束"对话框中选择点在曲线上，将直线的两端点分别约束至圆 1 和圆 2；在"几何约束"对话框中选择水平，将直线约束至水平；约束后的直线如图 2-59（b）所示。

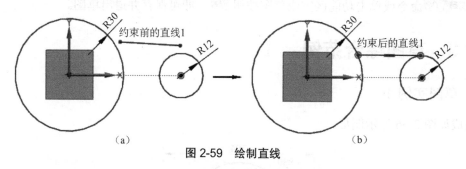

（a）　　　　　　　　　　　　　　（b）

图 2-59　绘制直线

（6）单击功能区镜像曲线工具按钮 镜像曲线，选择上一步创建的直线 1 为要镜像的曲线，草图以 X 轴为中心线，得到如图 2-60 所示的镜像曲线。

（7）单击功能区镜像曲线工具按钮 镜像曲线，选择图 2-61 中所示"1""2""3"三条曲线为要镜像的曲线，草图以 Y 轴为中心线，得到如图 2-61 所示的镜像曲线；标注图中尺寸 1 并修改尺寸值为 104。

（8）单击功能区直线工具按钮，绘制图 2-62 所示铅垂线。

（9）单击功能区镜像曲线工具按钮 镜像曲线，选择上一步创建的直线 2 为要镜像的曲线，草图以 Y 轴为中心线，得到如图 2-63 所示的镜像曲线。

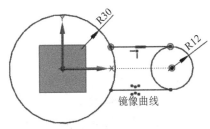

图 2-60　镜像曲线 1

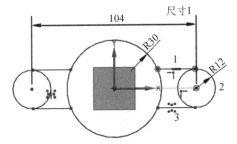

图 2-61　镜像曲线 2

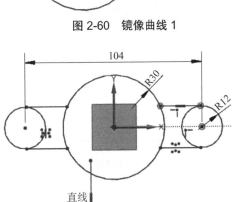

图 2-62　绘制铅垂线

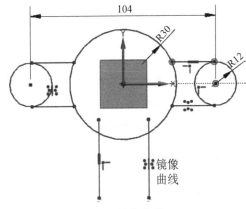

图 2-63　镜像曲线 3

（10）单击功能区直线工具按钮 ，绘制图 2-64 所示连接两点的直线 3。

（11）单击功能区快速修剪工具按钮 ，按图 2-65 所示进行曲线修剪。

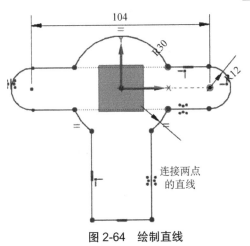

图 2-64　绘制直线

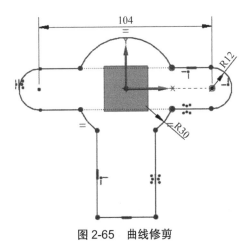

图 2-65　曲线修剪

（12）单击功能区快速尺寸工具按钮 ，按图 2-66 标注尺寸 1 与尺寸 2，并分别修改尺寸值为 75 和 35。

（13）单击功能区圆工具按钮 ，以 WCS 原点为圆心绘制第三个圆（见图 2-67），修改尺寸标注为 Ø30。

（14）单击功能区按钮 ，完成草图。

（15）选择菜单 文件(F) → 保存(S) 命令，保存完工的草图。

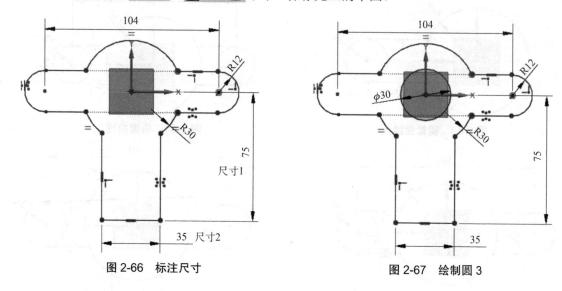

图 2-66　标注尺寸　　　　　　　　　　图 2-67　绘制圆 3

2. 草图实例 2

完成如图 2-68 所示图形。

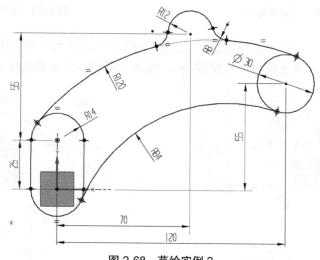

图 2-68　草绘实例 2

（1）选择菜单 文件(F) → 新建(N)... 命令，系统弹出"新建"对话框，在 模型 选项卡的 模板 选项组中选择 模型，在"名称"文本框输入模型名称 ctsj_2，单击 确定 按钮，进入建模环境。单击菜单按钮 菜单(M) ▼，选择"插入"→"在任务环境中绘制草图"命令，系统弹出"创建草图"对话框，单击 确定 按钮接受默认设置。

（2）单击菜单按钮 菜单(M) ▼，选择"插入"→"在任务环境中绘制草图"命令，系统弹出"创建草图"对话框，在对话框直接单击 确定 按钮，进入任务草图。

（3）单击功能区圆工具按钮 ◯，以 WCS 原点为圆心绘制一个圆（见图 2-69），修改尺寸标注为 R14。

（4）单击功能区圆工具按钮〇，在上一个圆上侧绘制第二个圆（见图 2-70），修改半径尺寸标注为 R14，与 X 轴距离尺寸标注为 25；单击功能区 几何约束 按钮，在打开的"几何约束"对话框中选择点在曲线上 ，将圆心点约束至草图 Y 轴。

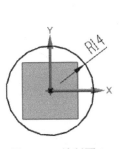

图 2-69 绘制圆 1

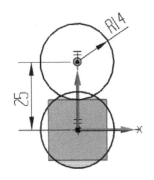

图 2-70 绘制圆 2

（5）单击功能区直线工具按钮，绘制图 2-71 所示两条与圆相切的直线，并使直线顶点落在圆弧边上。

（6）单击功能区圆工具按钮〇，绘制第三个圆（见图 2-72），标注并修改图中三处用"★"号标识的尺寸。

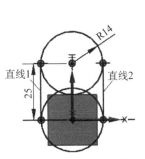

图 2-71 绘制两条直线

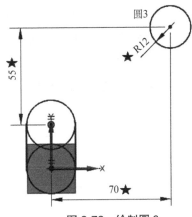

图 2-72 绘制圆 3

（7）单击功能区圆工具按钮〇，绘制第四个圆（见图 2-73），标注并修改图中三处用"★"号标识的尺寸。

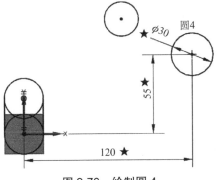

图 2-73 绘制圆 4

（8）单击功能区圆弧工具按钮 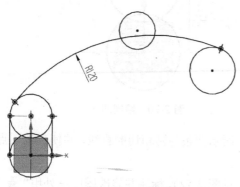，绘制第一条圆弧（见图 2-74）；单击功能区 几何约束 按钮，在打开的"几何约束"对话框中选择相切 ，约束圆弧与圆 1、圆 4 相切，修改圆弧尺寸标注为 R120。

（9）单击功能区圆弧工具按钮 ，绘制第二条圆弧（见图 2-75），单击功能区 几何约束 按钮，在打开的"几何约束"对话框中选择相切 ，约束圆弧与圆 1、圆 4 相切，修改圆弧尺寸标注为 R84。

图 2-74　绘制圆弧 1

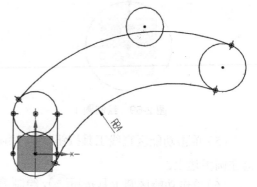

图 2-75　绘制圆弧 2

（10）单击功能区快速修剪工具按钮 ，按图 2-76 所示进行曲线修剪。

（11）单击功能区快速角焊工具按钮 角焊，创建图 2-77 所示两处 R8 圆角。

（12）单击功能区按钮 ，完成草图。

（13）选择菜单 文件(F) → 保存(S) 命令，保存完工的草图。

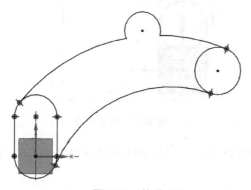

图 2-76　修剪图形

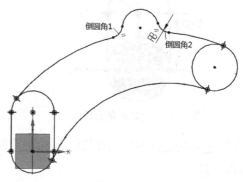

图 2-77　倒圆角

2.4　综合练习 2

1. 绘制如图 2-78 所示图形。
2. 绘制如图 2-79 所示图形。
3. 绘制如图 2-80 所示图形。
4. 绘制如图 2-81 所示图形。

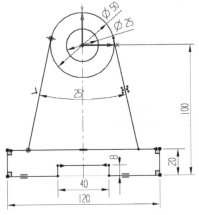

图 2-78 草图练习 1

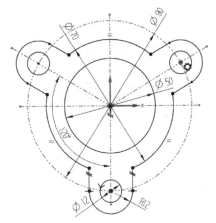

图 2-79 草图练习 2

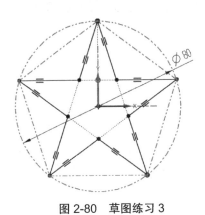

图 2-80 草图练习 3

图 2-81 草图练习 4

单元 3   3D 曲线设计

3.1   3D 曲线简介

新建一个模型文档，在菜单栏选中"曲线"，这时在功能区可找到常用的 3D 曲线命令，同时用户也可单击菜单 插入(S) → 曲线(C) 找到这些命令。

3.2   基本曲线命令

3.2.1   直线

选择菜单 插入(S) → 曲线(C) → / 直线(L)...命令，或在菜单栏中选中"曲线"的情况下单击功能区 / 按钮都可打开"直线"对话框（见图 3-1）。现将该对话框中各项设置说明如下。

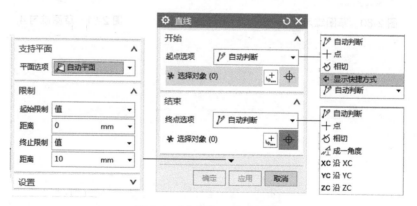

图 3-1   "直线"工具对话框

● 开始选项组。

➢ 起点选项：在起点选项下拉框中，"点"表示选择现有点或通过点构造器创建起点；"相切"表示采用新曲线与选定曲线相切点的位置为起点。

➢ ＊ 选择对象 (0) ：选择确定起点的对象。

● 结束选项组。

➢ 终点选项：终点选项下拉框用于设定终点的方式，包括"点""相切""成一角度"三种方式及 XC、YC、ZC 三个方向。

➢ ✴ 选择对象 (0)：选择确定终点的对象。

● 支持平面选项组。

起点与终点的连线会沿支持平面法向投影至支持平面。

➢ 平面选项 🗺 自动平面 ▼：通过指定的起点与终点的平面。

➢ 平面选项 🔒 锁定平面 ▼：在指定起点时，系统根据起点对象创建一个平面（如起点为圆弧端点，则创建通过该圆弧的平面），然后锁定该面为支持平面。

➢ 平面选项 ⬜ 选择平面 ▼：这种方式需要用户选择一个平面或通过平面构造器创建一个平面作为支持平面。

● 限制 选项组。

在指定起点与终点后限制区会被激活，用户可以对起始及终止位置进行设置。

➢ 起始限制：限制直线起始处的延伸与修剪。

➢ 终止限制：限制直线终止处的延伸与修剪。

3.2.2 圆弧/圆

选择菜单 插入(S) → 曲线(C) → 🗙 圆弧/圆(C)... 命令，或在菜单栏选中"曲线"的情况下单击功能区 🗙 按钮都可打开"圆弧/圆"对话框（见图 3-2），现将该对话框中各项设置说明如下。

图 3-2 "圆弧/圆"工具对话框

● 类型 选项组。

用户通过下拉框选择类型，有"三点画圆弧"和"从中心开始的圆弧/圆"两种类型。

● 起点 选项组。

➢ 起点选项：在起点选项下拉框中，"点"表示选择现有点或通过点构造器创建起点；"相切"表示采用新曲线与选定曲线相切点的位置为起点。

➢ ✴ 选择对象 (0)：选择确定起点的对象。

● 端点 选项组。

➤ 终点选项：终点选项下拉框用于设定终点的方式，包括"点""相切""半径""直径"四种。

➤ **选择对象 (0)**：选择确定终点的对象。

● **中点** 选项组。

➤ 中点选项：与终点选项功能相同。

➤ **选择对象 (0)**：选择确定中点的对象。

● **大小** 选项组。

➤ 半径 0 mm ▾：用于设置或显示半径大小。

● **支持平面**。

● 与直线的支持平面用法相同。

● **限制** 选项组。

在指定起点与终点后限制区会被激活，用户可以对起始及终止位置进行设置。

➤ **起始限制**：限制圆弧起始处的延伸与修剪角度。

➤ **终止限制**：限制直线终止处的延伸与修剪角度。

➤ **整圆**：勾选该复选项框后表示创建完整圆。

➤ **补弧** ↻：对圆弧进行求补操作，如预览看到的为 0°～90° 的圆弧，则求补后实际创建的是 90°～360° 的圆弧。

3.2.3　艺术样条

选择菜单 插入(S) → 曲线(C) → 艺术样条(D)... 命令，或在菜单栏中选中"曲线"的情况下单击功能区 按钮都可打开"艺术样条"对话框（见图 3-3）。曲线艺术样条的用法与草图艺术样条基本相同，现将该对话框中有别于草图艺术样条的项目说明如下。

图 3-3　"艺术样条"对话框

● **制图平面**选项组。

绘制的曲线会投影到制图平面。

> ⊡：当前视图平面为制图平面。

> ⊿z ⊿x ⊿Y：分别表示 *XC-YC* 平面、*YC-ZC* 平面、*XC-ZC* 平面。

> ⊿：用户选择平面或通过平面构造器创建平面。

> ☑ 约束到平面：通过指定坐标系确定制图平面。

● 延伸选项组。

> 起点 ［无 ▼］：利用起点下拉框可设置起点处的延伸量，延伸量的计量方式有两种，其中"按值"表示通过输入数值确定延伸量，"按点"表示按用户指定点确定延伸量。

> 终点 ［无 ▼］：利用终点下拉框可设置终点处的延伸量，使用方法与起点相同。

> ☐ 对称：按起点与终点对称延伸。

3.2.4　抛物线

抛物线创建过程如下。

Step1：选择菜单 插入(S) → 曲线(C) → ⊏ 抛物线(O)... 命令，打开"点"对话框，选择现有点、输入坐标定义点或通过点构造器创建点作为抛物线的顶点。

Step2：单击"点"对话框中的"确定"按钮，系统弹出图 3-4 所示"抛物线"对话框；用户在对话框的相应文本框中输入抛物线的"焦距""最小 DY""最大 DY"及"旋转角度"等参数（见图 3-5），其中焦距是指焦点与准线的距离。

Step3：单击"确定"按钮，完成抛物线的创建。

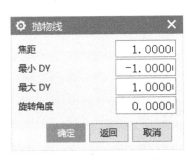

图 3-4　"抛物线"对话框

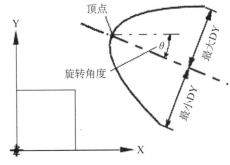

图 3-5　抛物线参数图例

3.2.5　双曲线

双曲线创建过程如下。

Step1：选择菜单 插入(S) → 曲线(C) → ⊰ 双曲线(H)... 命令，打开"点"对话框，选择现有点、输入坐标定义点或通过点构造器创建点作为双曲线的顶点。

Step2：单击"点"对话框中的"确定"按钮，系统弹出图 3-6 所示"双曲线"对话框；用户在对话框相应的文本框中输入双曲线"实半轴""虚半轴""最小 DY""最大 DY"及"旋转角度"等参数（见图 3-7），其中实半轴为两焦点距离的 1/2。

Step3：单击"确定"按钮，完成双曲线的创建。

图 3-6 "双曲线"对话框

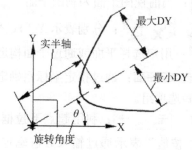

图 3-7 双曲线参数图例

3.2.6 一般二次曲线

选择菜单 插入(S) → 曲线(C) → 一般二次曲线(G)... 命令，打开"一般二次曲线"对话框（见图 3-8）。现将该对话框中主要设置说明如下。

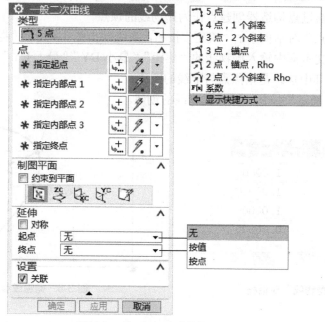

图 3-8 "一般二次曲线"对话框

● **类型**选项组。

设置一般二次曲线的类型。

➤ **5 点**：依次指定 5 个点得到一般二次曲线。

➤ **4 点, 1 个斜率**：依次指定 4 个点及起点斜率得到一般二次曲线。

➤ **3 点, 2 个斜率**：依次指定 3 个点及起点和终点斜率得到一般二次曲线。

➤ **3 点, 锚点**：依次指定 3 个点及 1 个锚点得到一般二次曲线。这里所说的锚点是这样 1 个点，它与起点或终点的边线都与二次曲线相切。

➢ 2 点，锚点，Rho：依次指定 2 个点、1 个锚点及 RHO 值得到一般二次曲线。RHO 值是反映二次曲线特性的一个参数，当 $0<\mathrm{RHO}<0.5$ 时二次曲线为椭圆，当 RHO=0.5 时为抛物线，当 $0.5<\mathrm{RHO}<1$ 时为双曲线。

➢ 2 点，2 个斜率，Rho：依次指定 2 个点、起点斜率、终点斜率及 RHO 值得到一般二次曲线。

➢ 系数：通过设置一般二次曲线方程的系数值得到曲线。一般二次曲线方程式为 $Ax^2+Bxy+Cy^2+Dx+Ey=0$。

● **制图平面** 选项组。

与 3.2.3 小节艺术样条“制图平面”的设置方法相同。

● **延伸** 选项组。

与 3.2.3 小节艺术样条“延伸”的设置方法相同。

3.2.7　螺旋线

选择菜单 插入(S)→曲线(C)→ 螺旋(X)... 命令，或在菜单栏中选中“曲线”的情况下单击功能区 螺旋 按钮都可打开“螺旋”对话框（见图 3-9）。现将该对话框中各项设置说明如下。

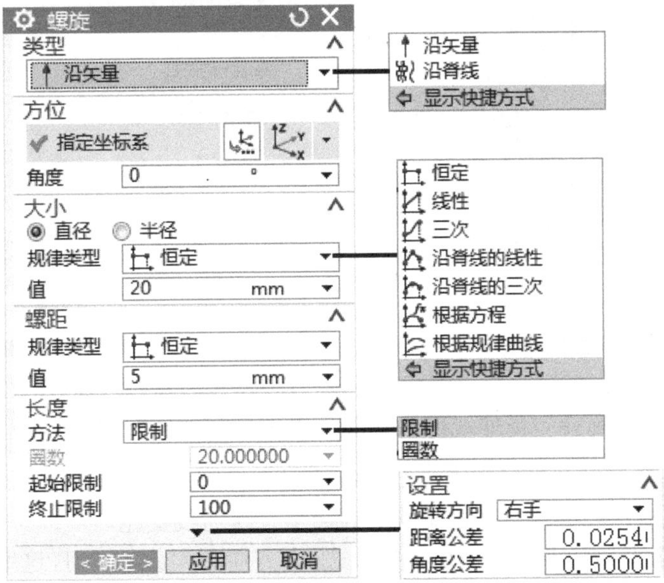

图 3-9　“螺旋”对话框

● **类型** 选项组。

➢ **沿矢量**：沿指定的矢量方向创建螺旋线（见图 3-10（a））。

➢ **沿脊线**：沿曲线方向创建螺旋线（见图 3-10 （b））。

● **方位** 选项组。

➢ 指定坐标系：选择或创建坐标系，此项在“类型”选择为“沿矢量”时出现，它的 *Z* 轴为螺旋线的生长方向。

➢ **角度** 0 °：螺旋线起点与原点的连接线与 *X* 轴的夹角。

● **大小**选项组。

➢ **规律类型**：在该下拉框中可选择螺旋线直径或半径的大小及变化规律。

恒定：螺旋线任意位置的直径或半径都为恒定值，选中该项需在下面文本框中输入螺旋线直径或半径的数值。

线性：螺旋线直径或半径值呈线性变化，选择该项时下方会出现两个文本框，要求用户输入起始值和终止值。

三次：螺旋线直径或半径值呈三次曲线变化，选择该项时下方也会出现两个文本框，要求用户输入起始值和终止值。

沿脊线的线性：选择一条曲线作为脊线，单击**指定新的位置**，在脊线上选择一个点，在"螺旋"对话框列表区（需将对话框展开才能显示）输入点在脊线的确切位置及该点处的半径或直径值（见图3-11）；重复以上操作可以设置多点；相邻点之间螺旋线直径会呈线性变化。

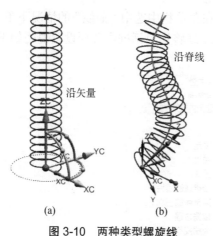

图 3-10　两种类型螺旋线

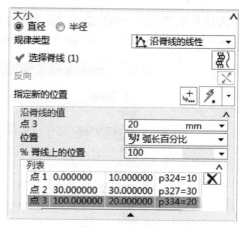

图 3-11　沿脊线的线性

沿脊线的三次：选择一条曲线作为脊线，单击**指定新的位置**，在脊线上选择一个点，在"螺旋"对话框列表区输入点在脊线的确切位置及该点处的半径或直径值；重复以上操作可以设置多点；相邻点之间螺旋线直径会呈三次曲线变化。

根据方程：选择该项前必须先设置好公式，为方便广大读者学习，这里以 $ft=30*t$（$0<t<1$）为例说明表达式建立步骤。选择菜单**工具(T)** → **＝ 表达式(X)…**命令，按图3-12所示的步骤①和②重复两次输入两个表达式，其中一个是名称为 t 公式为1的表达式，另一个是名称为 ft 公式为 $30*t$ 的表达式，单击**应用** → **确定**按钮，完成方程的创建；打开"螺旋"对话框，选择**大小**选项组"规律类型"下拉框中的"根据方程"，下面会出现两个文本框；在参数文本框中输入参数名称 t，在"函数"文本框中输入 ft；完成的螺旋线如图3-13所示。

根据规律曲线：在"规律类型"下拉框中选择"根据规律曲线"，激活下方选择按钮，选择一条基线和一条规律曲线，系统根据规律曲线上的点与基线相应点之间的距离来确定螺旋线的直径或半径，完成的螺旋线如图3-14所示。

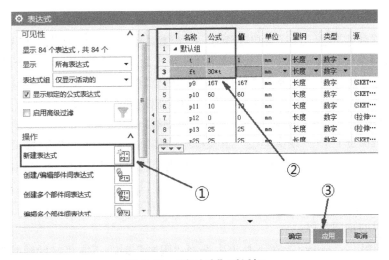

图 3-12 "表达式"对话框

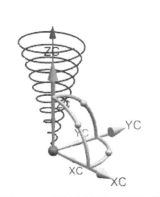

图 3-13 "根据方程"设置外径

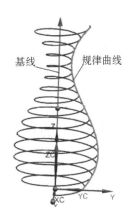

图 3-14 "根据规律曲线"设置外径

● 螺距选项组。

➤ 规律类型：在该下拉框中可设置螺旋线螺距大小及变化规律。

 恒定：螺旋线任意位置的螺距都为恒定值，选中该项需在下面文本框中输入螺旋线的螺距。

 线性：螺旋线螺距呈线性变化，选择该项时下方会出现两个文本框，要求用户输入起始值和终止值。

 三次：螺旋线螺距呈三次曲线变化，选择该项时下方也会出现两个文本框，要求用户输入起始值和终止值。

 沿脊线的线性：选择一条曲线作为脊线，单击 指定新的位置 ，在脊线上选择一个点，在对话框列表区（需将对话框展开才能显示）输入点在脊线的确切位置及该点处的螺距；重复以上操作可以设置多点；相邻点之间螺旋线螺距会呈线性变化。

 沿脊线的三次：选择一条曲线作为脊线，单击 指定新的位置 ，在脊线上选择一个点，在对话框列表区输入点在脊线的确切位置及该点处的螺距；重复以上操作可以设置多点；相邻点之间螺旋线螺距会呈三次曲线变化。

根据方程：使用该项前必须先设置好公式，为方便广大读者学习，这里以 $ft=6*t$（$0<t<1$）为例说明表达式建立步骤。选择菜单 工具(T) → ＝ 表达式(X)… 命令，按图 3-12 所示步骤①和②重复两次输入两个表达式，其中一个是名称为 t 公式为 1 的表达式，另一个是名称为 ft 公式为 $6*t$ 的表达式，单击 应用 → 确定 按钮完成方程的创建；打开"螺旋"对话框，选择 螺距 选项组"规律类型"下拉框中的"根据方程"，下面会出现两个文本框；在参数文本框中输入参数名称 t，在"函数"文本框中输入 ft；完成的螺旋线创建。

根据规律曲线：在"规律类型"下拉框中选择"根据规律曲线"，激活下方选择按钮，选择一条基线和一条规律曲线，系统根据规律曲线上的点与基线相应点之间的距离来确定螺旋线的螺距。

● 长度 选项组。

设置螺旋线的轴向长度。

➤ 方法 限制 ▼：在下拉框中选择"限制"时，下方"起始限制""终止限制"文本框处于激活状态，用户可以输入起始位置与终止位置。

➤ 方法 圈数 ▼：在下拉框中选择"圈数"时，下方"圈数"文本框处于激活状态，用户可以输入螺旋线的环绕圈数。

● 设置 选项组。

旋转方向：旋转方向有"右手"与"左手"两种。

3.2.8 曲面上的曲线

选择菜单 插入(S) → 曲线(C) → 曲面上的曲线(U)… 命令或在菜单栏中选中"曲线"的情况下单击功能区 曲面上的曲线 按钮都可打开"曲面上的曲线"对话框（见图 3-15）。创建曲线的步骤如下（见图 3-16）：首先激活 ✱ 选择面 (0) 按钮，在绘图区选择面 1；然后激活 ✱ 指定点 (0)，依次选择点 1、点 2、点 3、点 4；最后单击"确定"按钮，完成图示曲线的创建。

图 3-15 "曲面上的曲线"对话框

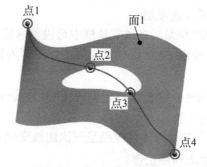

图 3-16 曲面上的曲线示例

3.2.9 文本

UG NX 提供了四种文本类型，说明如下。

1. 平面副 ：通过平面确定文字位置

选择菜单 插入(S) → 曲线(C) → A 文本(T)… 命令或在菜单栏中选中"曲线"的情况下单击功

能区 **A** **文本**按钮都可打开"文本"对话框，在对话框"类型"下拉框中选择 **平面副** 项（见图 3-17），操作步骤如下。

Step1：设置文本属性。

➢ 输入文字内容：在下方的文本框输入文字内容，如"UgnxText"。

➢ 设置字体：在"线型"下拉框中选择字体，如"华文宋体"；在"字型"下拉框中可设置字型，包括"常规""斜体""粗体""粗斜体"四种，本例选择"常规"。

➢ 本例不勾选 **B** **创建边框曲线**，如需要对文字加边框则选中此复选框。

Step2：指定文字位置。

➢ 锚点位置：文字基点相对于文字的位置，包括"左上""中上""右上""左中""中心""右中""左下""中下""右下"八种，这里选择"中下"。

➢ 锚点放置：在绘图区选择点或通过点构造器创建点并指定文字位置，这时通过绘图区弹出操作手柄，在需要时用户可对文字进行角度及位移的调整（见图 3-18）。

图 3-17　"文本"选项组

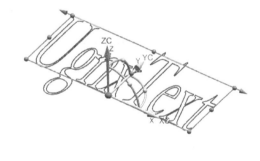

图 3-18　"平面副"文本操作示例

Step3：设置文字尺寸。

➢ 长度：这里的文字长度为全部文字总长，在"长度"文本框中输入 36。

➢ 高度：文字高度设置，这里输入 10。

➢ W 比例：文字宽度与高度之比，单位为百分数，例如输入 60 即为 60%。这里要注意的是输入文字长度与高度后，"W 比例"是会自动计算的。

➢ 剪切：设置文字的倾斜角度，这里输入 0。

Step4：单击 < **确定** > 按钮，完成文字的创建。

2. **曲线上**　：**通过曲线确定文字位置**

打开本书配套素材 train/ch3/文本.prt，选择菜单 **插入(S)** → **曲线(C)** → **A** **文本(T)...** 命令或在菜单栏中选中"曲线"的情况下单击功能区 **A** **文本**按钮都可打开"文本"对话框，在"类型"

下拉框中选择 ◥ **曲线上**（见图 3-19），相关设置说明如下。

● **文本放置曲线** 选项组。

➤ ✳ **选择曲线 (0)**：激活后选择曲线作业文字放置的基准（见图 3-20）。

图 3-19 曲线上"文本"对话框

图 3-20 曲线上文本示例

➤ **反向** ╳：反转文字起始方向。

● **竖直方向** 选项组。

➤ **定向方法**：下拉框中有两种设置文字竖直方向的方法，其中"自然"表示文字竖直方向垂直于曲线，"矢量"表示文字竖直方向沿指定的矢量方向，这时需要用户选择或构造一个矢量。

● **文本属性** 选项组。

用法参照上文的 ▧ **平面副**。

● **文本框** 选项组。

➤ **参数百分比** | 50 ▼ |：设置文字行起点（锚点）在曲线上的位置。

➤ **反转字符方向** ╳：反转文字字符方向，例如初始文字方向朝上，单击该按钮后变为朝下。

3. ▧ 面上 ：通过曲面及曲面上的曲线确定文字位置

打开本书配套素材 train/ch3/文本.prt，选择菜单 插入(S) → 曲线(C) → A 文本(T)... 命令或在菜单栏中选中"曲线"的情况下单击功能区 A 文本 按钮都可打开"文本"对话框，在"类型"下拉框中选择 ▧ 面上（见图 3-21），具体操作步骤如下：

Step1：激活 **文本放置面** 区 ✳ **选择面 (0)**，在绘图区选择面 1 为文字放置面（见图 3-22）。

Step2：指定文字在面上的位置。**面上的位置** 选项组中提供了"面上的曲线"与"剖切平面"两种方法，前者是用户选择一条现有的曲线（曲线必须在曲面上），后者是用户指定一个平面，系统将该平面与上一步选择的文本放置面的交线作为文本在曲面上的位置限制。本例选择"面上的曲线",然后在绘图区选择曲线 1（见图 3-22）。

Step3：设置 文本属性 选项组,包括文字内容、字体、字型等。本例可按图 3-21 进行设置。

Step4：设置 文本框 选项组,包括"锚点位置""参数百分比""尺寸"等。本例可按图 3-21 进行设置。

Step5：单击 反转字符方向 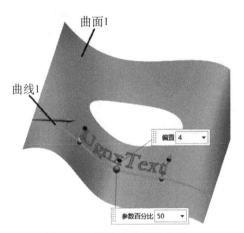,使字符方向如图 3-22 所示,单击 < 确定 > 按钮,完成文本创建。

图 3-21　面上"文本"对话框

图 3-22　面上文本操作示例

3.3　高级曲线命令

3.3.1　偏置曲线

选择菜单 插入(S) → 派生曲线(U) → 偏置(O)... 命令或在菜单栏中选中"曲线"的情况下单击功能区 按钮都可打开"偏置曲线"对话框（见图 3-23）。该对话框中各项设置说明如下。

● 偏置类型 选项组。

设置偏置距离,除了"3D 轴向",其余三种类型都要求是平面曲线。

➢ 距离：通过输入偏置距离获得偏置曲线。

➢ 拔模：可变偏距偏置,偏置距离按照以"指定的拔模角"为斜度的斜线变化。

➢ 规律控制：可变偏距偏置,偏置距离按照规律曲线变化。

➢ 3D 轴向：按指定的矢量方向偏置。

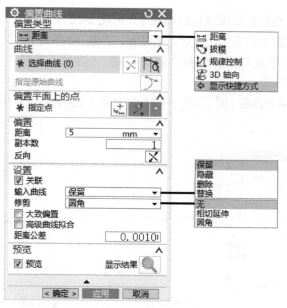

图 3-23 "偏置曲线"对话框

● **偏置平面上的点** 选项组。

✳ **指定点**：当源曲线不能确定一个平面时（如直线），则需要选择一个点使之生成偏置平面。

● **偏置** 选项组。

当"偏置类型"选择为"距离"时，需要用户输入"距离"和"副本数"，单击 ⤬ 按钮可反转偏置方向；当"偏置类型"选择为"拔模"时，需要用户输入"高度""角度"和"副本数"；当"偏置类型"选择为"规律控制"时，需要用户选择规律的类型并对规律曲线进行设置；当"偏置类型"选择为"3D 轴向"时，需要用户指定距离及偏置矢量。

● **设置** 选项组。

➢ ☑ **关联**：选中该复选框，结果曲线与源曲线相关联。

➢ **输入曲线**：共有四个选项，"保留""隐藏""删除""替换"，其中删除源曲线和替换源曲线必须在取消勾选 ☐ **关联** 复选框后才可用。

➢ **修剪**：共有 "无""相切延伸""圆角"三个选项，它们的含义见图 3-24。

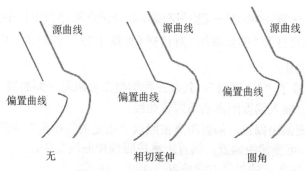

图 3-24 三种修剪选项的含义

3.3.2　偏置 3D 曲线

选择一个矢量，源曲线与结果曲线在与该矢量垂直的平面内的距离为设定的偏置距离（如图 3-25 所示），这就是"偏置 3D 曲线"的含义。打开本书配套素材 train/ch3/偏置 3D 曲线.prt，选择菜单 插入(S) → 派生曲线(U) → 偏置 3D 曲线… 命令，打开"偏置 3D 曲线"对话框（见图 3-26），操作步骤如下。

Step1：激活 曲线 选项组 ✳ 选择曲线 (0)，选择需要偏置的 3D 源曲线。

Step2：激活 参考方向 选项组 ✳ 指定矢量，选择或通过矢量构造器创建参考的矢量方向。

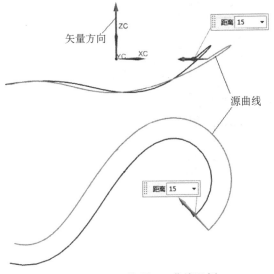

图 3-25　偏置 3D 曲线示例

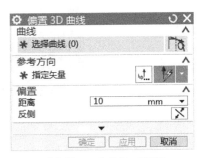

图 3-26　"偏置 3D 曲线"对话框

Step3：在 偏置 选项组的"距离"文本框中输入偏置距离并单击 ⤢ 按钮切换至期望的偏移侧。

Step4：单击 < 确定 > 按钮，完成曲线的创建。

3.3.3　在面上偏置曲线

选择菜单 插入(S) → 派生曲线(U) → 在面上偏置(F)… 命令或在菜单栏中选中"曲线"的情况下单击功能区 在面上偏置曲线 按钮都可打开"在面上偏置曲线"对话框（见图 3-27），现以类型" 可变"为例说明该对话框中各项的设置。

● 曲线 选项组。

✳ 选择曲线 (0)：选择源曲线，该曲线必须位于曲面上。

● 偏置 选项组。

规律类型：选择可变偏距的规律类型，包括"恒定""线性""三次""沿脊线的线性""沿脊线的三次""根据方程""根据规律曲线" 7 种类型。

● 面或平面 选项组。

✳ 选择面或平面 (0)：选择平面或曲面，该面必须是前面曲线所在的曲面，曲线的偏置将沿该曲面进行。

● **方向和方法**选项组。

➢ **偏置方向**：偏置方向包括"垂直于曲线""垂直于矢量"两种，前者表示源曲线上每个点的偏置方向为垂直于曲线方向，后者表示沿垂直于指定矢量方向偏置曲线。

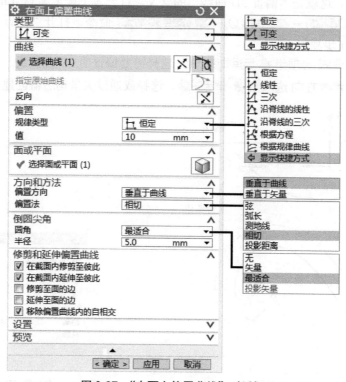

图 3-27 "在面上偏置曲线"对话框

➢ **偏置法**：计算偏置距离的方法，下拉框共提供了 5 种方法，下面对最常用的 3 种方法进行介绍。

弦：采用弦长计算偏置距离（见图 3-28）。

弧长：采用弧长计算偏置距离（见图 3-28）。

投影距离：指定一全矢量，沿垂直于矢量的方向计算偏置距离（见图 3-29）。

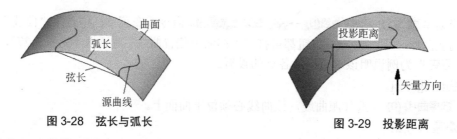

图 3-28 弦长与弧长　　　　　　　　　**图 3-29 投影距离**

● **倒圆尖角**选项组。

圆角：对偏置源曲线的线段与线段间尖角的处理方式。

无：对尖角不做处理。

矢量：在垂直于矢量方向的平面上倒圆，然后再投影至曲面生成圆角。

最适合：UG NX 系统根据给定的半径值自动计算倒圆。

● 修剪和延伸偏置曲线 选项组。

对曲线偏置过程中形成的间隙及交叉的处理方式，包括"在截面内修剪至彼此""在截面内延伸至彼此""修剪至面的边""延伸至面的边""移除偏置曲线内的自相交" 5 种。对于第 5 种方式，什么时候会产生自相交呢？下面举例说明，源曲线中有一个圆角 R5，在做垂直于曲线偏置 6mm 时圆角有可能变为 5-6=-1mm，实际应用中圆角是不可能为负值的，这就是自相交问题，选中"移除偏置曲线内的自相交"复选框每次会将这种位置当成尖角处理。

3.3.4 投影曲线

选择菜单 插入(S) → 派生曲线(U) → 🗡 投影(P)... 菜单或在菜单栏中选中"曲线"的情况下单击功能区 🗡 按钮都可打开"投影曲线"对话框（见图 3-30），现将对话框中各项的设置说明如下。

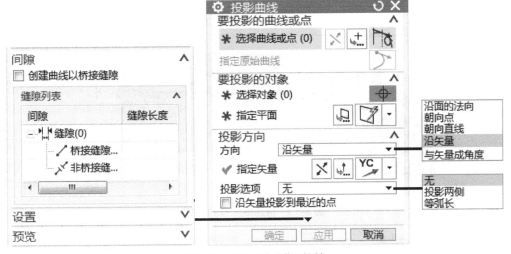

图 3-30 "投影曲线"对话框

● 要投影的曲线或点 选项组。

🗡 选择曲线或点 (0)：选择用作投影的源曲线或点。

● 要投影的对象 选项组。

投影到的对象可以是曲面或平面，单击 🗡 选择对象 (0) 可以选择曲面、实体表面等；单击 🗡 指定平面可以选择现有平面或通过平面构造器创建平面。

● 投影方向选项组。

"沿面的法向"：要投影的曲线上任意位置点的投影方向为沿该点垂直于投影面的方向。

"朝向点"：要投影的曲线上任意位置点的投影方向为沿该点与所选点连线的方向（见图 3-31 所示）。

"朝向直线"：要投影的曲线上任意位置点的投影方向是起点为该点、终点为该点在所选直线上的垂足的直线所确定的矢量方向（见图 3-32）。

"沿矢量"：投影方向为与指定的矢量成某一角度的方向。

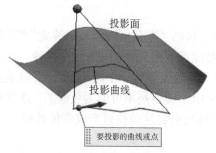

图 3-31　朝向点投影示例

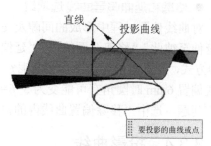

图 3-32　朝向直线投影示例

● 间隙：选项组。

当曲线投影到不连续的面时，采用间隙处理方法。

▨ 创建曲线以桥接缝隙：选中该复选框时，下方会出现"最大桥接缝隙大小"文本框，用户可以设定桥接缝隙的最大值，小于该阈值的间隙系统会自动创建桥接（见图 3-33）。

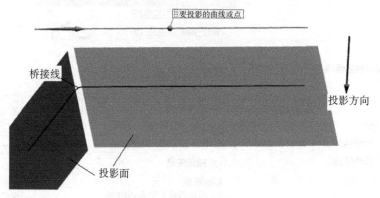

图 3-33　桥接缝隙投影示例

3.3.5　组合投影

组合投影是指通过两组曲线朝两个不同的方向进行投影相交得到一条新的空间曲线。打开本书配套素材 train/ch3/组合投影.prt（见图 3-35），选择菜单 插入(S) → 派生曲线(U) → ☀ 组合投影(C)...命令，系统弹出"组合投影"对话框（见图 3-34），操作步骤如下。

Step1：激活 曲线 1 选项组中的 ☀ 选择曲线 (0)，选择图 3-35 所示组合投影的源曲线链 1。

Step2：激活 曲线 2 选项组中的 ☀ 选择曲线 (0)，选择图 3-35 所示组合投影的源曲线链 2。

Step3：在 投影方向 1 选项组的"投影方向"下拉框中选择 ↑ 沿矢量，然后选择 "–XC"方向为曲线链 1 的投影方向。

Step4：在 投影方向 2 选项组的"投影方向"下拉框中选择 ↑ 沿矢量，然后选择 "–ZC"方向为曲线链 2 的投影方向。

Step5：单击 确定 按钮，完成图 3-35 所示组合投影曲线。

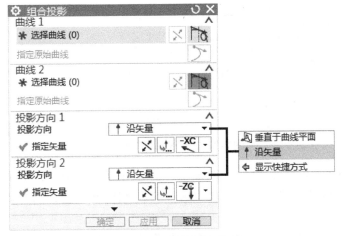

图 3-34　"组合投影"对话框

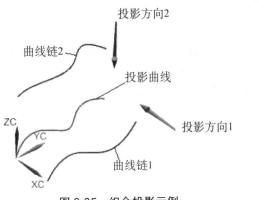

图 3-35　组合投影示例

3.3.6　镜像曲线

下面以图 3-36 所示案例（本书素材 train/ch3/镜像曲线.prt）介绍镜像曲线的具体操作步骤。选择菜单 插入(S) → 派生曲线(U) → 镜像(M)... 命令，系统弹出"镜像曲线"对话框（见图3-37）。

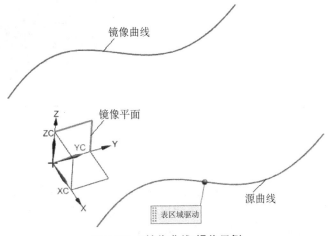

图 3-36　"镜像曲线"操作示例

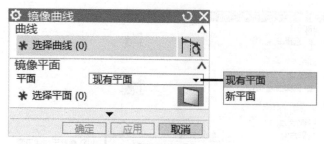

图 3-37 "镜像曲线"对话框

Step1：激活 曲线 选项组中的 ✳ 选择曲线 (0)，选择图 3-36 所示镜像操作的源曲线。

Step2：在 镜像平面 选项组的"平面"下拉框中选择 现有平面，然后激活 ✳ 选择平面 (0)，在绘图区选择 YZ 平面。

Step3：单击 确定 按钮，完成图 3-36 所示镜像曲线。

3.3.7　相交曲线

相交曲线是指通过两组曲面或两个平面求交创建新曲线。选择菜单 插入(S) → 派生曲线(U) → 相交(I)... 命令，系统弹出"相交曲线"对话框（见图3-38）。下面以图3-39所示案例（本书素材 train/ch3/相交曲线.prt）为例介绍具体操作步骤。

Step1：激活 第一组 选项组中的 ✳ 选择面 (0)，选择图 3-39 所示曲面组 1。

Step2：激活 第二组 选项组中的 ✳ 选择面 (0)，选择图 3-39 所示曲面组 2。

Step3：单击 确定 按钮，完成图 3-39 所示相交曲线。

图 3-38　"相交曲线"对话框

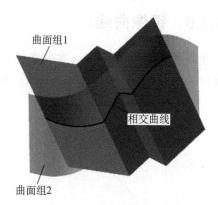

图 3-39　"相交曲线"操作示例

3.3.8　等参数曲线

沿曲面固有的 U 和 V 方向对曲面进行等分得到的曲线称为等参数曲线。选择菜单 插入(S) → 派生曲线(U) → 等参数曲线(A)... 命令，系统弹出"等参数曲线"对话框（见图3-40）。下面以图 3-41 所示案例（本书素材 train/ch3/等参数曲线.prt）为例介绍具体操作步骤。

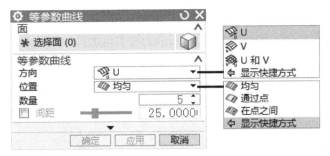

图 3-40 "等参数曲线"对话框

Step1：打开"等参数曲线"对话框，激活 面 选项组中的 ✳ 选择面 (0)，选择图 3-41 所示曲面。

Step2：等参数曲线选项组中有"方向""位置""数量"等选项，其中"方向"下拉框中有"🐾U""🐾V""🐾U 和 V"三种方向选择方法，分别表示"U 方向""V 方向""两者都有"。"位置"下拉框中有"🐾均匀""🐾通过点""🐾在点之间"三个选项，其中"均匀"表示在曲面全范围内创建等参曲线；"通过点"表示通过曲面上的点创建等参曲线；"在点之间"表示在曲面上指定的两点之间创建等参曲线。本案例中，在"方向"下拉框中选择🐾V，在"位置"下拉框中选择🐾均匀，在"数量"文本框中输入"4"。

Step3：单击 确定 按钮，完成图 3-41 所示等参数曲线。

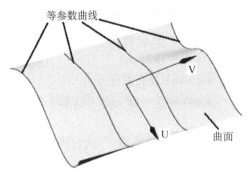

图 3-41 "等参数曲线"操作示例

3.3.9 等斜度曲线

在指定拔模方向与拔模角大小时，系统在指定曲面上创建的符合要求的曲线称为等斜度曲线。下面以图 3-43 所示案例（本书素材 train/ch3/等斜度曲线.prt）为例介绍等斜度曲线创建的具体操作步骤。

Step1：打开本书配套素材 train/ch3/等斜度曲线.prt。

Step2：选择菜单 插入(S) → 派生曲线(U) → 📐 等斜度曲线(R)... 命令，系统弹出"等斜度曲线"对话框（见图 3-42）。

Step3：激活 面 选项组中的 ✳ 选择面 (0)，选择图 3-43 所示曲面。

Step4：激活 参考方向 选项组中的 ✳ 指定矢量，选择 ZC 为矢量方向。

Step5：对于指定等斜度角，UG NX 提供了"单个"和"多个"两个选项，"单个"表示根据拔模角生成一条曲线；"多个"表示指定曲线分布的角度范围和间隔角度创建多条曲线，可以理解为按相同间隔拔模角值进行的曲线排列。本案例选择 ◉ 单个，并在"角度"文本框中输入 20。

Step6：单击 确定 按钮，完成如图 3-43 所示的等斜度曲线。

图 3-42　"等斜度曲线"对话框

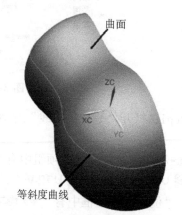

图 3-43　"等斜度曲线"操作示例

3.3.10　复合曲线

选择菜单 插入(S) → 派生曲线(U) → 复合曲线(U)... 命令或在菜单栏选中"曲线"的情况下单击功能区 复合曲线 按钮都可打开"复合曲线"对话框（见图 3-44）。下面以图 3-45 所示案例为例介绍复合曲线创建的具体操作步骤。

Step1：打开本书配套素材 train/ch3/复合曲线.prt。

Step2：选择菜单 插入(S) → 派生曲线(U) → 复合曲线(U)... 命令，系统弹出"复合曲线"对话框（见图 3-44）。

Step3：激活 曲线 选项组中的 * 选择曲线 (0)，选择图 3-45 所示的边链。

图 3-44　"复合曲线"对话框

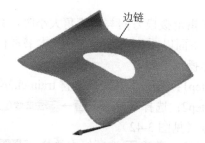

图 3-45　"复合曲线"操作示例

Step4：在 设置 选项组中单击 连结曲线 下拉框并选择"三次"选项，将边链的四条曲线连接起来，其余项采用默认设置。

Step5：单击 确定 按钮，完成图 3-45 所示的复合曲线。

3.3.11　截面曲线

截面曲线是指通过平面与体、面或曲线相交来创建曲线或点。选择菜单 插入(S)→ 派生曲线(U) → 截面(N)... 命令或在菜单栏选中"曲线"的情况下单击功能区派生曲线组 截面曲线 按钮都可打开"截面曲线"对话框（见图 3-46）。

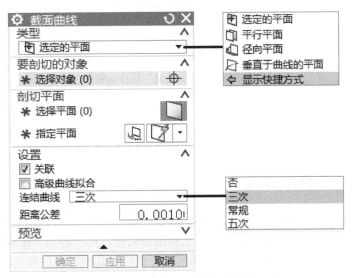

图 3-46　"截面曲线"对话框

"类型"选项组的下拉框中提供了四种平面类型，选择"选定的平面"用户可以选择一个或一组剖切平面；"平行平面"对应一个基本平面，以基本平面为零点输入起点与终点，在起点与终点之间根据步进值创建一系列剖切平面；选择"径向平面"需要用户首先选择一条轴及不与轴共线的点构建参考平面，然后以参考平面为角度零位输入起点角度与终点角度，在起点角度与终点角度之间根据步进值创建一系列剖切平面；"垂直于曲线的平面"对应选定一条曲线或边，以它的始点为零位输入起点与终点，在起点与终点之间根据步进值创建一系列垂直于曲线的剖切平面。

在"设置"选项组中，"关联"项用于设置本对象与参考对象是否关联；"高级曲线拟合"用于设置是否进行曲线拟合，选中该复选框时下方会展开与此相关的设置项，用户必须选择方法，输入拟合次数、段数、公差等参数；"连接曲线"下拉框用于选择线段之间的连接方法，"否"表示不连接，结果为独立曲线段，"三次""五次"分别表示线段间隙小于距离公差之处采用三次和五次连接，此时应首先取消选中"关联"复选框。

下面以图 3-47 所示案例为例简单介绍操作过程。

Step1：打开本书配套素材 train/ch3/截面曲线.prt。

Step2：选择菜单 插入(S) → 派生曲线(U) → 截面(N)... 命令，系统弹出"截面曲线"对话框（见图 3-46）。

Step3：在"类型"下拉框中选择 选定的平面。

Step4：在 要剖切的对象 选项组中激活 选择对象 (0)，在"类型过滤器"下拉框中选择"实体"，然后在绘图区选择图 3-47 所示实体为剖切对象。

Step5：在 剖切平面 选项组中激活 选择平面 (0)，选择图 3-47 所示平面为剖切平面。

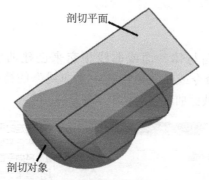

剖切平面

剖切对象

图 3-47 "截面曲线"操作示例

Step6：在 设置 选项组中选中 ☑ 关联 复选框，取消选中 ☐ 高级曲线拟合 复选框，在"连结曲线"下拉框中选择"否"，其余采用默认设置。

Step7：单击 确定 按钮，完成图 3-47 所示截面曲线。

3.3.12　抽取虚拟曲线

选择菜单 插入(S) → 派生曲线(U) → 🗍 抽取虚拟曲线(V)... 命令，系统弹出"抽取虚拟曲线"对话框（见图3-48）。"类型"下拉框中提供了三种虚拟曲线，第一种为"🗍 旋转轴"，用户选择旋转面（圆柱、圆锥及其他存在旋转中心线的形体），系统在其中心处创建直线（见图3-49(a)）；第二种为"🔷 倒圆中心线"，选择圆角面后系统在圆心轨迹处创建曲线（见图3-49（b））；第三种为"🔷 虚拟交线"，是利用倒圆角为两个侧面延伸相交创建曲线（见图3-49（c））。

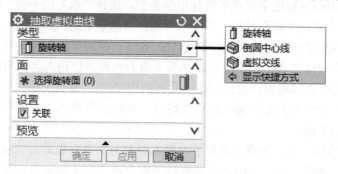

图 3-48 "抽取虚拟曲线"对话框

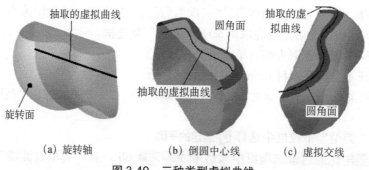

（a）旋转轴　　　　（b）倒圆中心线　　　（c）虚拟交线

图 3-49　三种类型虚拟曲线

3.3.13　桥接曲线

桥接曲线是指在两条不相交曲线或两个对象间创建顺滑连接的曲线。选择菜单 插入(S) → 派生曲线(U) → 桥接(B)... 命令或在菜单栏选中"曲线"的情况下单击功能区派生曲线组 桥接曲线按钮都可打开"桥接曲线"对话框（见图 3-50），现将该对话框中各项设置说明如下。

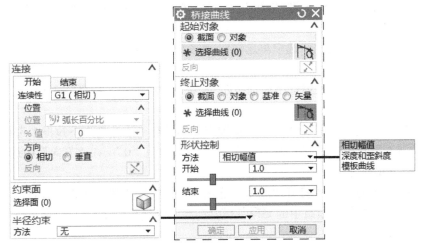

图 3-50　"桥接曲线"对话框

● **起始对象** 选项组。

◉ **截面** ◎ **对象**：这两个单选按钮用于设置起始对象的类型，其中"截面"表示起始对象类型为曲线或边；"对象"表示起始对象为点或面。

● **终止对象** 选项组。

◉ **截面** ◎ **对象** ◎ **基准** ◎ **矢量**：设置终止对象的类型，分别表示终止对象为曲线或边、点或面、基准平面或基准轴、矢量或轴线。

● **形状控制** 选项组。

在这里可对曲线形状进行调整，选择"方法"下拉框中"相切幅值"选项时下方会出现"开始""结束"两个下拉文本框及滑块条，用户可以通过输入数值或移动滑块来设置相切幅值的大小；选择"深度和歪斜度"选项时下方的下拉文本框及滑块条可分别用于调整深度与歪斜度；选择"模板曲线"选项时下方会出现"※ 选择曲线 (0)"选择条，要求用户选择一条曲线，系统以选定的曲线为模板控制桥接曲线的形状。

● **连接** 选项组。

在这里可定义曲线的起点、终点与起始对象、终止对象间的连接方式，包括"连续性""位置""方向"的设置。其中"连续性"有四个选项，"G0（位置）"表示新曲线与原对象直接相连；"G1（相切）"表示新曲线与原对象在连接处相切；"G2（曲率）"表示新曲线与原对象在连接处曲率连续；"G3（流）"表示新曲线与原对象在连接处的三阶导数相同，从 G0 到 G3 连接光顺度是逐渐增加的。"位置"用于设置起始点与终点在原对象上的位置，定义位置的方法有"弧长""弧长百分比""参数百分比""通过点"。"方向"中 ◉ **相切**、◎ **垂直** 分别表示新曲线与原对象在连接处，新曲线的方向为切线方向或法向方向，利用反向按钮 ✕ 可将前面的切线方向或法向方向反转 180°。

● 约束面选项组。

激活下方选择条可以选择一个约束面，新曲线为投影至约束面的曲线。但设置约束面也是有条件的，约束面必须是通过桥接曲线起始点与终点的曲面。

下面以图 3-51 所示案例为例简单介绍桥接曲线的操作过程。

Step1：打开本书配套素材 train/ch3/桥接曲线.prt。

Step2：选择菜单 插入(S) → 派生曲线(U) → 桥接(B)... 命令，系统弹出"桥接曲线"对话框（见图 3-50）。

Step3：在 起始对象 选项组选中单选按钮 ◉ 截面，在绘图区选择图 3-51（a）所示曲线为起始截面。

Step4：在 终止对象 选项组选中单选按钮 ◉ 截面，在绘图区选择图 3-51（b）所示曲线为终止截面。

Step5：在 连接 选项组打开"开始"选项卡，然后在"连续性"下拉框中选择"G1"（相切）；在"位置"下拉框中选择"弧长百分比"，输入数值"0"；在"方向"中选中 ◉ 相切 单选按钮，如图 3-50 所示。

Step6：在 连接 选项组中打开"结束"选项卡，按上一步的操作进行设置。

Step7：激活 约束面 选项组中的 选择面 (0)，在绘图区选择图 3-51（b）所示曲面为约束面，其他接受默认设置。

Step8：单击 确定 按钮，完成图 3-51（c）所示桥接曲线。

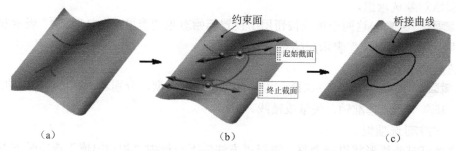

图 3-51 "桥接曲线"操作示例

3.3.14 修剪曲线

下面以图 3-53 所示案例为例简单介绍操作过程。

Step1：打开本书配套素材 train/ch3/修剪曲线.prt。

Step2：选择菜单 编辑(E) → 曲线(V) → 修剪(T)... 命令或在菜单栏中选中"曲线"的情况下单击功能区派生曲线组 按钮都可打开"修剪曲线"对话框（见图 3-52）。

Step3：选择要修剪的曲线。在 要修剪的曲线 选项组激活"选择曲线"，在绘图区选择图 3-53（a）所示要修剪的曲线。

Step4：选择边界对象。"对象类型"下拉框中"选定的对象"选项的功能是让用户选择"点""曲线""曲面"等对象，"平面"选项的功能是让用户选择或创建一个平面作为边界对象。本例中，在"对象类型"下拉框中选择"选定的对象"，然后在绘图区选择图 3-53（b）所示曲线。

Step5：在"设置"选项组中选中 ☑ 关联、☑ **修剪边界曲线**、☑ **单选** 复选框，并在"输入曲线"下拉框中选择"隐藏"，在"曲线延伸"下拉框中选择"自然"，参照图 3-52。

Step6：设置修剪与分割。通过"操作"下拉框可以切换操作类型——"修剪"与"分割"；"方向"下拉框中有"最短的 3D 距离"与"沿方向"两个选项；"选择区域"有 ◉ **保留** 和 ◉ **放弃** 两个单选按钮，用于选择需要留下或放弃的部分。本例中，"操作类型"选择"修剪"，"方向"选择"最短的 3D 距离"，并选择图 3-53 所示区域为保留区域。

Step7：单击 **确定** 按钮，完成图 3-53（c）所示修剪曲线。

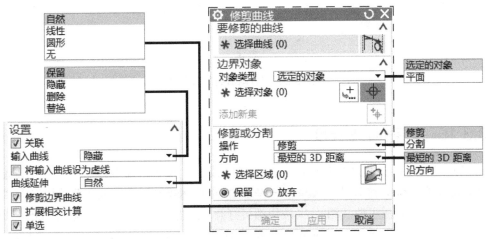

图 3-52　"修剪曲线"对话框

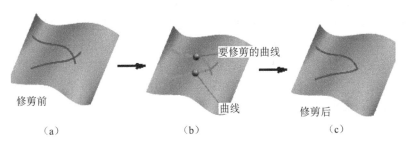

（a）　　　　　　　　　（b）　　　　　　　　　（c）

图 3-53　"修剪曲线"操作示例

3.3.15　分割曲线

分割曲线是指将一条完整曲线分割为多条曲线段，与前文介绍的"修剪曲线"中的"分割"项不同的是"分割曲线"操作后会删除原曲线的参数；另外选择"修剪曲线"中的"分割"项时源对象可以是实体边界，而"分割曲线"源对象只能是曲线。选择菜单 **编辑(E)** → **曲线(V)** → **分割(D)...** 命令，打开"分割曲线"对话框（见图3-54）。

在"类型"选项组的下拉框中，**等分段** 可对曲线进行等分；**按边界对象** 根据选择的边界对象进行曲线分割，这里的边界对象可以是点、曲线、平面等；**弧长段数** 按用户输入的弧长值对目标曲线进行划分；**在结点处** 的功能是通过选择多段样条线上的一个或多个结点对目标曲线进行分割；**在拐角上** 的功能是通过选择一个或多个拐角对目标曲线进行分割，这里所说的拐角即目标曲线中非相切及非曲率连续之处。

在"段数"选项组中,"段长度"下拉框提供两种计算段长的方法,其中"等参数"表示按参数计算段长,比如U、V参数等;"等弧长"表示用绝对弧长来计算段长。

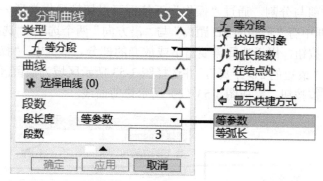

图 3-54 "分割曲线"对话框

3.3.16 调整曲线长度

调整曲线长度是指通过延长或缩短源曲线(或边)来获得新曲线。打开本书配套素材 train/ch3/曲线长度.prt,选择菜单 编辑(E) → 曲线(V) → 长度(L)... 命令或在菜单栏选中"曲线"的情况下单击功能区派生曲线组 按钮都可打开"曲线长度"对话框(见图3-55)。选择曲面边界,然后拖拉两端箭头或在"限制"选项组中输入开始端与结束端的延伸距离;再单击 确定 按钮,完成图 3-56 所示新曲线。

在"延伸"选项组中,"长度"下拉框可用于选择长度的计量方法,"增量"表示不考虑源曲线的长度,"总数"表示在设置新曲线长度时把源曲线长度包括在内;"侧"下拉框用于选择需要延伸的曲线端,包括"对称""起点和终点"两个选项;"方法"下拉框中,"自然"表示按自然曲率延伸,"直线"表示从源曲线端点处的切线方向延伸,"圆形"表示以源曲线端点处的半径进行圆弧延伸。

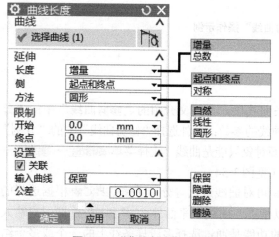

图 3-55 "曲线长度"对话框

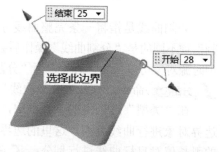

图 3-56 "曲线长度"操作示例

3.4　曲线综合应用范例

利用曲线建模完成如图 3-57 所示图形。

1）新建模型

打开弹出"新建"对话框，在 **模型** 选项卡的 **模板** 选项组中选择 🔷 **模型**，在"名称"文本框中输入模型名称 3dqx_1，单击 **确定** 按钮，进入建模环境。

2）创建草绘截面 1

①选择菜单"插入"→"在任务环境中绘制草图"命令，系统弹出"创建草图"对话框。

②设置草图平面。在"草图类型"下拉框中选择 ⬚ **在平面上**，在"草图平面"选项组的"平面方法"下拉框中选择 **新平面**，在下方平面构造器中选择 ⬚⬚ （按某一距离），在绘图区选择 XZ 平面，在弹出的"距离"文本框中输入" 50"，单击 ✗ 按钮切换方向使草图平面朝向如图 3-58 所示方向；在"草图方向"选项组的"参考"下拉框中选择"水平"，选择 Z 轴为水平方向；在"草图原点"选项组的"原点方法"下拉框中选择 **使用工作部件原点**；单击 **确定** 按钮，进行草图绘制。

图 3-57　3D 曲线实例

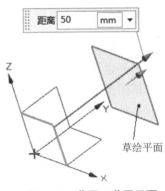

图 3-58　草图 1 草图平面

③绘制图 3-59 所示四点艺术样条，单击 🏁 按钮，完成草绘截面 1。

3）创建草绘截面 2

①打开"创建草图"对话框。

②在"草图类型"下拉框中选择 ⬚ **在平面上**，在"草图平面"选项组"平面方法"下拉框中选择 **新平面**，在下方平面构造器中选择 ⬚⬚ （按某一距离），在绘图区选择 XZ 平面，在弹出的"距离"文本框中输入"-60"，单击 ✗ 按钮切换方向使草图平面朝向如图 3-60 所示方向；在"草图方向"选项组的"参考"下拉框中选择"水平"，选择 Z 轴为水平方向；在"草图原点"选项组的"原点方法"下拉框中选择 **使用工作部件原点**；单击 **确定** 按钮，进行草图绘制。

③绘制图 3-61 所示四点艺术样条，单击 🏁 按钮完成草绘截面 2。

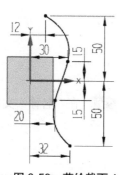

图 3-59 草绘截面 1

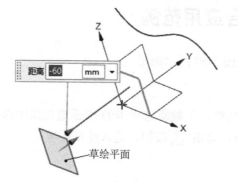

图 3-60 草图 2 草图平面

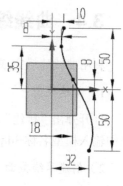

图 3-61 草绘截面 2

4）创建曲面 1

①单击菜单 菜单(M)▼，选择"插入"→网格曲面(M)→ 艺术曲面(U)...命令，系统弹出"艺术曲面"对话框。

②在 截面（主要）曲线 选项组中激活 选择曲线 (0)，在绘图区选择图 3-62 所示曲线 1；然后在 截面（主要）曲线 选项组中单击添加新集按钮 ，在绘图区选择图 3-62 所示曲线 2。注意曲线 2 的箭头方向应与曲线 1 的箭头方向一致。

③其他参数采用默认设置，单击 确定 按钮，完成图 3-62 所示艺术曲面的创建。

5）创建草绘截面 3

①打开"创建草图"对话框。

②在"草图类型"下拉框中选择 在平面上，在"草图平面"选项组的"平面方法"下拉框中选择 新平面，在下方平面构造器中选择 （按某一距离），在绘图区选择 XY 平面，在弹出的"距离"文本框中输入"60"，单击 按钮切换方向使草图平面朝向如图 3-63 所示方向；在"草图方向"选项组的"参考"下拉框中选择"水平"，选择 X 轴为水平方向；在"草图原点"选项组的"原点方法"下拉框中选择 使用工作部件原点；单击 确定 按钮，进行草图绘制。

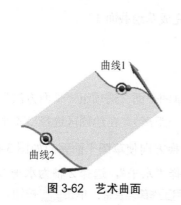

图 3-62 艺术曲面

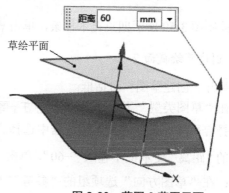

图 3-63 草图 3 草图平面

③绘制图 3-64 所示大半径为 40、小半径为 20 的椭圆，单击 按钮完成草绘截面 3。

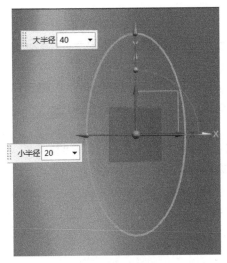

图 3-64 草绘截面 3

6）创建投影曲线

①单击菜单 菜单(M) ，选择"插入"→ 派生曲线(U) → 投影(P)... 命令，系统弹出"投影曲线"对话框。

②选择待投影曲线。在 要投影的曲线或点 选项组中激活 选择曲线或点 (0)，在绘图区选择刚创建的椭圆。

③选择投影平面。在 要投影的对象 选项组中激活 选择对象 (0)，在绘图区选择图 3-65 所示待投影平面。

④选择投影方向。在"方向"下拉框中选择"沿矢量"项；然后在下方矢量构造器中选择"-ZC"为投影方向，其余采用默认设置；单击 确定 按钮，完成图 3-65 所示投影曲线。

7）创建面上偏置曲线

①单击菜单 菜单(M) ，选择"插入"→ 派生曲线(U) → 在面上偏置(F)... 命令，系统弹出"在面上偏置曲线"对话框。

②在"类型"下拉框中选择" 恒定"；在"曲线"选项组的"偏置距离"下拉框选择"值"；激活 选择曲线 (0)，在绘图区选择上一步创建的投影曲线；在"截面线 1：偏置 1"文本框中输入数值"8"，单击 按钮切换方向，使偏距朝向曲线外侧。

③选择约束面。在 面或平面 选项组中激活 选择面或平面 (0)，在绘图区选择图 3-66 所示曲面，单击 确定 按钮，完成图 3-66 所示偏置曲线。

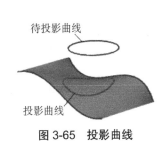

图 3-65 投影曲线

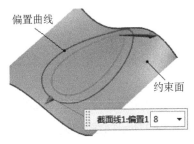

图 3-66 偏置曲线

8）修剪曲线 1

①单击菜单 菜单(M)▼，选择 编辑(E) → 曲线(V) → 修剪(T)... 命令，系统弹出"修剪曲线"对话框。

②在 要修剪的曲线 选项组中激活 选择曲线 (0)，在绘图区选择已创建的偏置曲线；在 边界对象 选项组的"对象类型"下拉框中选择 平面 ▼，激活 指定平面，选择 Y-Z 平面。

③在 修剪或分割 选项组的"操作"下拉框中选择"修剪"，在"方向"下拉框中选择"最短的 3D 距离"；激活 选择区域 (0)，选择图 3-67 所示区域为保留区域。

④展开 设置 选项组，选中 ☑ 关联、☑ 单选 复选框，在"输入曲线"下拉框中选择"隐藏"，在"曲线延伸"下拉框中选择"自然"；单击 确定 按钮，完成图 3-67 所示修剪曲线 1。

9）修剪曲线 2

①打开"修剪曲线"对话框。

②在 要修剪的曲线 选项组中激活 选择曲线 (0)，在绘图区选择上一步已创建椭圆弧；在 边界对象 选项组的"对象类型"下拉框中选择 平面 ▼，激活 指定平面，选择 Y-Z 平面。

③在 修剪或分割 选项组的"操作"下拉框中选择"修剪"，在"方向"下拉框中选择"最短的 3D 距离"；激活 选择区域 (0)，选择图 3-68 所示区域为保留区域。

④展开 设置 选项组，选中 ☑ 关联、☑ 单选 复选框，在"输入曲线"下拉框中选择"隐藏"，在"曲线延伸"下拉框中选择"自然"；单击 确定 按钮，完成图 3-68 所示修剪曲线 2。

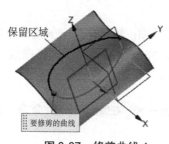

图 3-67　修剪曲线 1

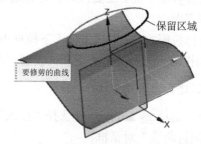

图 3-68　修剪曲线 2

10）调整曲线长度

①单击菜单 菜单(M)▼，选择 编辑(E) → 曲线(V) → 长度(L)... 命令，系统弹出"曲线长度"对话框。

②在 曲线 选项组中激活 选择曲线 (0)，在绘图区选择已修剪后的椭圆弧；在 延伸 选项组的"长度"下拉框中选择 增量 ▼，在"侧"下拉框中选择 对称 ▼，在"方法"下拉框中选择 自然 ▼。

③在 限制 选项组的"开始"文本框中输入数值"-10"，在"结束"文本框中输入数值"-10"。

④在 设置 选项组选中 ☑ 关联 复选框，在"输入曲线"下拉框中选择 隐藏 ▼；单击 确定 按钮，完成图 3-69 所示曲线长度操作。

11）创建桥接曲线 1

①单击菜单 菜单(M) ▾，选择 插入(S) → 派生曲线(U) → 桥接(B)... 命令，系统弹出"桥接曲线"对话框。

②选择起始对象。在"曲线规则"下拉框中选择 单条曲线 ▾ ；在 起始对象 选项组中选中◉ 截面 单选按钮，激活 ✳ 选择曲线 (0) ，在绘图区选择图 3-70 所示曲线 1，单击按钮 ✕ ，使桥接位置与图 3-70 所示保持一致。

③选择终止对象。在 终止对象 选项组中选中◉ 截面 单选按钮，激活 ✳ 选择曲线 (0) ，在"曲线规则"下拉框中选择 单条曲线 ▾ ，在绘图区选择图 3-70 所示曲线 2，单击按钮 ✕ ，使桥接位置与图 3-70 所示保持一致。

④其他采用默认设置，单击 确定 按钮，完成桥接曲线 1。

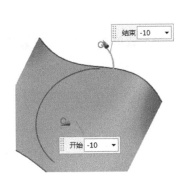

图 3-69   调整曲线长度

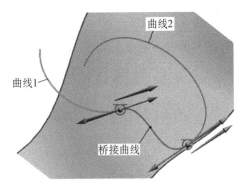

图 3-70   桥接曲线 1

12）创建桥接曲线 2

①单击菜单 菜单(M) ▾，选择 插入(S) → 派生曲线(U) → 桥接(B)... 命令，系统弹出"桥接曲线"对话框。

②选择起始对象。在"曲线规则"下拉框中选择 单条曲线 ▾ ；在 起始对象 选项组中选中◉ 截面 单选按钮，激活 ✳ 选择曲线 (0) ，在绘图区选择图 3-71 所示曲线 1，单击按钮 ✕ ，使桥接位置与图 3-71 所示保持一致。

③选择终止对象。在 终止对象 选项组中选中◉ 截面 单选按钮，激活 ✳ 选择曲线 (0) ，在"曲线规则"下拉框中选择 单条曲线 ▾ ，在绘图区选择图 3-71 所示曲线 2，单击按钮 ✕ ，使桥接位置与图 3-71 所示保持一致。

④其他采用默认设置，单击 确定 按钮完成桥接曲线 2。

13）创建 N 边曲面

①单击菜单 菜单(M) ▾，选择"插入" → 网格曲面(M) → N 边曲面... 命令，系统弹出"N 边曲面"对话框。

②在 外环 选项组中激活 ✳ 选择曲线 (0) ，在绘图区选择图 3-72 所示曲线链；单击▼，展开对话框，在 设置 选项组中选中 ☑ 修剪到边界 复选框；其他采用默认设置。

③单击 确定 按钮，完成图 3-72 所示 N 边曲面。

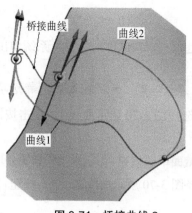

图 3-71 桥接曲线 2

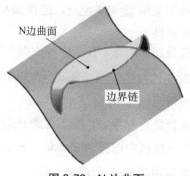

图 3-72 N 边曲面

14）保存文件

单击 菜单(M) ▾ 展开主菜单，选择 文件(F) → 保存(S) 命令（或单击工具栏上的 按钮）。

单元 4 基准与实体建模

4.1 基准特征

4.1.1 坐标系

Ug NX 中共有三种坐标系,即绝对坐标系、基准坐标系、工作坐标系(WCS)。

➢ 绝对坐标系:是 UG NX 软件设定的原始坐标系,用户不可以对它进行编辑与修改,其他坐标系的原点及方向是直接或间接以绝对坐标系作为参考的。

➢ 基准坐标系:用户根据需要而创建的坐标系,用户可以对这种坐标系进行编辑,但编辑后与坐标系相关联的特征位置也会随之变化。

➢ 工作坐标系(WCS):工作坐标系也是用户根据需要而创建的坐标系,与基准坐标系不同的是,在编辑坐标系后原有特征位置不会发生变化,且工作坐标系只有一个。这种特性使得工作坐标使用起来非常方便,只要便于画图可以将它移到任何位置。

1. 基准坐标系

新建一个模型文档。选择菜单 插入(S) → 基准/点(D) → 🔧 基准坐标系(C)...命令或单击功能区基准按钮组 ▾ → 🔧 基准坐标系 按钮,都可打开"基准坐标系"对话框(见图 4-1)。

图 4-1 "基准坐标系"对话框

在"基准坐标系"对话框的"类型"下拉框中提供了图 4-1 所示 12 种创建基准坐标系的方法,现抽选几种典型的创建方法进行介绍。

➢ **动态**:通过操控器的操纵手柄在绘图区创建坐标系。

> **原点、X点、Y点**：通过指定原点位置、X轴方向点及Y轴方向点创建坐标系。
> **X轴、Y轴、原点**：通过指定原点位置、X轴方向矢量及Y轴方向矢量创建坐标系。
> **平面、X轴、点**：首先选择一个平面将以该平面的法向作为Z轴，然后选择X轴方向矢量，最后在第一步选择的平面上指定原点从而确定坐标系。
> **当前视图的坐标系**：以当前视图平面的中心为原点，以当前视图平面的水平方向为X轴、垂直方向为Y轴创建坐标系。
> **偏置坐标系**：选择一个已有坐标系，输入偏置参数得到一个新坐标系。

2. 工作坐标系（WCS）

用户可以对工作坐标系进行移动和再定位。工作坐标系设置的相关命令位于 格式(R) → WCS 子菜单中，下面对工作坐标系的主要操作进行简单介绍。

> 显示(P)：控制工作坐标系的显示与隐藏，也可以按快捷键"W"实现该功能。
> 动态(D)…：通过操控器的操纵手柄在绘图区对工作坐标系进行再定位。
> 原点(O)…：给工作坐标系指定新的原点。
> 旋转(R)…：使工作坐标系按指定方式旋转一定的角度。
> 定向(N)…：工作坐标系重定向，用法与基准坐标系的创建相似。
> WCS 设为绝对(A)：将工作坐标系定位在绝对坐标系的位置。
> 更改 XC 方向…：重新设定X轴的方向。
> 更改 YC 方向…：重新设定Y轴的方向。

4.1.2 基准点

基准点可作为定位元素，也可用于搭建三维曲线，进而构建实体特征。新建一个模型文档，选择菜单 插入(S) → 基准/点(D) → ┼ 点(P)… 命令或单击功能区基准按钮组 ▾ → ┼ 点 按钮，都可打开"点"对话框（见图4-2）。

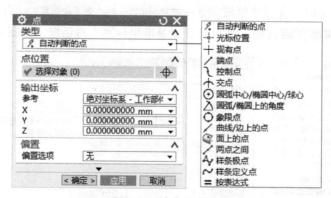

图 4-2 "点"对话框

4.1.3 基准轴

基准轴可作为定位元素，也可用作旋转轴，进而构建实体特征。新建一个模型文档，选择菜单 插入(S) → 基准/点(D) → ┆ 基准轴(A)… 命令或单击功能区基准按钮组 ▾ → ┆ 基准轴 按钮，都可打开"基准轴"对话框（见图4-3）。相关功能说明如下：

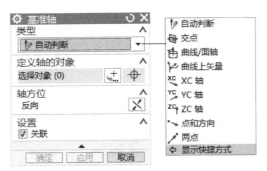

图 4-3　"基准轴"对话框

● **类型**：创建基准轴的方法。

➢ 🔩 **交点**：选择两个平面，以它们的交线创建基准轴。

➢ 🔩 **曲线/面轴**：选择直线、圆柱或圆锥面，在它们的中心线位置创建基准轴。

➢ 🔩 **曲线上矢量**：创建过曲线上指定点与曲线相切的基准轴。

➢ 🔩 **点和方向**：创建通过选定的点与指定方向平行的基准轴。

➢ 🔩 **两点**：通过两点创建基准轴

● 轴方向。

反向 ⤫ ：切换基准轴指向。

4.1.4　基准平面

基准平面用于绘制草图，实现特征定位。新建一个模型文档，选择菜单 插入(S) → 基准/点(D) → 🔲 基准平面(D)... 命令或单击功能区基准按钮组 ▼ → 🔲 基准平面 按钮，都可打开"基准平面"对话框（见图 4-4）。

图 4-4　"基准平面"对话框

4.2　拉伸与旋转

4.2.1　拉伸

拉伸特征是将二维草图截面或曲面边界沿不与草图平面平行的某一方向拉伸一定距离形成的特征，如图 4-5 所示。

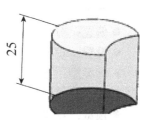

图 4-5　拉伸特征示例

新建一个模型文档，选择菜单 插入(S) → 设计特征(E) → 📖 拉伸(E)... 命令或单击功能区 📖 按钮，都可打开"拉伸"对话框（见图4-6），拉伸特征的各项设置都集中在该对话框中，现将各项设置说明如下。

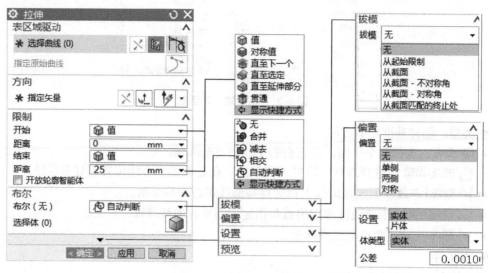

图 4-6 "拉伸"对话框

- **表区域驱动**：绘制或选择草图截面曲线。
- **方向**：指定拉伸方向。
- **限制**：设置拉伸距离。
- ➤ 值：通过指定数值来确定拉伸距离。
- ➤ 对称值：以草图面为中心向两侧对称生长。
- ➤ 直至下一个：沿选定矢量方向生长至相邻平面或曲面（该面必须能与拉伸实体相交）。
- ➤ 直至选定：沿选定矢量方向生长至选定的平面或曲面（该面必须能与拉伸实体相交）。
- ➤ 直至延伸部分：沿选定矢量方向生长至选定的平面或曲面（要求该面扩展后能与拉伸实体相交）。
- ➤ 贯通：穿透与之相交的所有实体。
- **布尔**：指定该拉伸实体与其他已存在实体之间的布尔运算。
- ➤ 无：表示新创建的拉伸体为独立的实体。
- ➤ 合并：表示新创建的拉伸体与已存在实体进行合并作为运算结果。
- ➤ 减去：在已存在的实体中减去新创建的拉伸体作为运算结果。
- ➤ 相交：已存在实体与新创建的拉伸体的交集作为运算结果。
- **拔模**：设置该拉伸体侧面拔模角。
- **偏置**：对草图截面曲线进行偏移，以改变拉伸截面的大小或得到薄壁件。
- **设置**：设置特征。
- ➤ 体类型：指定拉伸体的类型为实体或片体。
- ➤ 公差：设置特征创建允许容差。
- **预览**：设置特征创建过程中预期结果是否可见。

4.2.2   旋转

旋转是指将二维草图截面或曲面边界沿某一轴线旋转一定角度形成实体或片体，旋转特征实例如图 4-7 所示。

新建一个模型文档。选择菜单 插入(S) → 设计特征(E) → 🔧 旋转(R)... 命令或单击工具栏 🔧 按钮，都可打开"拉伸"对话框，旋转特征的各项设置都集中在该对话框中，现对各项设置说明如下。

- **表区域驱动**：绘制或选择草图截面曲线。
- **轴**：指定旋转特征的中心轴。
- **限制**：设置旋转角度。

值：通过指定数值来确定拉伸距离。

直至选定：沿选定矢量方向生长至选定的平面或曲面（该面必须能与拉伸实体相交）。

- **布尔**：指定该拉伸实体与其他已存在实体之间进行布尔运算。
- ➢ 无：表示新创建的拉伸体为独立的实体。
- ➢ 合并：表示新创建的拉伸体与已存在实体进行合并作为运算结果。
- ➢ 减去：在已存在的实体中减去新创建的拉伸体作为运算结果。
- ➢ 相交：表示将已存在实体与新创建的拉伸体的交集作为运算结果。
- **偏置**：对草绘截面曲线进行偏移，以改变拉伸体的大小或得到薄壁件。
- **设置**：指定拉伸体的类型为实体或片体，设置特征的创建误差。
- **预览**：设置特征创建过程中预期结果是否可见。

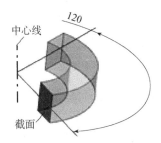

图 4-7   旋转特征实例

图 4-8   "旋转"对话框

4.2.3 拉伸与旋转综合应用实例

1. 拉伸与旋转实例1

完成如图4-9所示零件图。

（1）新建文件。打开"新建"对话框，在"模型"选项卡的"模板"选项组中选择模板类型为 🟦 **模型**，在"名称"文本框中输入文件名称 ls&xz_1，单击 **确定** 按钮，进入建模环境。

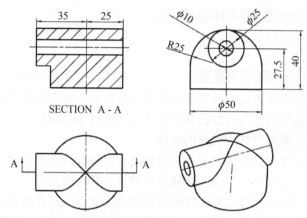

图4-9 拉伸与旋转实例1

（2）创建图4-10所示的旋转特征1。单击 **菜单(M)** ▾ 展开主菜单，选择 **插入(S)** → **设计特征(E)** → 🟦 **旋转(R)...** 命令（或单击工具栏 🟦 按钮），系统弹出"旋转"对话框；单击"旋转"对话框中的"绘制截面" 🟦 按钮，系统弹出"创建草图"对话框，选取 XZ 平面为草图平面，单击"创建草图"对话框中的 **确定** 按钮，绘制图4-11所示草图截面；单击工具栏上的 🏁 按钮，返回"旋转"对话框；在"限制"选项组的"开始"下拉列表中选择 🟦 **值**，在其下面文本框中输入"0"，在"限制"选项组的"结束"下拉列表中选择 🟦 **值**，在其下面文本框中输入"360"；选择 Z 轴为旋转中心轴；其他参数采用系统默认设置，单击 **确定** 按钮，完成旋转特征1的创建。

图4-10 旋转特征1

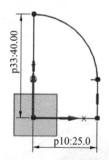

图4-11 草图截面

（3）创建图4-12所示拉伸特征1。单击 **菜单(M)** ▾ 展开主菜单，选择 **插入(S)** → **设计特征(E)** → 🟦 **拉伸(E)...** 命令（或单击工具栏 🟦 按钮），系统弹出"拉伸"对话框；单击"拉伸"对话框中的"绘制截面" 🟦 按钮，系统弹出"创建草图"对话框，选取 YZ 平面为草图平面，单击"创建草图"对话框中的 **确定** 按钮，绘制图4-13所示草图截面；单击工具栏上的 🏁 按钮，返回"拉伸"对话框；在"限制"选项组的"开始"下拉列表中选择 🟦 **值**，在其下面文本框中输入"−35"，在"限制"选项组的"结束"下拉列表中选择 ⏴值，在其下面文本框中输入" 25"；在"布尔"选项组的布尔下拉列表中选择 ⏴合并；其他参数采用系统默认设置；单击 确定 按钮，完成拉伸特征 1 的创建。

图 4-12　拉伸特征 1

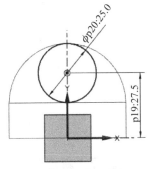

图 4-13　草图截面

（4）创建图 4-14 所示拉伸特征 2。打开"拉伸"对话框；单击"绘制截面" 🔳 按钮，系统弹出"创建草图"对话框，选取图 4-15 所示平面为草图平面，单击"创建草图"中的对话框 确定 按钮，绘制图 4-16 所示草图截面；然后单击工具栏上的 🏁 按钮，返回"拉伸"对话框；在"限制"选项组的"结束"下拉列表中选择 ⏴贯通；在"布尔"选项组的布尔下拉列表中选择 ⏴减去；其他参数采用系统默认设置；单击 确定 按钮，完成拉伸特征 2 的创建。

图 4-14　拉伸特征 2

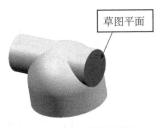

图 4-15　定义草图平面

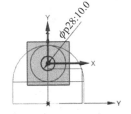

图 4-16　草图截面

（5）保存文件。单击 🔽 菜单(M) ▾ 展开主菜单，选择 文件(F) → 💾 保存(S) 命令（或单击工具栏 💾 按钮）。

2. 拉伸与旋转实例 2

完成如图 4-17 所示零件图。

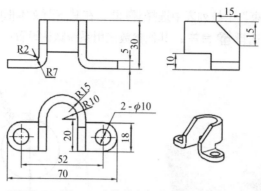

图 4-17　拉伸与旋转实例 2

（1）新建文件。打开"新建"对话框，在"模型"选项卡的"模板"选项组中选择模板类型为 模型 ，在"名称"文本框中输入文件名称 ls&xz_2，单击 确定 按钮，进入建模环境。

（2）创建图 4-18 所示拉伸特征 1。打开"拉伸"对话框，单击"绘制截面" 按钮，系统弹出"创建草图"对话框，选取 XY 平面为草图平面，单击"创建草图"对话框中的 确定 按钮，绘制图 4-19 所示草图截面；单击工具栏上的 按钮，返回"旋转"对话框；在"限制"选项组的"开始"下拉列表中选择 值，在其下面文本框中输入"0"，在"限制"选项组的"结束"下拉列表中选择 值，在其下面文本框中输入"20"；其他参数采用系统默认设置；单击 确定 按钮，完成拉伸特征 1 的创建。

图 4-18　拉伸特征 1

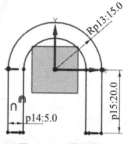

图 4-19　草图截面

（3）创建图 4-20 所示拉伸特征 2。打开"拉伸"对话框，单击"绘制截面" 按钮，系统弹出"创建草图"对话框，选取图 3-20 所示平面为草图平面，单击"创建草图"对话框中的 确定 按钮；绘制图 4-21 所示草图截面，单击工具栏上的 按钮，返回"拉伸"对话框；在"限制"选项组的"开始"下拉列表中选择 值，在其下面文本框中输入"0"，在"限制"选项组的"结束"下拉列表中选择 值，在其下面文本框中输入"18"；在"布尔"选项组的布尔下拉列表中选择 合并 ；单击"方向"选项组中的 按钮，切换拉伸方向朝向屏幕内侧；其他参数采用系统默认设置；单击 确定 按钮，完成拉伸特征 2 的创建。

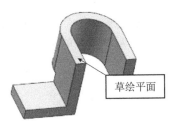

图 4-20　拉伸特征 2

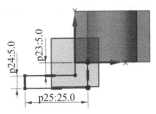

图 4-21　草图截面

（4）创建图 4-22 所示倒圆角特征 1。单击 ![菜单(M)▾] 展开主菜单，选择 插入(S) →
细节特征(L) → ![面倒圆(F)...] 命令（或单击工具栏 ![ ] 按钮），系统弹出"面倒圆"对话框；在
"类型"选项组的下拉框中选择 ![ ] 三面，更改功能区"面规则"下拉框为 单个面 ；
在"面"选项组中单击 ![*] 选择面 1 (0)，选取图 4-23 所示"面 1"（确认箭头方向，如有不
符则单击 ![✗] 按钮切换方向），在"面"选项组中单击 ![*] 选择面 2 (0)，选取图 4-23 所示"面
2"；在"面"选项组中单击 ![*] 选择中间面 (0)，选取图 4-23 所示"中间面"；单击 确定 按钮，
完成倒圆角特征 1 的创建。

图 4-22　倒圆角特征 1

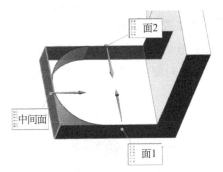

图 4-23　选择倒角面

（5）创建图 4-24 所示倒圆角特征 2。单击 ![菜单(M)▾] 展开主菜单，选择 插入(S) →
细节特征(L) → ![边倒圆(E)...] 命令（或单击工具栏 ![ ] 按钮），系统弹出"边倒圆"对话框；在
"边"选项组中单击 ![*] 选择边 (0)，选取图 4-25 所示边，在"半径 1"文本框中输入"2"；
单击 确定 按钮，完成倒圆角特征 2 的创建。

图 4-24　倒圆角特征 2

图 4-25　选择倒角面

（6）创建图 4-26 所示倒圆角特征 3。打开"边倒圆"对话框；在"边"选项组中单击 ✳ 选择边 (0)，选取图 4-27 所示边，在"半径 1"文本框中输入"7"；单击 确定 按钮，完成倒圆角特征 3 的创建。

图 4-26　倒圆角特征 3　　　　　　　　　图 4-27　选择倒角边

（7）创建图 4-28 所示拉伸特征 3。打开"拉伸"对话框，单击"绘制截面"按钮 ▧，系统弹出"创建草图"对话框，选取图 4-28 所示平面为草图平面，单击 确定 按钮，绘制图 4-29 所示草图截面；单击工具栏上的 ▧ 按钮，返回"拉伸"对话框；在"限制"选项组"开始"下拉列表中选择 ▥ 值，在其下面文本框中输入"0"，在"限制"选项组"结束"下拉列表中选择 ▧ 贯通；在"布尔"选项组的布尔下拉列表中选择 ▧ 减去；单击"方向"选项组 ✕ 按钮，切换拉伸方向朝向实体材料方向；其他参数采用系统默认设置；单击 确定 按钮，完成拉伸特征 3 的创建。

图 4-28　拉伸特征 3　　　　　　　　　图 4-29　草图截面

（8）创建镜像特征。单击 ☰ 菜单(M) ▾ 展开主菜单，选择 插入(S) → 关联复制(A) → ▧ 镜像特征(R)... 命令（或单功能区击工具栏 更多 → ▧ 镜像特征 按钮），系统弹出"镜像特征"对话框；激活 ✳ 选择特征 (0)，按住 Ctrl 键在部件导航器中选择前面已完成的"拉伸特征 2""拉伸特征 3""倒圆角特征 1""倒圆角特征 2""倒圆角特征 3"共五个特征；激活 ✳ 选择平面 (0)，在绘图区选择 YZ 平面为镜像中心面，完成的镜像特征如图 4-30 所示。

（9）创建图 4-31 所示倒棱角特征。单击 ☰ 菜单(M) ▾ 展开主菜单，选择 插入(S) → 细节特征(L) → ▧ 倒斜角(M)... 命令（或单击功能区工具栏 ▧ 倒斜角 按钮），系统弹出"边倒斜角"对话框；在"边"选项组中单击 ✳ 选择边 (0)，选取图 4-32 所示两条边，在"偏置"选项组的"横截面"下拉框中选择 ▧ 对称，在"距离"文本框中输入"15"；单击 确定 按钮，完成倒斜角特征的创建。

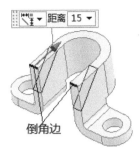

图 4-30　镜像特征　　　　　　图 4-31　倒斜角特征　　　　　图 4-32　选择倒角边

（10）保存文件。单击 菜单(M) ▾ 展开主菜单，选择 文件(F) → 保存(S) 命令（或单击工具栏 按钮）。

3. 拉伸与旋转实例 3

完成如图 4-33 所示零件图。

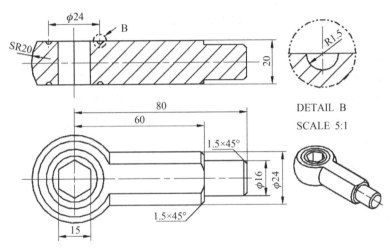

图 4-33　拉伸与旋转实例 3

（1）新建文件。打开"新建"对话框，在"模型"选项卡的"模板"选项组中选择模板类型为 模型，在"名称"文本框中输入文件名称 ls&xz_3，单击 确定 按钮，进入建模环境。

（2）创建图 4-34 所示旋转特征 1。单击 菜单(M) ▾ 展开主菜单，选择 插入(S) → 设计特征(E) → 旋转(R)... 命令（或单击工具栏 按钮），系统弹出"旋转"对话框；单击"旋转"对话框中的"绘制截面" 按钮，系统弹出"创建草图"对话框，选取 XZ 平面为草图平面，单击 确定 按钮，绘制图 4-35 所示草图截面；单击工具栏上的 按钮，返回"旋转"对话框；在"限制"选项组的"开始"下拉列表中选择 值，在其下面文本框中输入"0"，在"限制"选项组的"结束"下拉列表中选择 值，在其下面文本框中输入"360"；选择 X 轴为旋转轴；其他参数采用系统默认设置；单击 确定 按钮，完成旋转特征 1 的创建。

图 4-34　旋转特征 1

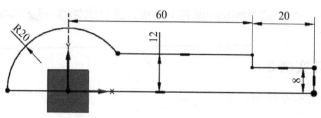

图 4-35　草图截面

（3）创建图 4-36 所示拉伸特征 1。单击 ▤ 菜单(M)▾ 展开主菜单，选择 插入(S) → 设计特征(E) → ▥ 拉伸(E)...命令（或单击工具栏 ▥ 按钮）；单击"拉伸"对话框中的"绘制截面" ▨ 按钮，系统弹出"创建草图"对话框，选取 *XZ* 平面为草图平面，单击 确定 按钮，绘制如图 4-37 所示草图截面；单击工具栏上的 ▨ 按钮，返回"拉伸"对话框；在"限制"选项组的"开始"下拉列表中选择 ▨ 对称值，在其下面距离文本框中输入"25"；在"布尔"选项组的布尔下拉列表中选择 ▨ 减去；其他参数采用系统默认设置；单击 确定 按钮，完成拉伸特征 1 的创建。

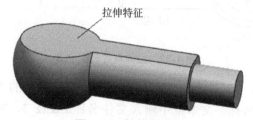

图 4-36　拉伸特征 1

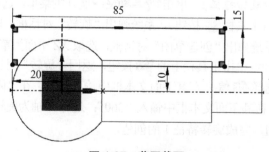

图 4-37　草图截面

（4）创建图 4-38 所示旋转特征。单击 菜单(M)▾展开主菜单，选择 插入(S)→ 设计特征(E)→ 旋转(R)...命令（或单击工具栏 按钮），系统弹出"旋转"对话框；单击"旋转"对话框中的"绘制截面" 按钮，系统弹出"创建草图"对话框，选取 XZ 平面为草图平面，单击 确定 按钮，绘制图 4-39 所示草图截面；单击工具栏上的 按钮，返回"旋转"对话框；在"限制"选项组的"开始"下拉列表中选择 值，在其下面文本框中输入"0"，在"限制"选项组的"结束"下拉列表中选择 值，在其下面文本框中输入"360"；选择 Y 轴为旋转轴；在"布尔"选项组的布尔下拉列表中选择 减去项；其他参数采用系统默认设置；单击 确定 按钮，完成旋转特征的创建。

图 4-38　旋转特征

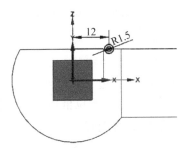

图 4-39　草图截面

（5）创建镜像特征。单击 菜单(M)▾展开主菜单，选择 插入(S)→ 关联复制(A)→ 镜像特征(R)...命令（或单功能区击工具栏 更多→ 镜像特征按钮），系统弹出"镜像特征"对话框；激活 选择特征 (0)，按住 Ctrl 键在部件导航器中选择前面完成的"拉伸特征 1""旋转特征 2"共两个特征；激活 选择平面 (0)项，在绘图区选择 XY 平面为镜像中心面，完成的镜像特征如图 4-40 所示。

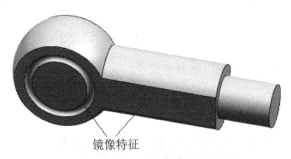

图 4-40　镜像特征

（6）创建图 4-41 所示拉伸特征 2。打开"拉伸"对话框，单击"绘制截面" 按钮，系统弹出"创建草图"对话框，选取图 4-41 所示平面为草图平面，原点方法为"使用工作部件原点"，单击 确定 按钮，绘制图 4-42 所示草图截面；单击工具栏上的 按钮，返回"拉伸"对话框；在"限制"选项组的"开始"下拉列表中选择 值，在其下面文本框中输入"0"，在"限制"选项组的"结束"下拉列表中选择 贯通；在"布尔"选项组的布尔下拉列表中选择 减去；单击"方向"选项组中的 按钮，切换拉伸方向朝向实体材料方向；其他参数采用系统默认设置；单击 确定 按钮，完成拉伸特征 2 的创建。

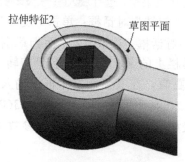

图 4-41　拉伸特征 2

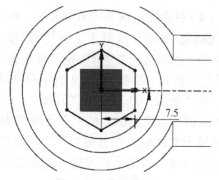

图 4-42　草图截面

（7）创建图 4-43 所示倒斜角特征。单击 菜单(M)▾展开主菜单，选择 插入(S)→ 细节特征(L)→ 倒斜角(M)...命令（或单击功能区工具栏 倒斜角按钮），系统弹出"边倒斜角"对话框；在"边"选项组中单击 选择边 (0)，选取图 4-44 所示三条边；在"偏置"选项组的"横截面"下拉框中选择 对称，在"距离"文本框中输入 1.5；单击 确定按钮，完成倒斜角特征的创建。

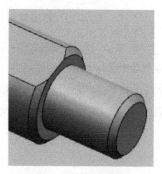

图 4-43　倒斜角特征

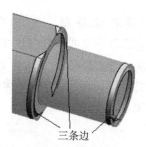

图 4-44　选择倒角边

（8）保存文件。单击 菜单(M)▾展开主菜单，选择 文件(F)→ 保存(S)命令（或单击工具栏 按钮）。

4.3　扫掠实体与通过曲线组创建实体

4.3.1　扫掠

扫掠是指选择一个截面使之沿一条或多条引导线运动从而创建特征，扫掠特征示例如图 4-45 所示。

下面以图 4-45 所示示例为例介绍扫掠操作过程。

Step1：打开本书配套素材 train/ch4/扫掠.prt。

Step2：选择菜单 插入(S)→ 扫掠(W)→ 扫掠(S)...命令，系统弹出"扫掠"对话框，如图 4-46 所示。

Step3：激活"截面"选项组中的 选择曲线 (0)，选择图 4-45 中三角形截面线。

Step4：激活"引导线"选项组中的 ✱ **选择曲线 (0)**，并在"曲线规则"下拉框中选择 **单条曲线 ▼**（见图 4-46），在绘图区选择图 4-45 中引导线 1，完成第一条引导线的选择；单击添加新集 ✛ 按钮，在绘图区选择图 4-45 中引导线 2，完成第二条引导线的选择；再次单击添加新集 ✛ 按钮，在绘图区选择图 4-45 中引导线 3，完成第三条引导线的选择。

Step5：激活"脊线"选项组中的 ✱ **选择曲线 (0)**，并在"曲线规则"下拉框中选择 **单条曲线 ▼**（见图 4-47），在绘图区选择图 4-45 中所示脊线。

Step6：单击 **确定** 按钮，完成扫掠特征的创建。

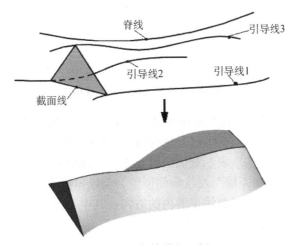

图 4-45　扫掠特征示例

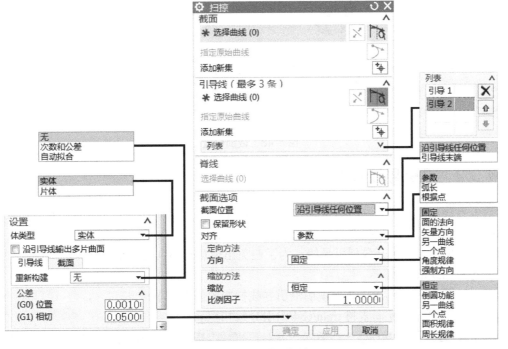

图 4-46　"扫掠"对话框

图 4-47　"曲线规则"下拉框

在这里对"扫掠"对话框中几个常用设置说明如下："脊线"的作用是控制截面，扫掠过程中所有横截面与脊线夹角等于初始截面与脊线的夹角；"截面"选项组的"截面位置"下拉框中"沿引导线任何位置"选项表示截面可以位于引导线全路径任意位置，创建体位于引导线起点与终点之间，"引导线末端"表示截面位置为创建体的末端，如图 4-48 所示；"方向"下拉框用于设置截面曲线在自身曲线平面内的方向，其中"固定"表示截面曲线方位固定；"缩放"下拉框提供了对截面进行缩放的 6 种方法。

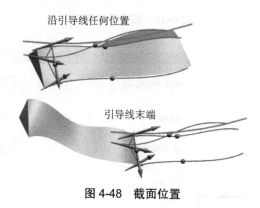

图 4-48　截面位置

4.3.2　沿引导线扫掠

沿引导线扫掠是指通过沿引导线扫掠来创建体，与扫掠不同的是这里的引导线和截面都只能是一条曲线链，引导线链可以是光滑连接的，也允许有尖角，但过小的圆角可能会导致扫掠体无法创建；对于开放型引导线，为了避免出现意想不到的结果，截面线最好绘制在开口端（起始端或末端）。

下面以图 4-49 所示示例为例说明沿引导线扫掠的创建过程：

Step1：打开本书配套素材 train/ch4/沿引导线扫掠.prt。

Step2：选择菜单 插入(S) → 扫掠(W) → 沿引导线扫掠(G)... 命令，打开"扫掠"对话框，如图 4-50 所示。

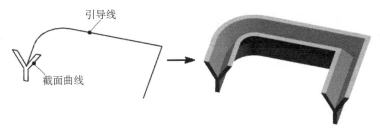

图 4-49　沿引导线扫掠示例

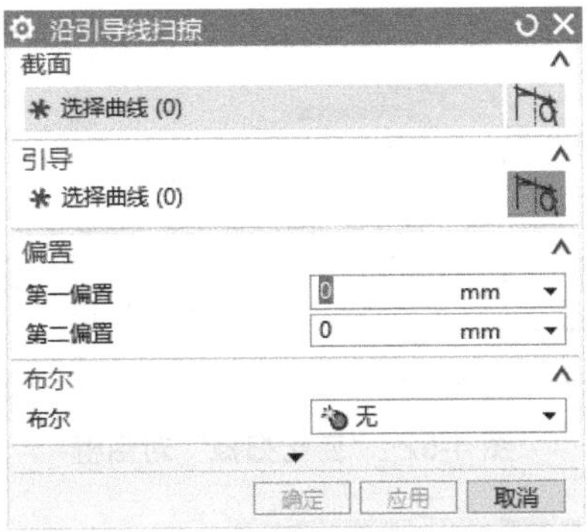

图 4-50　"沿引导线扫掠"对话框

Step3：激活"截面"选项组中的 ✻ 选择曲线 (0)，选择图 4-49 图所示"Y"截面线。

Step4：激活"引导"选项组中的 ✻ 选择曲线 (0)，并在"曲线规则"下拉框中选择 自动判断曲线 ▼ ，在绘图区选择图 4-49 所示引导线。

Step5：在"布尔"下拉框选择 ⚡无 ▼ ；在"设置"选项组的"体类型"下拉框中选择 实体 ▼ ；在"偏置"选项组的"第一偏置"及"第二偏置"下拉框选择"0"；其余采用默认设置。

Step6：单击 确定 按钮，完成扫掠特征的创建。

4.3.3　变化扫掠

变化扫掠是指通过沿路径扫掠横截面而创建体，此时可通过增加辅助截面的方法来改变扫掠体的形状，所有辅助截面可以在原始横截面的基础上修改尺寸，变化扫掠特征的创建可参考图 4-51。

Step1：打开本书配套素材 train/ch4/变化扫掠.prt。

Step2：选择菜单 插入(S) → 扫掠(W) → 🌀 变化扫掠(V)... 命令，系统弹出"变化扫掠"对话框，如图 4-52 所示。

Step3：单击 "表区域驱动"选项组中的绘制截面 🖉 按钮，进入图 4-53 所示"创建草图"对话框。

Step4：设置草图平面。激活"路径"选项组中的 ✻ 选择路径 (0)，并在"曲线规则"下拉框中选择 相切曲线 ▼ ，在绘图区选择图 4-54 所示扫掠路径（注

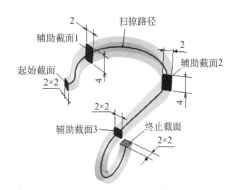

图 4-51　沿引导线扫掠示例

意鼠标靠近的端点为路径起始端，在这里鼠标应靠近小圆弧处）；在"位置"下拉框中选择

，在"弧长百分比"文本框中输入数值"0"并按 Enter 键；在"方向"下拉框中选择  垂直于路径 ▼；在"草图方向"选项组的"方法"下拉框中选择 自动 ▼；单击 确定 按钮，进入任务草图环境。

图 4-52 "变化扫掠"对话框

图 4-53 "创建草图"对话框

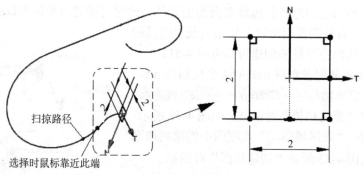

图 4-54 草绘截面

Step5：绘制图 4-54 所示 2×2 矩形，并让矩形中心位于 *T-N* 坐标系原点。

Step6：创建辅助截面 1。单击"辅助截面"选项组中的添加新集 按钮，然后在"定位方法"下拉框中选择 弧长百分比 ▼，在"弧长百分比"文本框中输入数值"15"并按 Enter

键，在绘图区双击垂直尺寸将它改为"4"（参见图 4-51 中辅助截面 1）。

Step7：创建辅助截面 2。单击"辅助截面"选项组中的添加新集 ![+] 按钮，然后在"定位方法"下拉框中选择 ![弧长百分比 ▼]，在"弧长百分比"文本框中输入"45"并按 Enter 键，在绘图区双击垂直尺寸将它改为"4"（参见图 4-51 辅助截面 2）。

Step8：创建辅助截面 3。单击"辅助截面"选项组中的添加新集按钮 ![+]，然后在"定位方法"下拉框中选择 ![弧长百分比 ▼]，在"弧长百分比"文本框中输入"70"并按 Enter 键，在绘图区双击垂直尺寸将它改为"2"（参见图 4-51 辅助截面 3）。

Step9：在"布尔"下拉框中选择 ![无 ▼]；在"设置"选项组的"体类型"下拉框中选择 ![图标]；其余采用默认设置（参见图 4-52）。

Step10：单击 确定 按钮，完成扫掠特征的创建。

难点解析：选择辅助截面有三种定位方法，"弧长百分比"表示截面位于全路径上从起点开始的百分比位置，"弧长"表示截面位于全路径上从起点开始的实际弧长位置，"通过点"表示截面位于过选定点与路径垂直的平面上，在列表区选中截面可对截面进行编辑。

4.3.4　管道扫掠

"管"命令的功能是通过沿引导线扫掠来创建圆管。选择一曲线链作为路径，然后输入管道外径和管道内径即可创建管道。

下面以具体管道为例说明管道扫掠的创建过程。

Step1：打开本书配套素材 train/ch4/管道.prt。

Step2：选择菜单 插入(S) → 扫掠(W) → ![图标] 管(T)... 命令，系统弹出"管"对话框，如图 4-55 所示。

Step3：激活"路径"选项组中的 ![图标] 选择曲线 (0)，并在"曲线规则"下拉框中选择 ![自动判断曲线 ▼]，在绘图区选择图 4-56 所示曲线为路径。

Step4：在"横截面"选项组的"外径"下拉框中输入数值"8"，在"内径"下拉框中输入数值"4"。

Step5：在"布尔"下拉框中选择 ![无 ▼]，其余采用默认设置。

Step6：单击 确定 按钮，完成管道的创建。

图 4-55　"管"对话框

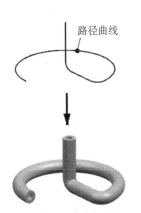

图 4-56　管道创建示例

4.3.5 通过曲线组

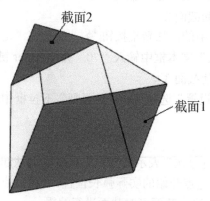

通过曲线组是指由多组截面创建混合实体特征，在使用该功能时，要特别注意各个截面的起始点和起始方向的对应关系，所有截面的起始方向必须一致。图 4-57 是一个由两组截面混合而成的实体特征。

图 4-57 混合实体特征

下面以图 4-57 所示案例为例说明混合实体特征的创建步骤。

Step1：打开本书配套素材 train/ch4/通过曲线组.prt。

Step2：选择菜单 插入(S) → 网格曲面(M) → 通过曲线组(T)... 命令，系统弹出"通过曲线组"对话框，如图 4-57 所示。

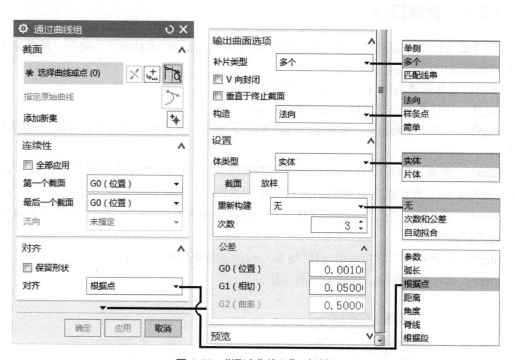

图 4-58 "通过曲线组"对话框

Step3：激活"截面"选项组中的 ✳ 选择曲线或点 (0)，并在"曲线规则"下拉框中选择 相连曲线 ▼，在绘图区选择图 4-59 所示曲线链 1，然后单击指定原始曲线 ⤵ 按钮，选择 4-59 图中 A 线段为截面 1 的起始曲线。

Step4：单击"截面"选项组中的添加新集 ⤡ 按钮，在绘图区选择图 4-59 所示曲线链 2，然后单击指定原始曲线 ⤵ 按钮，选择 4-59 图中 B 线段为截面 2 起始曲线。

Step5：在"对齐"选项组的"对齐"下拉框中选择 根据点 ▼，在绘区选中图 4-60 所示控制点，按住左键将其拖动至图示端点处。

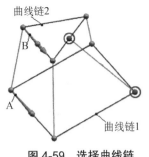

图 4-59　选择曲线链　　　　　　　　　图 4-60　移动控制点

Step6：单击 确定 按钮，完成通过曲线组创建实体特征，见图 4-57。

难点解析："放样"选项组可用于设置不同截面间连接的顺滑程度，此时在"补片类型"下拉框中应选择 多个 ▼；在"次数"下拉框中选择"1"时表示直线连接，当设置值大于等于"2"时为光滑连接，且数值越大连接越光滑，图 4-61（a）是次数为 1 的情况，图 4-61（b）是次数为 2 的情况；选中 ☑ V 向封闭 复选框则实体特征环状封闭；选中 ☑ 垂直于终止截面 复选框则实体在起始端、终止端与两端截面垂直，图 4-62 是在图 4-61 的基础上选中 ☑ 垂直于终止截面 复选框的情况。

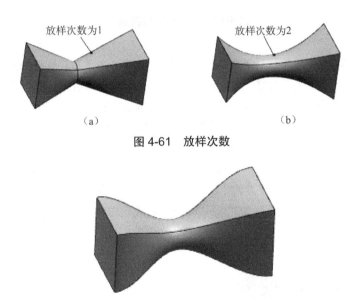

（a）　　　　　　　　　　　　（b）

图 4-61　放样次数

图 4-62　垂直于终止截面

4.3.6　扫掠与混合综合应用实例

1. 扫掠与混合实例 1

完成如图 4-63 所示茶杯零件图。

（1）新建文件。打开"新建"对话框，在"模型"选项卡的"模板"选项组中选择模板类型为 🔲 模型，在"名称"文本框中输入文件名称 sl&hh_1，单击 确定 按钮，进入建模环境。

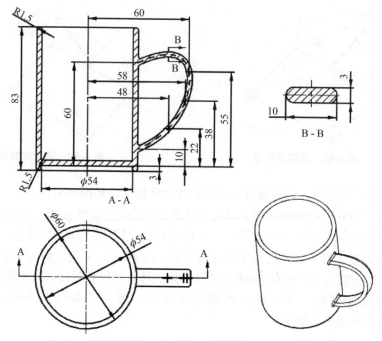

图 4-63　扫掠与混合实例 1

（2）创建图 4-64 所示旋转特征 1。单击 ⚏ 菜单(M)▾ 展开主菜单，选择 插入(S) → 设计特征(E) → ⚙ 旋转(R)... 命令（或单击工具栏 ⚙ 按钮），系统弹出"旋转"对话框；单击"旋转"对话框中的绘制截面 🔲 按钮，系统弹出"创建草图"对话框，选取 XZ 平面为草图平面，单击 确定 按钮，绘制图 4-65 所示草图截面；单击工具栏上的 🏁 按钮，返回"旋转"对话框；在"限制"选项组的"开始"下拉列表中选择 值，在其下文本框中输入"0"；在"限制"选项组的"结束"下拉列表中选择 值，在其下文本框中输入"360"；选择 Z 轴为旋转中心轴；在"偏置"选项组的下拉框中选择 两侧 ▾，然后在"开始"文本框中输入数值"0"，在"结束"文本框中输入数值"3"；其他参数采用系统默认设置；单击 确定 按钮，完成旋转特征 1 的创建。

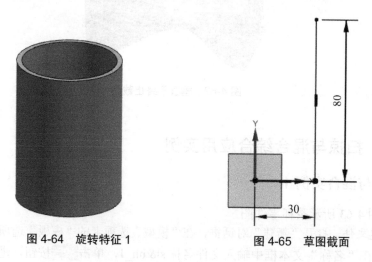

图 4-64　旋转特征 1　　　　图 4-65　草图截面

（3）创建图 4-66 所示拉伸特征 1。单击 菜单(M) 展开主菜单，选择 插入(S) → 设计特征(E) → 拉伸(E)... 命令（或单击工具栏 按钮），"拉伸"对话框；单击绘制截面 按钮，系统弹出 "创建草图"对话框，选取图 4-66 中平面为草图平面，单击 确定 按钮，绘制图 4-67 所示草图截面； 然后单击工具栏上的 按钮，返回"拉伸"对话框；在"限制"选项组的"开始"下拉列表中 选择 值，在其下文本框中输入"0"，在"限制"选项组的"结束"下拉列表中选择 值， 在其下文本框中输入"3"；在"布尔"选项组的"布尔"下拉列表中选择 合并；其他参数 采用系统默认设置；单击 确定 按钮，完成拉伸特征 1 的创建。

图 4-66　拉伸特征 1

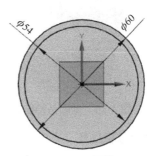

图 4-67　草图截面

（4）创建图 4-68 所示倒圆角特征 1。单击 菜单(M) 展开主菜单，选择 插入(S) → 细节特征(L) → 面倒圆(F)... 命令（或单击工具栏 按钮），系统弹出"面倒圆"对话框；在"类型"选项组的下拉框中选择 三面；在"更改"选项组的"面规则"下拉框中选择 单个面 ；在"面"选项组中单击 选择面 1 (0)，选取图 4-69 所示内圆柱面为"面 1" （确认箭头方向，如有不符则单击 按钮切换方向）；在"面"选项组单击 选择面 2 (0)，选取图 4-69 所示外圆柱面为面 2；在"面"选项组单击 选择中间面 (0)，选取图 4-70 所示端面为"中间面"；单击 确定 按钮，完成倒圆角特征 1 的创建。

图 4-68　倒圆角特征 1

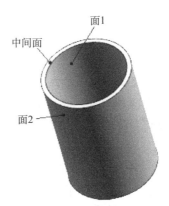

图 4-69　选择倒角面

（5）创建图 4-70 中倒圆角特征 2。单击 菜单(M) 展开主菜单，选择 插入(S) → 细节特征(L) → 面倒圆(F)... 命令（或单击工具栏 按钮），系统弹出"面倒圆"对话框；在"类型"选项组的下拉框中选择 三面，在"更改"选项组的"面规则"下拉框中选择 单个面 ；在"面"

选项组中单击 ✳ 选择面 1 (0)，选取图 4-71 所示内圆柱面为面 1（确认箭头方向，如有不符则单击 ⚔ 按钮切换方向）；在"面"选项组单击 ✳ 选择面 2 (0)，选取图 4-71 所示外圆柱面为面 2；在"面"选项组单击 ✳ 选择中间面 (0)，选取图 4-71 所示端面为中间面；单击 确定 按钮，完成倒圆角特征 2 的创建。

图 4-70　倒圆角特征 2

图 4-71　选择倒角面

（6）创建扫掠轨迹线。

①单击菜单 ☰ 菜单(M) ▾，选择"插入"→"在任务环境中绘制草图"命令，系统弹出"创建草图"对话框；在"草图类型"下拉框中选择 ⬚ 在平面上 ▾，在绘图区选择 *XZ* 平面为草图平面；在"原点方法"下拉框中选择 使用工作部件原点 ▾ ，单击 确定 按钮，进入任务草图环境。

②绘制图 4-72 所示 5 点艺术样条曲线，单击 🏁 按钮完成草图绘制。

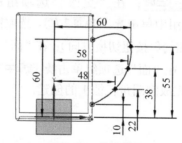

图 4-72　草绘截面

（7）创建把手变化扫掠特征。

①单击 ☰ 菜单(M) ▾ 展开主菜单，选择 插入(S) → 扫掠(W) → 🗗 变化扫掠(V)... 命令，系统弹出"变化扫掠"对话框，在"表区域驱动"选项组单击绘制截面 🖾 按钮，系统弹出"创建草图"对话框。

②激活"路径"选项组中的 ✳ 选择路径 (0)，并在"曲线规则"下拉框中选择 相切曲线 ▾ ，在绘图区选择图 4-73 所示曲线为扫掠路径（注意鼠标靠近的端点为路径起始端，在这里鼠标应靠近下端处）；在"位置"下拉框中选择 🖧 弧长百分比 ▾ ，在"弧长百分比"文本框中输入数值"0"并按 Enter 键，在"方向"下拉框中选择 🖧 垂直于路径 ▾ ；在"草图方向"选项组的"方法"下拉框中选择 自动 ▾ ，创建的草图平面如图 4-73 所示；单击 确定 按钮，进入任务草图环境。

③绘制图 4-74 所示矩形截面。矩形中心位于 *T-N* 坐标系原点，单击功能区 🏁 按钮，完成草图绘制并返回"变化扫掠"对话框。

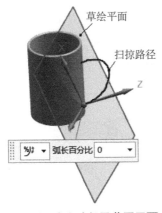

图 4-73　定义路径及草图平面

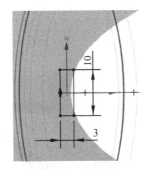

图 4-74　草绘截面

④在"变化扫掠"对话框"限制"选项组的"起始"下拉框中选择 弧长百分比 ▼ ，在"弧长百分比"文本框中输入数值"-8"；在"终止"下拉框中选择 弧长百分比 ▼ ，在"弧长百分比"文本框中输入数值"108"。

⑤在"设置"选项组的"体类型"下拉框中选择 ，在"布尔"下拉框中选择 合并 ▼ ，然后在绘图区选择杯体为合并目标体；其余采用系统默认设置；单击 确定 按钮，完成变化扫掠特征的创建。

（8）删除杯内凸起部分。单击 菜单(M) ▼ 展开主菜单，选择 插入(S) → 同步建模(Y) → 删除面(A)... 命令（或单击功能区删除面按钮 ），系统弹出"删除面"对话框；激活 选择面 (0) ，按图 4-75 在绘图区框选两处凸起物；单击 确定 按钮，完成删除面操作。

（9）创建倒圆角特征 3。单击 菜单(M) ▼ 展开主菜单，选择 插入(S) → 细节特征(L) → 面倒圆(F)... 命令（或单击工具栏 按钮），系统弹出"面倒圆"对话框；在"类型"选项组的下拉框中选择 三面，在"面规则"下拉框中选择 单个面 ▼ ；在"面"选项组中单击 选择面 1 (0)，选取图 4-76 所示内圆柱面为面 1（确认箭头方向，如有不符则单击 切换方向）；在"面"选项组中单击 选择面 2 (0)，选取图 4-76 所示外圆柱面为面 2；在"面"选项组中单击 选择中间面 (0)，选取图 4-76 所示端面为中间面；单击 确定 按钮，完成倒圆角特征 3 的创建。

图 4-75　删除面

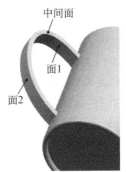

图 4-76　倒圆角特征 3

（10）按上一步相同方法创建倒圆角特征 4（参见图 4-77）。

（11）创建倒圆角特征 5。单击 菜单(M) ▼ 展开主菜单，选择 插入(S) → 细节特征(L) →

命令（或单击工具栏 按钮），系统弹出"边倒圆"对话框；在"边"选项组中单击 选择边 (0)，并在"曲线规则"下拉框中选择 相切曲线 ▼，选取图4-78所示边，在"半径1"文本框中输入"1"；单击 确定 按钮，完成倒圆角特征5的创建。

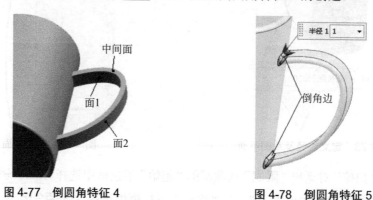

图4-77 倒圆角特征4　　　　　　　　图4-78 倒圆角特征5

（12）保存文件。单击 菜单(M) ▼展开主菜单，选择 文件(F) → 保存(S) 命令（或单击工具栏 按钮）。

2. 扫掠与混合实例2

完成如图4-79所示哑铃零件图。

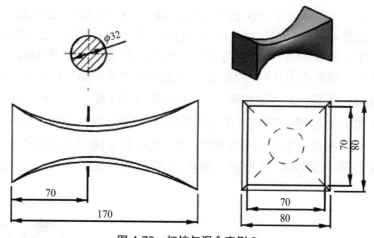

图4-79 扫掠与混合实例2

（1）新建文件。选择菜单 文件(F) → 新建(N)... 命令，系统弹出"新建"对话框，在"模型"选项卡的"模板"选项组中选择模板类型为 模型，在"名称"文本框中输入文件名称sl&hh_2，单击 确定 按钮，进入建模环境。

（2）创建混合截面1。

①建立基准平面。单击菜单 菜单(M) ▼，选择"插入" → 基准/点(D) → 基准平面(D)... 命令，系统弹出"基准平面"对话框；在"类型"选项组中选择 按某一距离 ▼，激活 选择平面对象 (0)，在绘图区选择XZ平面；在"偏置"选项组的"距离"下拉框中输入数值"−70"，单击 确定 按钮完成基准面的创建，如图4-80所示。

②单击菜单 <u>菜单(M)</u> ▾，选择"插入"→"在任务环境中绘制草图"命令，系统弹出"创建草图"对话框；在"草图类型"下拉框中选择 <u>在平面上 ▾</u>，在绘图区选择刚才创建的基准平面为草图平面；在"原点方法"下拉框中选择 <u>使用工作部件原点 ▾</u>，单击 确定 按钮，进入任务草图环境。

③绘制图 4-81 所示边长为 70 的正方形，单击功能区 ⚑ 按钮，完成草图绘制。

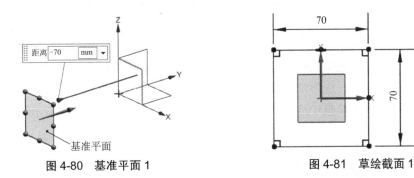

图 4-80　基准平面 1　　　　　　　　图 4-81　草绘截面 1

（3）创建混合截面 2。

①建立基准平面。单击菜单 <u>菜单(M)</u> ▾，选择"插入"→ 基准/点(D) → 基准平面(D)... 命令，系统弹出"基准平面"对话框；在"类型"选项组中选择 <u>按某一距离 ▾</u>，激活 ✳ 选择平面对象 (0)，在绘图区选择 XZ 平面；在"偏置"选项组的"距离"下拉框中输入数值"100"，单击 确定 按钮完成创建，创建完成的基准面 2 如图 4-82 所示。

②单击菜单 <u>菜单(M)</u> ▾，选择"插入"→"在任务环境中绘制草图"命令，系统弹出"创建草图"对话框；在"草图类型"下拉框中选择 <u>在平面上 ▾</u>，在绘图区选择刚才创建的基准平面为草图平面；在"原点方法"下拉框中选择 <u>使用工作部件原点 ▾</u>，单击 确定 按钮，进入任务草图环境。

③绘制图 4-83 所示边长为 80 的正方形，单击功能区按钮 ⚑，完成草图绘制。

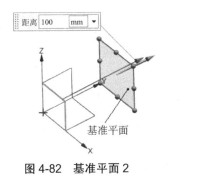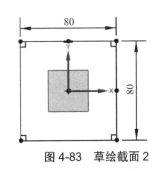

图 4-82　基准平面 2　　　　　　　　图 4-83　草绘截面 2

（4）创建混合截面 3。

①单击菜单按钮 <u>菜单(M)</u> ▾，选择"插入"→"在任务环境中绘制草图"命令，系统弹出"创建草图"对话框；在"草图类型"下拉框中选择 <u>在平面上 ▾</u>，在绘图区选择 XZ 平面为草图平面；在"原点方法"下拉框中选择 <u>使用工作部件原点 ▾</u>，单击 确定 按钮，进入任务草图环境。

②绘制图 4-84 所示圆及圆上四个等分点，单击功能区按钮 🏁 ，完成草图绘制。

（5）分割圆弧曲线。

①单击菜单 ☰ 菜单(M) ▾ ，选择 编辑(E) → 曲线(V) → ⤳ 修剪(T)... ，系统弹出"修剪曲线"对话框。

②在 要修剪的曲线 选项组激活 ✳ 选择曲线 (0) ，在绘图区选择上一步创建的圆曲线；在 边界对象 选项组的"对象类型"下拉框中选择 选定的对象 ▾ ，激活 ✳ 选择对象 (0) ，依次选择圆周上四点。

③在 修剪或分割 选项组的"操作"下拉框中选择"分割"，在"方向"下拉框中选择"最短的 3D 距离"；激活 ✳ 选择要分割的位置 (0) ，依次选择圆周上四点。

④展开 设置 选项组，选中 ☑ 关联、☑ 单选 复选框，在"输入曲线"下拉框中选择"隐藏"，在"曲线延伸"下拉框中选择"自然"；单击 确定 按钮，完成图 4-85 所示曲线分割。

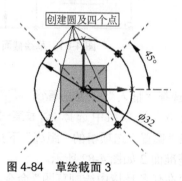

图 4-84　草绘截面 3　　　　　　　图 4-85　分割曲线

（6）创建混合体。

①选择菜单 插入(S) → 网格曲面(M) → 🗂 通过曲线组(T)... 命令，打开"通过曲线组"对话框。

②单击"截面"选项组中的 ✳ 选择曲线或点 (0) ，并在 "曲线规则"下拉框中选择 相连曲线 ▾ ，在绘图区选择图 4-86 所示曲线链 1；单击指定原始曲线 ⤴ 按钮，选择下方线段为截面 1 起始曲线（需保证起始点及箭头方向与图 4-86 相符）。

③单击"截面"选项组中的添加新集按钮 ✛ ，在绘图区选择图 4-86 所示曲线链 2；单击指定原始曲线 ⤴ 按钮，选择下方圆弧线段为截面 2 起始曲线（需保证起始点及箭头方向与图 4-86 相符）。

④单击"截面"选项组中的添加新集 ✛ 按钮，在绘图区选择图 4-86 所示曲线链 3；单击指定原始曲线 ⤴ 按钮，选择下方圆弧线段为截面 3 起始曲线（需保证起始点及箭头方向与图 4-86 相符）。

⑤在"对齐"选项组的"对齐"下拉框中选择 根据点 ▾ 。

⑥展开"放样"选项组，在"次数"下拉框中选择 3，其他采用系统默认设置。

⑦单击 确定 按钮，完成通过曲线组创建实体特征，见图 4-87。

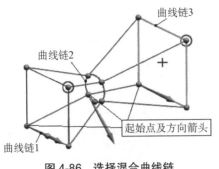

图 4-86　选择混合曲线链

图 4-87　混合特征

（7）保存文件。单击 菜单(M) 展开主菜单，选择 文件(F) → 保存(S) 命令（或单击工具栏 按钮）。

3. 扫掠与混合实例 3

完成如图 4-88 所示壳体零件图。

（1）新建文件。打开"新建"对话框；在"模型"选项卡的"模板"选项组中选择模板类型为 模型，在"名称"文本框中输入文件名称 sl&hh_3，单击 确定 按钮，进入建模环境。

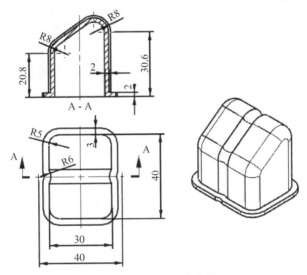

图 4-88　扫掠与混合实例 3

（2）创建拉伸特征 1。单击 菜单(M) 展开主菜单，选择 插入(S) → 设计特征(E) → 拉伸(E)... 命令（或单击工具栏 按钮）；单击"拉伸"对话框中的绘制截面按钮 ，系统弹出"创建草图"对话框，选择 XZ 平面为草图平面，单击 确定 按钮，绘制图 4-89 所示草绘截面；单击工具栏上的 按钮，返回"拉伸"对话框；在"限制"选项组的 "结束"下拉列表中选择 对称值 ，在其下文本框中输入"20"；在"布尔"选项组的"布尔"下拉列表中选择 无 ，其他参数采用系统默认设置；单击 确定 按钮，完成拉伸特征 1 的创建（如图 4-90 所示）。

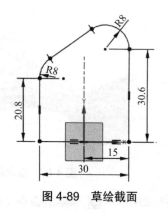

图 4-89　草绘截面

图 4-90　拉伸特征 1

（3）创建倒圆角特征 1。单击 ▤ 菜单(M)▾ 展开主菜单，选择 插入(S)→ 细节特征(L)→ ▥ 边倒圆(E)...命令（或单击工具栏 ▥ 按钮），系统弹出"边倒圆"对话框；在"边"选项组中单击 ✳ 选择边 (0)，并在 "曲线规则"下拉框中选择 相切曲线 ▾，选取图 4-91 所示边，在"半径 1"文本框中输入"5"；单击 确定 按钮，完成倒圆角特征 1 的创建。

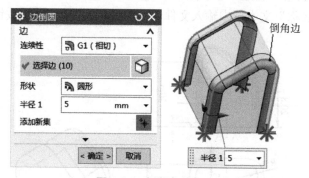

图 4-91　倒圆角特征 1

（4）创建扫掠截面。

①单击菜单 ▤ 菜单(M)▾，选择"插入"→"在任务环境中绘制草图"命令，系统弹出"创建草图"对话框；在"草图类型"下拉框中选择 🗖 在平面上 ▾，在绘图区选择 XY 基准平面为草图平面；在"原点方法"下拉框中选择 使用工作部件原点 ▾，单击 确定 按钮，进入任务草图环境。

②绘制图 4-92 所示弓形截面，单击功能区按钮 🏁，完成草图绘制。

（5）创建扫掠特征 1。

①选择菜单 插入(S)→ 扫掠(W)→ ▧ 扫掠(S)...命令，打开"扫掠"对话框。

②单击"截面"选项组中的 ✳ 选择曲线 (0)，选择图 4-93 所示截面。

③单击"引导线"选项组中的 ✳ 选择曲线 (0)，并在"曲线规则"下拉框中选择 相切曲线 ▾，在绘图区选择图 4-93 所示曲线为引导线。

④展开"截面选项"选项组并勾选 ☑ 保留形状 复选框，其余接受默认设置（见图 4-94）；展开"设置"选项组并将"体类型"设置为 实体 ▾，其余按默认设置（见图 4-95）。

⑤单击 确定 按钮，完成扫掠特征的创建。

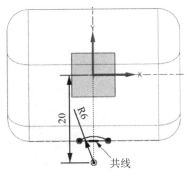

图 4-92 草绘截面

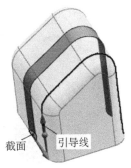

图 4-93 扫掠特征 1

图 4-94 截面选项设置

图 4-95 设置区设置结果

（6）求差运算。单击 菜单(M) 展开主菜单，选择 插入(S)→组合(B)→ 减去(S)...命令，系统弹出"求差"对话框；单击"目标"选项组中的 选择体 (0)，选取图 4-96 所示拉伸实体；单击"工具"选项组中的 选择体 (0)，选择图 4-96 所示扫掠实体；单击 确定 按钮，完成求差运算的结果如图 4-97 所示。

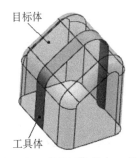

图 4-96 求差目标体与工具体

图 4-97 求差运算的结果

（7）创建壳体。

①单击 菜单(M) 展开主菜单，选择 插入(S)→ 偏置/缩放(O)→ 抽壳(H)...命令，系统弹出"抽壳"对话框，在"类型"选项组的下拉框中选择 移除面，然后抽壳 。

②单击"要穿透的面"选项组中的 选择面 (0)，选择图 4-98 实体表面；在"厚度"文本框中输入数值"2"，单击 按钮，切换厚度方向朝向内侧（如图 4-99 所示箭头方向）；单击 确定 按钮，完成抽壳的结果如图 4-99 所示。

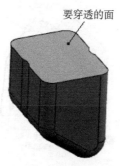

要穿透的面

图 4-98　选择穿透面

厚度 2

图 4-99　完成抽壳的结果

（8）建立基准平面。单击菜单 ☰ 菜单(M) ▼，选择"插入"→ 基准/点(D) → ☐ 基准平面(D)… 命令，系统弹出"基准平面"对话框；在"类型"选项组中选择 ☐ 曲线上 ▼，激活"曲线"选项组中的 ✳ 选择曲线 (0)，并在"曲线规则"下拉框中选择 单条曲线 ▼，在绘图区选择图4-100 所示线段，单击 ✖ 按钮，切换起始方向使之与图4-100 相符；在"位置"下拉框中选择 %↗ 弧长百分比 ▼，在"弧长百分比"文本框中输入数值"0"，在"方向"下拉框中选择 垂直于路径 ▼，单击 确定 按钮，完成基准平面创建。

（9）创建扫掠截面。

①单击菜单 ☰ 菜单(M) ▼，选择"插入"→"在任务环境中绘制草图"命令，系统弹出"创建草图"对话框；在"草图类型"下拉框中选择 ☐ 在平面上 ▼，在绘图区选择刚才创建的基准平面为草图平面；在"原点方法"下拉框中选择 使用工作部件原点 ▼，单击 确定 按钮，进入任务草图环境。

②绘制图 4-101 所示矩形曲线，单击功能区 🏁 按钮，完成草图绘制。

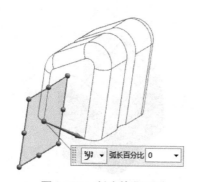

%↗ ▼ 弧长百分比 0

图 4-100　创建基准平面

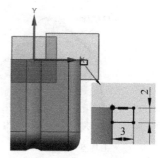

图 4-101　草绘截面

（10）创建扫掠特征 2。

①选择菜单 插入(S) → 扫掠(W) → ⚙ 沿引导线扫掠(G)… 命令，打开"扫掠"对话框。

②单击"截面"选项组中的 ✳ 选择曲线 (0)，选择图 4-102 图所示矩形截面线。

③单击"引导"选项组中的 ✳ 选择曲线 (0)，并在"曲线规则"下拉框选择 单条曲线 ▼，在绘图区依次选择图 4-102 所示引导线。

④在"布尔"下拉框中选择 ⊕ 合并 ▼；在"设置"选项组"体类型"下拉框中选择 〰〰〰；在"偏置"区"第一偏置"及"第二偏置"下拉框均选择 0；其余按默认设置。

⑤单击 确定 按钮，完成扫掠特征的创建（见图4-103）。

图 4-102　选择截面与引导线

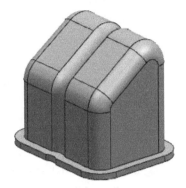

图 4-103　扫掠实体

（11）保存文件。单击 菜单(M) ▼展开主菜单，选择 文件(F) → 保存(S) 命令（或单击工具栏 按钮）。

4. 扫掠与混合实例 4

完成如图4-104所示壳体零件图。

（1）新建文件。选择菜单 文件(F) → 新建(N)... 命令，系统弹出"新建"对话框，在"模型"选项卡的"模板"区域中选择模板类型为 模型，在"名称"文本框中输入文件名称 sl&hh_4，单击 确定 按钮，进入建模环境。

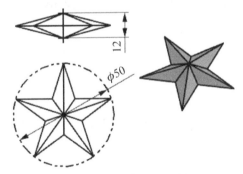

图 4-104　扫掠与混合实例 4

（2）创建扫掠截面。

①单击菜单 菜单(M) ▼，选择"插入"→"在任务环境中绘制草图"命令，系统弹出"创建草图"对话框；在"草图类型"下拉框中选择 在平面上 ▼，在绘图区选择 XY 基准平面为草图平面；在"原点方法"下拉框中选择 使用工作部件原点 ▼，单击 确定 按钮，进入任务草图环境。

②绘制曲线。按图4-105所示绘制正五边形，将正五边形转化为参考线，将五边形顶点连接并修剪，得到图4-106所示曲线。单击功能区 按钮，完成草图绘制。

图 4-105　多边形设置

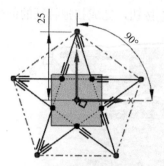

图 4-106　草绘截面

（3）建立基准点 1。单击菜单 ≡ 菜单(M) ▾，选择"插入"→ 基准/点(D) → ✛ 点(P)... 命令，系统弹出"基准点"对话框，在"类型"选项组中选择 ✛ 光标位置 ▾，在"输出坐标"选项组中分别输入 X 坐标 0、Y 坐标 0、Z 坐标 6（见图 4-107），单击 确定 按钮，完成基准点 1 创建。

（4）建立基准点 2。单击菜单 ≡ 菜单(M) ▾，选择"插入"→ 基准/点(D) → ✛ 点(P)... 命令，系统弹出"基准点"对话框，在"类型"选项组中选择 ✛ 光标位置 ▾，在"输出坐标"选项组中分别输入 X 坐标 0、Y 坐标 0、Z 坐标 -6（见图 4-108），单击 确定 按钮，完成基准点 2 创建。

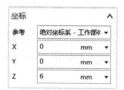

图 4-107　基准点 1 坐标设置

图 4-108　基准点 2 坐标设置

（5）创建混合体。

①选择菜单 插入(S) → 网格曲面(M) → ⬚ 通过曲线组(T)... 命令，打开"通过曲线组"对话框。

②单击"截面"选项组中的 ✳ 选择曲线或点 (0)，在绘图区选择图 4-109 所示点为截面 1。

③单击"截面"选项组中的添加新集 ✛ 按钮，并在"曲线规则"下拉框中选择 相连曲线 ▾，在绘图区选择图 4-109 所示曲线链为截面 2；单击指定原始曲线 ⤵ 按钮，选择下方圆弧线段为截面 2 起始曲线（需保证起始点及箭头方向与图 4-109 相符）。

④单击"截面"选项组中的添加新集 ✛ 按钮，在绘图区选择图 4-109 所示点为截面 3。

⑤在"对齐"选项组的"对齐"下拉框中选择 参数 ▾，并勾选 ☑ 保留形状 复选框。

⑥展开"放样"选项组，在"次数"下拉框中选择 1，其余接受默认设置。

⑦单击 确定 按钮，完成通过曲线组创建特征，如图 4-110 所示。

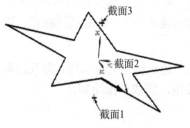

图 4-109　选择混合截面

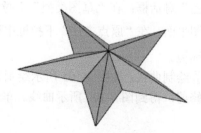

图 4-110　混合特征

（5）保存文件。单击 菜单(M) 展开主菜单，选择 文件(F) → 保存(S) 命令（或单击工具栏 按钮）。

4.4 综合练习 3

1. 绘制如图 4-111 所示零件三维图。

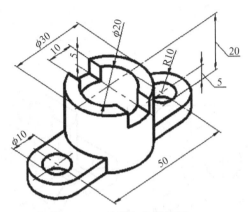

图 4-111 拉伸与旋转练习一

2. 绘制如图 4-112 所示轴承座零件三维图。

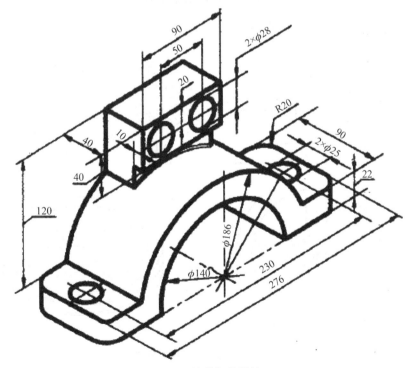

图 4-112 拉伸与旋转练习二

3. 绘制如图 4-113 所示零件三维图。

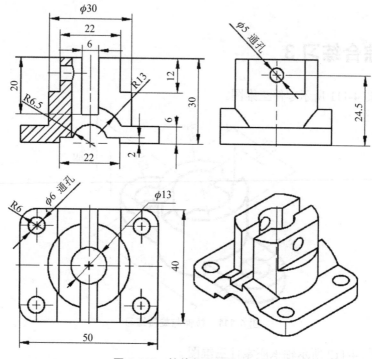

图 4-113　拉伸与旋转练习三

4. 绘制如图 4-114 所示零件三维图。

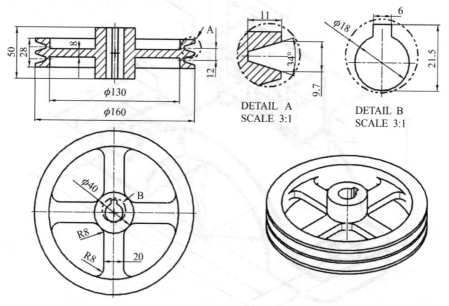

图 4-114　拉伸与旋转练习四

5. 绘制如图 4-115 所示拉手零件三维图。

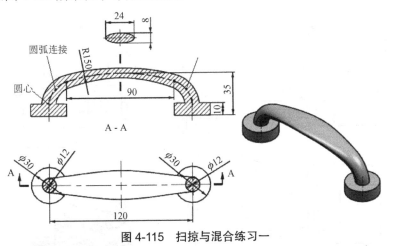

图 4-115　扫掠与混合练习一

6. 绘制如图 4-116 所示线夹零件三维图。

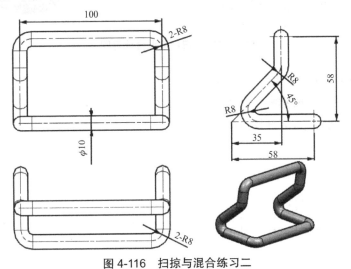

图 4-116　扫掠与混合练习二

7. 绘制如图 4-117 所示变径接口零件三维图。

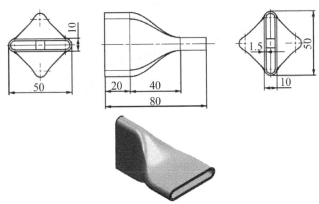

图 4-117　扫掠与混合练习三

8. 绘制如图 4-118 所示零件三维图。

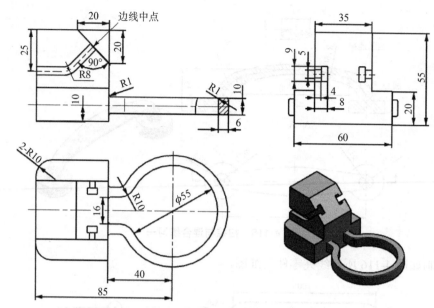

图 4-118　扫掠与混合练习四

9. 绘制如图 4-119 所示零件三维图。

10. 绘制如图 4-120 所示咖啡杯零件三维图。

11. 绘制如图 4-121 所示零件三维图。

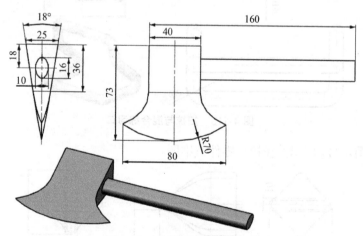

图 4-119　扫掠与混合练习五

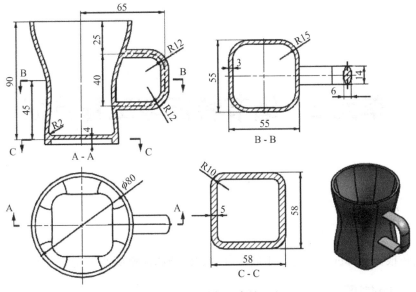

图 4-120　扫掠与混合练习六

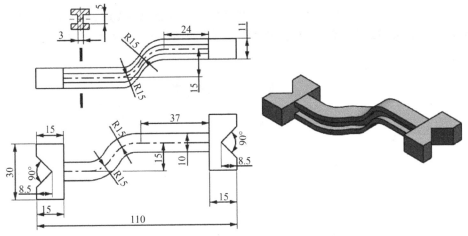

图 4-121　扫掠与混合练习七

单元 5　细节特征与工程特征

5.1　圆角

实体圆角根据选择的几何元素不同可分为边倒圆和面倒圆两种类型。

5.1.1　边倒圆

新建一个模型文档，选择菜单 插入(S) → 细节特征(L) → 🔲 边倒圆(E)... 命令或在"主页"选项卡功能区单击边倒圆按钮 🔲，都可打开"边倒圆"对话框（见图 5-1），边倒圆的各项设置都集中在该对话框中。

图 5-1　"边倒圆"对话框

1. 边

➤ "连续性"下拉框用于设置圆角面与相邻面的连接方式，包括 🔲 G1（相切）与 🔲 G2（曲率）两种。

➤ "形状"下拉框可设置圆角断面轮廓形状，包括 🔲 圆形 和 🔲 二次曲线两种。选择"圆形"时下方会出现"半径 1"文本框，要求用户输入圆角半径值；选择"二次曲线"时下方则出现"二次曲线法"下拉框，系统提供了"边界和中心""边界和 Rho""中心和 Rho"三种构建二次曲线的方法，然后在相应文本框中输入二次曲线参数。

2. 变半径

"变半径"选项组用于创建渐变圆角。下面以图 5-3 所示案例为例介绍可变圆角的创建过程。

Step1：打开本书配套素材 train/ch5/边倒圆.prt。

Step2：打开"边倒圆"对话框，在"连续性"下拉框中选择 G1（相切），在"形状"下拉框中选择 圆形。

Step3：单击 选择边 (0)，在绘图区选择图 5-3 所示曲线为圆角边。

Step4：设置第 1 个半径点。在"变半径"选项组的"点"下拉工具条中单击自动判断的点 ，单击指定半径点；然后在绘图区靠近始点的位置单击准备创建圆角的边，在"位置"下拉框中选择 弧长百分比，在"弧长百分比"文本框中输入数值"0"，在"V 半径 1"文本框中输入数值"3"。

Step5：设置第 2 个半径点。在绘图区单击准备创建圆角的边，在"位置"下拉框中选择 弧长百分比，在"弧长百分比"文本框中输入数值"25"，在"V 半径 2"文本框中输入数值"10"。

Step6：设置第 3 个半径点。在绘图区单击准备创建圆角的边，在下方"位置"下拉框中选择 弧长百分比，在"弧长百分比"文本框中输入数值"75"，在"V 半径 3"文本框中输入数值"10"。

Step7：设置第 4 个半径点。在绘图区单击准备创建圆角的边，在"位置"下拉框中选择 弧长百分比，在"弧长百分比"文本框中输入数值"100"，在"V 半径 4"文本框中输入数值"3"。

Step8：单击 确定 按钮，完成变圆角的创建。

图 5-2 变半径圆角示例

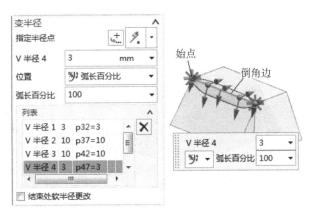

图 5-3 变圆角参数设置

3. 拐角倒角

拐角倒角用于设置交点处圆角桥接的长度值，下面以图 5-4 所示案例为例介绍拐角倒角的操作。

Step1：打开本书配套素材 train/ch5/边倒圆.prt。

Step2：选择菜单 插入(S) → 细节特征(L) → 边倒圆(E)... 命令，打开"边倒圆"对话框；在"连续性"下拉框中选择 G1（相切），在"形状"下拉框中选择 圆形，在"半径 1"文本框中输入数值"10"。

Step3：单击 选择边 (0)，在绘图区选择图 5-4 所示 3 条边线为圆角边。

Step4：展开"拐角倒角"选项组，激活 选择端点，在绘图区选择图示端点。

Step5：展开"拐角倒角"选项组，在"列表"中选择"点 1 倒角 1"，在"点 1 倒角 1"文本框中输入数值"15"；在"列表"中选择"点 1 倒角 2"，在"点 1 倒角 2"文本框中输入数值"15"；在"列表"中选择"点 1 倒角 3"，在"点 1 倒角 3"文本框中输入数值"15"，如图 5-4 所示。

 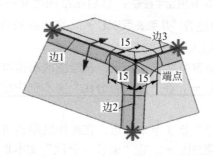

图 5-4 拐角倒角设置

Step6：在"拐角倒角"下拉框中选择 分离拐角▼，单击"预览"选项组中的 显示结果 🔍 按钮，创建的圆角如图 5-5 所示。

Step7：单击"预览"选项组中的 撤消结果 🔙 按钮，在"拐角倒角"下拉框中选择 包含拐角▼，单击"预览"选项组中的 显示结果 🔍 按钮，创建的圆角如图 5-6 所示。

Step8：单击 确定 按钮，完成拐角倒角的创建。

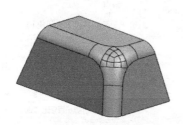 

图 5-5 分离拐角   图 5-6 包含拐角

4. 拐角突然停止

有时我们希望圆角范围是一段而不是整条边，这时可以用"拐角突然停止"功能设置圆角长度值，下面以图 5-7 所示示例为例介绍"拐角突然停止"的操作。

Step1：打开本书配套素材 train/ch5/边倒圆.prt。

Step2：选择菜单 插入(S) → 细节特征(L) → 🔩 边倒圆(E)... 命令，打开"边倒圆"对话框；在"连续性"下拉框中选择 🔩 G1（相切）▼，在"形状"下拉框中选择 🔩 圆形▼，在"半径 1"文本框中输入数值"10"。

Step3：单击 ✳ 选择边 (0)，在绘图区选择图 5-7 所示边线为圆角边。

Step4：展开"拐角突然停止"选项组，激活 选择端点，在绘图区选择图 5-7 所示端点。

Step5：在"限制"下拉框中选择 距离▼，在"位置"下拉框中选择 ⅣI 弧长百分比▼，在"弧长百分比"文本框中输入数值"40"。

Step6：单击 确定 按钮，完成圆角长度设置，如图 5-8 所示。

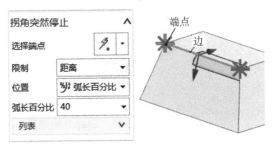

图 5-7　拐角突然停止设置

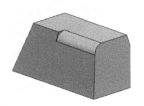

图 5-8　拐角突然停止示例

5. 长度限制

长度限制的功能是利用边界对象修剪圆角以限制其长度。下面以图 5-9 所示案例为例介绍长度限制的操作。

Step1：打开本书配套素材 train/ch5/圆角长度限制.prt。

Step2：选择菜单 插入(S) → 细节特征(L) → 边倒圆(E)... 命令，打开"边倒圆"对话框；在"连续性"下拉框中选择 G1（相切）▾，在"形状"下拉框中选择 圆形 ▾，在"半径 1"文本框中输入数值"10"。

Step3：单击 选择边 (0)，在绘图区选择图 5-9 所示边线为圆角边。

Step4：展开"长度限制"选项组，勾选 ☑ 启用长度限制 复选框。

Step5：在"限制对象"下拉框中选择 平面 ▾，在"指定平面"下拉框中选择自动判断，激活 指定平面，在绘图区选择 YZ 平面为修剪平面。

Step6：勾选 ☑ 按限制对象修剪 复选框，激活 指定修剪位置点，在绘图区选择图 5-9 所示的修剪位置点。

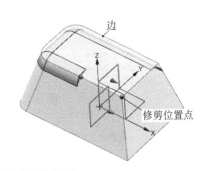

图 5-9　"长度限制"设置

Step7：单击"预览"选项组中的 显示结果 🔍 按钮，创建的圆角如图 5-10 所示。

Step8：单击"预览"选项组中的 撤消结果 🔄 按钮，单击 指定平面，按住"Shift"键并在绘图区取消选择 YZ 平面，然后在绘图区选择 XZ 平面为修剪平面。

Step9：单击 确定 按钮，完成修剪的圆角如图 5-11 所示。

图 5-10　Step 7 的结果

图 5-11　Step 9 的结果

6. 溢出

当同时创建两个或多个圆角，而圆角之间的空间尺寸又不够时就会产生干涉，"溢出"功能可以很好地处理这种干涉现象。下面以图 5-12 所示案例为例介绍溢出的详细操作。

Step1：打开本书配套素材 train/ch5/圆角溢出.prt。

Step2：选择菜单 插入(S) → 细节特征(L) → 🗗 边倒圆(E)... 命令，打开"边倒圆"对话框；在"连续性"下拉框中选择 🔄 G1（相切）▼，在"形状"下拉框中选择 🔄 圆形 ▼，在"半径 1"文本框中输入数值"4"。

Step3：单击 ✱ 选择边 (0)，在绘图区选择图 5-12 所示两条圆弧边线为圆角边。

Step4：展开"重叠"选项组，在"首选项"下拉框中选择 在圆角上滚动 ▼。

Step5：单击"预览"选项组中的 显示结果 🔍 按钮，创建的圆角如图 5-13 所示。

Step6：单击"预览"选项组中的 撤消结果 🔄 按钮，在"重叠"选项组的"首选项"下拉框中选择 修剪圆角 ▼。

Step7：单击 确定 按钮，完成修剪的圆角如图 5-14 所示。

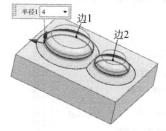

图 5-12　溢出设置

图 5-13　Step5 的结果

图 5-14　Step 7 的结果

5.1.2 面倒圆

新建一个模型文档，选择菜单 插入(S) → 细节特征(L) → 面倒圆(F)... 命令或在"主页"功能区单击面倒圆 按钮，都可打开"面倒圆"对话框，如图 5-15 所示。面倒圆除了进行实体倒圆外还可以对片体进行倒圆操作，并且操作比边倒圆更加灵活。"面倒圆"对话框中主要项的设置说明如下。

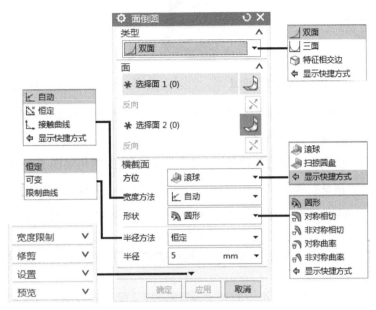

图 5-15 "面倒圆"对话框

1. 类型

根据参与构造圆角的元素不同，面倒角可分为 双面 ▼、 三面 ▼ 与 特征相交边 ▼ 三种。

> 双面 ▼ ：用两个面创建圆角。

> 三面 ▼ ：用两个侧面加一个顶面创建圆角。

> 特征相交边 ▼ ：使用两个特征的交线作为倒圆的边。

2. 横截面

"横截面"的"方位"有两种， 滚球 表示横截平面在球沿倒角面滚动时通过滚球的中心； 扫掠圆盘 表示横截平面垂直于选定的脊线。下面通过实例说明两种横截面方位的使用方法。

● 滚球 ▼ 。

Step1：打开本书配套素材 train/ch5/面倒圆 1.prt。

Step2：选择菜单 插入(S) → 细节特征(L) → 面倒圆(F)... 命令，打开"面倒圆"对话框；在"类型"下拉框选择 双面 ▼ 。

Step3：单击"面"选项组中的 ✳ 选择面 1 (0)，在绘图区选择图 5-16 所示半圆柱面为面 1。

Step4：单击"面"选项组中的 ✳ 选择面 2 (0)，在绘图区选择图 5-16 所示圆弧面为面 2。

Step5：在"横截面"选项组的"方位"下拉框中选择 滚球 ▼ ，在"宽度方法"下拉

框中选择 [⊾ 自动▼]，在"形状"下拉框中选择 [🔊 圆形▼]，在"半径方法"下拉框中选择 [恒定▼]，在"半径"文本框中输入数值"10"。

Step6：单击"预览"选项组显示结果 [🔍] 按钮，创建的圆角如图 5-17 所示。

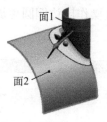

图 5-16 "横截面"设置　　　　　　　　　　图 5-17 Step 6 的结果

Step7：单击"预览"选项组撤消结果 [↩] 按钮，然后在"横截面"选项组的"宽度方法"下拉框中选择 [◳ 恒定▼]，其他不变。

Step8：单击"预览"选项组按钮显示结果 [🔍]，创建的圆角如图 5-18 所示。

Step9：单击"预览"选项组按钮撤消结果 [↩]，然后在"横截面"选项组"宽度方法"下拉框中选择 [↳ 接触曲线▼]，在"形状"下拉框中选择 [🔊 非对称相切▼]，在"半径方法"下拉框中选择 [恒定▼]，在"半径"文本框中输入数值"0.6"。

Step10：单击"横截面"选项组中的 ✳ 选择接触曲线 1 (0)，在绘图区选择图 5-19 所示接触曲线 1。

Step11：单击"横截面"选项组中的 ✳ 选择接触曲线 2 (0)，在绘图区选择图 5-19 所示接触曲线 2。

Step12：单击 确定 按钮，完成的圆角如图 5-19（b）所示。

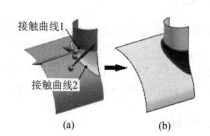

图 5-18 Step 8 的结果　　　　　　　　图 5-19 Step 12 的结果

● 🖟 扫掠圆盘。

Step1：打开本书配套素材 train/ch5/面倒圆 1.prt。

Step2：选择菜单 插入(S) → 细节特征(L) → 🎵 面倒圆(F)... 命令，打开"面倒圆"对话框；在"类型"下拉框中选择 [◢ 双面▼]。

Step3：单击"面"选项组中的 ✳ 选择面 1 (0)，在绘图区选择图 5-20 所示半圆柱面为面 1。

Step4：单击"面"选项组中的 ✳ 选择面 2 (0)，在绘图区选择图 5-20 所示圆弧面为面 2。

Step5：在"横截面"选项组的"方位"下拉框中选择 🖟 扫掠圆盘，在"宽度方法"下拉框中选择 [⊾ 自动▼]，在"形状"下拉框中选择 [🔊 圆形▼]，在"半径方法"下拉框中选择 [恒定▼]，在"半径"文本框中输入数值"10"。

Step6：单击"横截面"选项组的 ✱ 选择脊线 (0)，在绘图区选择图 5-20 所示曲线为脊线。

Step7：单击 确定 按钮，完成的圆角如图 5-21 所示。

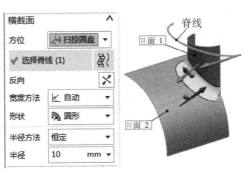

图 5-20　"横截面"设置

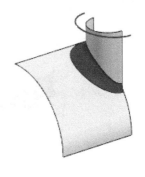

图 5-21　扫掠圆盘圆角

3. 宽度限制

当"横截面"选项组中"宽度方法"设置为 ㇄ 自动 ▾ 时，则用户可根据位于圆角面上的曲线设置圆角宽度。

➢ 选择尖锐限制曲线 (0)：选择一条位于倒角面上的曲线，曲线将限制圆角范围，圆角在曲线处与倒角面成自然角度的关系。

➢ 选择相切限制曲线 (0)：选择一条位于倒角面上的曲线，曲线将限制圆角范围，圆角在曲线处与倒角面成相切的关系。

接下来仍以上面的素材为例介绍面倒圆的相关操作。

Step1：打开本书配套素材 train/ch5/面倒圆 1.prt。

Step2：选择菜单 插入(S) → 细节特征(L) → ♪ 面倒圆(F)... 命令，打开"面倒圆"对话框；在"类型"下拉框中选择 ↗ 双面 ▾。

Step3：单击"面"选项组中的 ✱ 选择面 1 (0)，在绘图区选择图 5-22 所示半圆柱面为面 1。

Step4：单击"面"选项组中的 ✱ 选择面 2 (0)，在绘图区选择图 5-22 所示圆弧面为面 2。

Step5：在"横截面"选项组"方位"下拉框中选择 ➔ 滚球 ▾，设置"宽度方法"为 ㇄ 自动 ▾，设置"形状"为 ➔ 圆形 ▾，设置"半径方法"为 恒定 ▾，在"半径"文本框中输入数值"10"。

Step6：展开"宽度限制"选项组，单击 选择尖锐限制曲线 (0)，选择图 5-22 限制曲线。

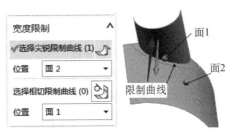

图 5-22　"宽度限制"设置

Step7：单击"预览"选项组 显示结果 🔍 按钮，创建的圆角如图 5-23 所示。

Step8：单击"预览"选项组撤消结果  按钮，按住"Shift"键在绘图区取消选择 Step 6 选中的曲线，然后在"宽度限制"选项组中单击 选择相切限制曲线 (0)，重新选择图 5-22 所示限制曲线。

Step9：单击 确定 按钮，完成的圆角如图 5-24 所示。

图 5-23　Step 7 的结果

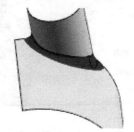
图 5-24　Step 9 的结果

4. 修剪

"修剪"选项组用于设置圆角的长度及待倒角面的修剪方法。

"修剪"的操作示例如下。

Step1：打开本书配套素材 train/ch5/面倒圆 2.prt。

Step2：选择菜单 插入(S) → 细节特征(L) → 面倒圆(F)... 命令，打开"面倒圆"对话框；在"类型"下拉框中选择 双面。

Step3：单击"面"选项组中的 * 选择面 1 (0)，在绘图区选择图 5-25 所示曲面 1。

Step4：单击"面"选项组中的 * 选择面 2 (0)，在绘图区选择图 5-25 所示曲面 2。

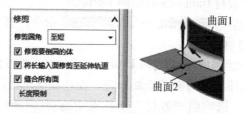
图 5-25　"修剪"设置

Step5：在"横截面"选项组中的"方位"下拉框中选择 滚球，设置"宽度方法"为 自动，设置"形状"为 圆形，设置"半径方法"为 恒定，在"半径"文本框中输入数值"10"。

Step6：展开"修剪"选项组，在"修剪圆角"下拉框中选择 至短，勾选 修剪要倒圆的体、将长输入面修剪至延伸轨道、缝合所有面 三个复选框。

Step7：单击"预览"选项组 显示结果 按钮，创建的圆角如图 5-26 所示。

Step8：单击"预览"选项组 撤消结果 按钮，在"修剪"选项组中设置"修剪圆角"为 至长 并勾选 修剪要倒圆的体、缝合所有面 两个复选框。

Step9：单击"预览"选项组 显示结果 按钮，创建的圆角如图 5-27 所示。

Step10：单击"预览"选项组 撤消结果 按钮，在"修剪"选项组中设置"修剪圆角"为 至全部，并勾选 修剪要倒圆的体、缝合所有面 两个复选框。

Step11：单击 确定 按钮，完成的圆角如图 5-28 所示。

图 5-26 Step 7 的结果   图 5-27 Step 9 的结果   图 5-28 Step 11 的结果

"修剪"选项组中"长度限制"功能与边倒圆相似。

难点解析："类型"设置为 ⎵ 三面 ▾ 时，可在三个面之间进行倒圆，示例如图 5-29 所示，选择两个侧面后选择中间面，创建的圆角会与三个面同时相切。"类型"设置为 🔲 特征相交边 ▾ ，在选择倒圆角对象时可以选择两个特征交线，也可以直接选择某个特征再判断交线，这种倒圆角操作与边倒圆相似。

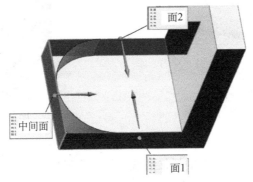

图 5-29 三面倒圆

5.1.3 倒圆拐角

"倒圆拐角"功能可对已有圆角进行光顺处理以满足高级设计要求。选择菜单 插入(S) → 细节特征(L) → 🔲 倒圆拐角(L)... 命令，打开"倒圆拐角"对话框（见图 5-30）。倒圆拐角的一般操作步骤如下。

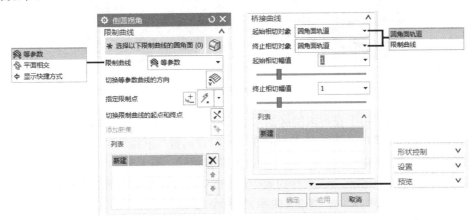

图 5-30 "倒圆拐角"对话框

Step1：打开本书配套素材 train/ch5/倒圆拐角.prt。

Step2：选择菜单 插入(S) → 细节特征(L) → 倒圆拐角(L)... 命令，打开"倒圆拐角"对话框。

Step3：选择第一组圆角面。在"限制曲线"下拉框中选择 等参数 ▼，然后再单击 选择以下限制曲线的圆角面 (0)，在功能区将面规则设置为 单个面 ▼，在绘图区选择图 5-31 所示圆角面 1 并将控制点移至图示位置（接近就行，无须特别准确）。

Step4：选择第二组圆角面。单击"限制曲线"选项组中的添加新集 按钮，在绘图区选择图 5-31 所示圆角面 2，单击 指定限制点，在绘图区选择图 5-31 所示限制点。

Step5：选择第三组圆角面。单击"限制曲线"选项组中的添加新集 按钮，在"限制曲线"下拉框中选择 平面相交 ▼；单击 选择以下限制曲线的圆角面 (0)，在绘图区选择图 5-31 所示圆角面 3；单击 指定平面，在绘图区选择图 5-31 所示限制平面。

Step6：单击 确定 按钮，完成的倒圆拐角如图 5-32 所示。

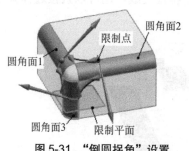

图 5-31 "倒圆拐角"设置

图 5-32 完成的倒圆拐角

难点解析："桥接曲线"选项组可以用于设置圆角面之间过渡线的相切对象，修改前必须首先在其下方列表中选择需要修改的桥接曲线；当选择 圆角面轨道 ▼ 时，过渡线会与相应的圆角边线相切，如图 5-33（a）所示；选择 限制曲线 ▼ 时，过渡线会与相邻的限制曲线相切，如图 5-33（b）所示。

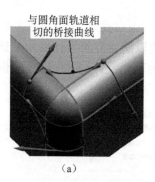

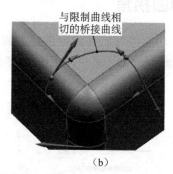

（a）   （b）

图 5-33 "桥接曲线"设置

"形状控制"选项组用于设置限制区的丰满度，勾选 ☑ 启用补片充满控制 复选框，展开"控制点偏置"和"连续性约束"两个下拉框；在"控制点偏置"下拉框中可以输入数值或通过拖动滑块进行设置，数值 0 是默认值，数值越大丰满度越低，图 5-34（a）和（b）分别表示控制点偏置值为 3 与–3 时的情况；"连续性约束"下拉框可以设置限制曲线处新倒角与原圆角之间的连续性，有"G1（相切）"与"G2（曲率）"两个选项。

控制点偏置值为3　控制点偏置值为-3

（a）　　　　　　（b）

图 5-34　控制点偏置的设置

5.2　倒斜角

选择菜单 插入(S) → 细节特征(L) → 🔧 倒斜角(M)... 命令或在"主页"选项卡功能区单击 📦 倒斜角 按钮，都可打开图 5-35 所示"倒斜角"对话框；在绘图区选择需要倒角的边，然后在"距离"文本框中输入倒角的距离值，就可以完成倒角的创建。倒角的横截面类型有"对称""非对称""偏置和角度"三种，其中"非对称"要求用户输入两个方向的倒角值，"偏置和角度"要求用户输入一个方向的倒角值和角度值。

难点解析："设置"选项组的"偏置法"下拉框提供了两种偏置方法，下面以本书配套素材 train/ch5/倒斜角.prt 倒角距离 10 为例说明两种偏置方法的区别。沿面偏置边 ▼ 表示距离是以边在面上偏置得到的（如图 5-36（a）所示），偏置面并修剪 ▼ 表示将倒角面偏移相交后再将交线投影到倒角面来确定倒角距离值（如图 5-36（b）所示）。

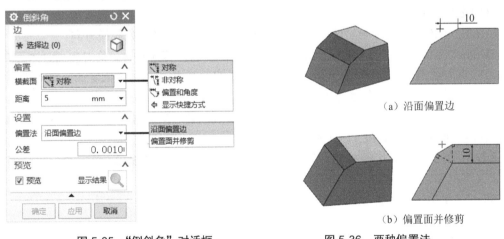

图 5-35　"倒斜角"对话框　　　　图 5-36　两种偏置法

5.3　拔模特征

5.3.1　拔模

拔模的本质是产品能朝某个方向脱模而设计的斜度。选择菜单 插入(S) → 细节特征(L) → ⊕ 拔模(T)... 或在"主页"选项卡功能区单击面 ⊕ 拔模 按钮，都可打开"拔模"对话框（见图 5-37）。

图 5-37 "拔模"对话框

1. 类型

➤ 面 ▼：指定拔模方向，待拔模的曲面从固定面或分型面起进行拔模。

下面举例说明面拔模的应用。

Step1：打开本书配套素材 train/ch5/拔模.prt。

Step2：选择菜单 插入(S) → 细节特征(L) → 拔模(T)... 命令，打开"拔模"对话框；在"类型"下拉框中选择 面 ▼。

Step3：单击"脱模方向"选项组中的 指定矢量，指定 Z 轴为脱模方向。

Step4：在"拔模参考"选项组"拔模方法"下拉框中选择 固定面 ▼，单击 选择固定面 (0)，在功能区将面规则设置为 单个面 ▼，在绘图区选择图 5-38 所示平面为固定面，这里的固定面是指拔模前后截面尺寸不发生变化的面。

Step5：单击"要拔模的面" 选项组中的 选择面 (0)，在绘图区选择图 5-38 所示曲面集 1（包含两个面），在"角度 1"文本框中输入数值"15"。

Step6：单击添加新集 按钮，在绘图区选择图 5-38 所示曲面集 2（包含两个面），在"角度 2"文本框中输入数值"−20"。

Step7：单击 确定 按钮，完成的拔模如图 5-39 所示。

图 5-38 面拔模设置

图 5-39 拔模特征

➤ 边 ▼：指定拔模方向，待拔模的曲面从指定边起进行拔模。

下面以上述素材文件为例说明边拔模的操作方法。

Step1：打开本书配套素材 train/ch5/拨模.prt。

Step2：选择菜单 插入(S) → 细节特征(L) → ⊕ 拨模(T)... 命令，打开"拨模"对话框；在"类型"下拉框中选择 ⊕ 边 ▼ 。

Step3：单击"脱模方向"选项组中的 ✱ 指定矢量 ，指定 Z 轴为脱模方向。

Step4：单击"固定边"选项组中的 ✱ 选择边 (0) ，在绘图区选择图 5-40 所示圆弧边，在"角度 1"文本框中输入数值"15"。这里固定边的含义是拨模操作前后边的位置不发生移动。

Step5：单击 确定 按钮，完成的拨模如图 5-41 所示。

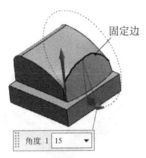

图 5-40   边拨模设置

图 5-41   边拨模特征

➤ ⊘ 与面相切 ▼ ：指定拨模方向，创建与曲面相切的拨模。

相切面拨模操作过程如下。

Step1：打开本书配套素材 train/ch5/拨模.prt。

Step2：选择菜单 插入(S) → 细节特征(L) → ⊕ 拨模(T)... 命令，打开"拨模"对话框；在"类型"下拉框中选择 ⊘ 与面相切 ▼ 。

Step3：单击"脱模方向"选项组中的 ✱ 指定矢量 ，指定 Z 轴为脱模方向。

Step4：单击"相切面"选项组中的 ✱ 选择面 (0) ，在功能区将"面规则"设置为 单个面 ▼ ，然后在绘图区选择图 5-42 所示两个相切面，在"角度 1"文本框中输入数值"15"。

Step5：单击 确定 按钮，完成的拨模如图 5-43 所示。

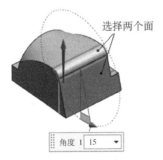

图 5-42   相切面拨模设置

图 5-43   相切面拨模特征

➤ ⊘ 分型边 ▼ ：指定拨模方向，从分型边起相对于固定平面拨模。

分型边拨模操作过程如下。

Step1：打开本书配套素材 train/ch5/拨模.prt。

Step2：选择菜单 插入(S) → 细节特征(L) → ⊕ 拨模(T)... 命令，打开"拨模"对话框；在"类型"下拉框中选择 ⊘ 分型边 ▼ 。

Step3：单击"脱模方向"选项组中的 ✱ 指定矢量 ，指定 Z 轴为脱模方向。

Step4：单击"固定面"选项组中的 ✱ 选择平面 (0)，在绘图区选择图 5-44 所示零件底面。固定面是指拨模前后截面尺寸不发生变化的面。

Step5：单击"分型边"选项组中的 ✱ 选择边 (0)，在绘图区选择图 5-44 所示两条边线，在"角度 1"文本框中输入数值"15"。

Step6：单击 确定 按钮，完成的拨模特征如图 5-45 所示。

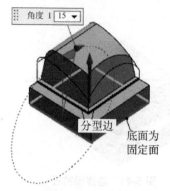

图 5-44　分型边拨模设置

图 5-45　分型边拨模特征

2．可变拨模点

在这里可以通过拨模起始边上多个指定点位置设置多个拨模角度数值，从而实现可变角度拨模。

3．设置

"设置"选项组中提供了两种拨模方法，等斜度拨模 ▼ 表示拨模后曲面拨模角度处处相同且等于设定的拨模角度值；真实拨模 ▼ 表示在拨模曲面任意位置作出平行于脱模方向并与原曲面垂直的平面，用这个平面与拨模曲面及原曲面相交得到两条直线，这两条直线间的夹角即为设定的拨模角，如图 5-46 所示。

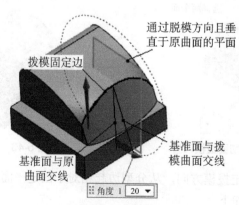

图 5-46　真实拨模示意

5.3.2　拔模体

拔模体可以在选定的分型面或体两侧添加并匹配拔模，用材料自动填充底切区域。选择菜单 插入(S) → 细节特征(L) → 拔模体(O)... 命令，打开"拔模体"对话框（见图 5-47）；"类型"下拉框中提供的两种方法的主要区别在于选择的几何元素不同，选择 面 ▼ 时要求用户指定面进行拔模，选择 边 ▼ 时则要求用户指定边进行拔模。

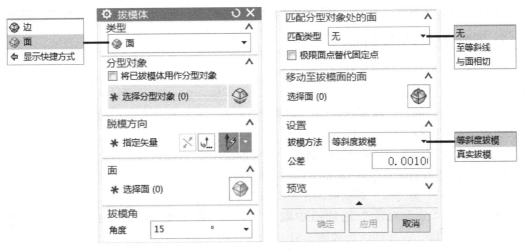

图 5-47　"拔模体"对话框

1. 分型对象

分型对象有两种，当选中 ☑ 将已拔模体用作分型对象 复选框时，系统会采用已有的自然分界作为分型对象；取消选中该复选框时，用户必须自己选择一个平面作为分型对象。

下面通过一个简单案例对两种分型对象进行介绍。

Step1：打开本书配套素材 train/ch5/拔模体 1.prt。

Step2：选择菜单 插入(S) → 细节特征(L) → 拔模体(O) 命令，打开"拔模体"对话框；在"类型"下拉框中选择 边 ▼ 。

Step3：在"分型对象"选项组中勾选 ☑ 将已拔模体用作分型对象 复选框。

Step4：单击"脱模方向"选项组中的 ✳ 指定矢量 ，指定 Z 轴为脱模方向。

Step5：单击 ✳ 选择分型上面的边 (0) ，在绘图区选择图 5-48 所示上面四条边线为边集 1。

Step6：单击 ✳ 选择分型下面的边 (0) ，在绘图区选择图 5-48 所示四条边线为边集 2。

Step7：在"拔模角"选项组的"角度"文本框中输入数值"15"。

Step8：单击"预览"选项组 显示结果 🔍 按钮，创建的拔模如图 5-49 所示。

Step9：单击"预览"选项组 撤消结果 🔁 按钮，在"分型对象"选项组中取消勾选 ☐ 将已拔模体用作分型对象 复选框，然后单击 ✳ 选择分型对象 (0) ，在绘图区选择图 5-48 所示基准面。

Step10：单击 确定 按钮，完成的拔模如图 5-50 所示。

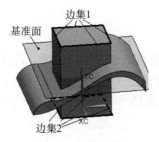

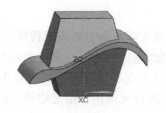

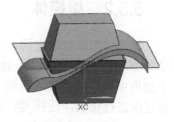

图 5-48　拔模体设置　　　　图 5-49　Step 8 的结果　　　　图 5-50　Step 10 的结果

2. 匹配分型对象处的面

当沿分型对象两侧同时拔模时，两侧拔模在分型面处结合，结合处匹配类型共有三种，其中 无 ▼ 表示不匹配，结合处会出现台阶；至等斜线 ▼ 表示通过从其等斜线边桥接至分型对象上较长面的边来匹配较短面；与面相切 ▼ 表示通过从输入面桥接相切至分型对象上较长面的边来匹配较短面。

下面通过一简单案例说明上面三种匹配类型的应用。

Step1：打开本书配套素材 train/ch5/拔模体 2.prt。

Step2：打开"拔模体"对话框，在"类型"下拉框中选择 ◈ 面 ▼ 。

Step3：在"分型对象"选项组中取消勾选 □ 将已拔模体用作分型对象 复选框，单击 ✱ 选择分型对象 (0)，在绘图区选择图 5-51 所示基准面。

Step4：单击"脱模方向"选项组中的 ✱ 指定矢量，指定 Z 轴为脱模方向。

Step5：单击"面"选项组中的 ✱ 选择面 (0)，将功能区将面规则设置为 相切面 ▼ ，在绘图区单击图 5-51 中任一处实体表面，这时所有实体表面会被选中。

Step6：在"拔模角"选项组中的"角度"文本框中输入数值"15"。

Step7：在"匹配分型对象处的面"选项组的"匹配类型"下拉框中选择 无 ▼ 。

Step8：单击"预览"选项组 显示结果 🔍 按钮，创建的拔模如图 5-52 所示。

图 5-51　"拔模体"设置　　　　图 5-52　Step 8 的结果

Step9：单击"预览"选项组 撤消结果 🔁 按钮，在"匹配分型对象处的面"选项组的"匹配类型"下拉框中选择 至等斜线 ▼ 。

Step10：单击"预览"选项组 显示结果 🔍 按钮，创建的拔模如图 5-53 所示。

Step11：单击"预览"选项组 撤消结果 🔁 按钮，在"匹配分型对象处的面"选项组的"匹配类型"下拉框中选择 与面相切 ▼ 。

Step12：单击 确定 按钮，完成的拨模如图 5-54 所示。

图 5-53　Step 10 的结果　　　　图 5-54　Step 12 的结果

3. 移动至拨模面的面或边

当待拨模的面存在台阶面时，通过指定要延伸到拨模面的边可以获得不同的拨模效果。下面通过案例说明设置移动至拨模面的面的操作方法。

Step1：打开本书配套素材 train/ch5/拨模体 3.prt。

Step2：打开"拨模体"对话框，在"类型"下拉框中选择 面 ▼ 。

Step3：在"分型对象"选项组中勾选 ☑ 将已拨模体用作分型对象 复选框。

Step4：单击"脱模方向"选项组中的 ✳ 指定矢量 ，指定 Z 轴为脱模方向。

Step5：单击"面"选项组中的 ✳ 选择面 (0)，在功能区将面规则设置为 单个面 ▼ ，在绘图区单击图 5-55 所示四个外侧面为拨模面。

Step6：在"拨模角"选项组的"角度"文本框中输入数值"15"。

Step7：在"匹配分型对象处的面"选项组的"匹配类型"下拉框中选择 无 ▼ 。

Step8：单击"移动至拨模面的面"选项组中的 ✳ 选择面 (0)，在功能区将面规则设置为 单个面 ▼ ，在绘图区选择图 5-55 所示台阶的两个侧面。

Step9：单击"预览"选项组显示结果 🔍 按钮，创建的拨模如图 5-56 所示。

Step10：单击"预览"选项组撤消结果 ↩ 按钮，再次单击"移动至拨模面的面"选项组中的 ✔ 选择面 (2)，在绘图区增选图 5-55 所示台阶底面。

Step11：单击 确定 按钮，完成的拨模如图 5-57 所示。

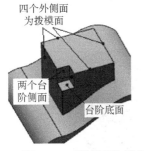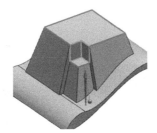

图 5-55　"拨模体"设置　　　图 5-56　Step 9 的结果　　　图 5-57　Step 11 的结果

5.4　孔工具

孔工具可以替代拉伸、旋转等特征在零件或组件上创建孔，而且操作起来更加方便、灵活。选择菜单 插入(S) → 设计特征(E) → 孔(H)... 命令或在功能区"主页"选项卡"特征"组中单击孔工具按钮![按钮]都可打开"孔"对话框（见图5-58）。该对话框的"类型"下拉框中提供了五种孔的创建方法，下面依次就五种孔的创建做出说明。

图 5-58 "孔"对话框

➤ ![常规孔] ▼ ：常规孔是最基本的一类孔，孔的方向可以是垂直于面 ![垂直于面] ▼ 或沿指定的矢量方向 ![沿矢量] ▼ 。在"孔"对话框的"形状和尺寸"选项组中可以设置孔的深度及孔的形状，孔的形状有 ![简单孔] 简单孔（直孔）、普通沉孔 ![沉头] 沉头、普通埋头孔 ![埋头] 埋头 、![锥孔] 锥孔四种。

常规孔创建的一般步骤如下。

Step1：打开本书配套素材 train/ch5/孔工具 1.prt。

Step2：选择菜单 插入(S) → 设计特征(E) → ![孔] 孔(H)... 命令，打开"孔"对话框，在"类型"下拉框中选择 ![常规孔] 常规孔 ▼ 。

Step3：激活"位置"选项组中的 ![指定点] 指定点 (0)，在绘图区选择实体上表面圆心；在"孔方向"下拉框中选择 ![垂直于面] 垂直于面 ▼ 。

Step4："形状与尺寸"选项组如图 5-59 所示，在"布尔"下拉框中选择 ![减去] 减去 ▼ ，其他采用默认设置。

Step5：单击"预览"选项组 显示结果 ![放大镜] 按钮，创建的孔特征如图 5-60 所示。

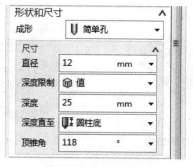

图 5-59 Step 4 设置

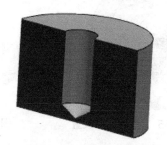

图 5-60 常规孔之简单孔剖面图

Step6：单击"预览"选项组 撤消结果 ![撤消按钮] 按钮，将"形状与尺寸"选项组的参数设置为如图 5-61 所示，在"布尔"下拉框中选择 ![减去] 减去 ▼ ，其他采用默认设置。

Step7：单击"预览"选项组显示结果 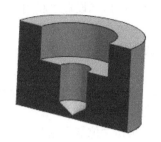 按钮，创建的孔特征如图 5-62 所示。

图 5-61   Step 6 设置

图 5-62   常规孔之沉头孔剖面图

Step8：单击"预览"选项组撤消结果 按钮，将"形状与尺寸"选项组的参数设置为如图 5-63 所示，在"布尔"下拉框中选择 减去 ，其他采用默认设置。

Step9：单击"预览"选项组显示结果 按钮，创建的孔特征如图 5-64 所示。

图 5-63   Step 8 设置

图 5-64   常规孔之埋头孔剖面图

Step10：单击"预览"选项组撤消结果 按钮，将"形状与尺寸"选项组的参数设置为如图 5-65 所示，在"布尔"下拉框中选择 减去 ，其他采用默认设置。

Step11：单击确定按钮，完成的孔特征如图 5-66 所示。

图 5-65   Step 10 设置

图 5-66   常规孔之锥孔剖面图

➤ 钻形孔 ▼：钻形孔与常规孔相似，并且可直接对创建的孔进行上下倒角，但不能创建沉头孔、埋头孔及锥孔。在"孔"对话框的"形状和尺寸"选项组"等尺寸配对"下拉框中有两个选项，其中 Exact ▼ 表示"起始倒斜角"和"终止倒斜角"由系统自动设定，用户不可更改，"直径"下拉文本框中的数值会自动等于"大小"下拉文本框中的数值；Custom ▼ 项表示用户可以自己设置"起始倒斜角"和"终止倒斜角"的数值，"直径"下拉文本框中的数值可以与"大小"下拉文本框中的数值不同。

钻形孔创建的一般步骤。

Step1：打开本书配套素材 train/ch5/孔工具 1.prt。

Step2：选择菜单 插入(S) → 设计特征(E) → 孔(H)... 命令，打开"孔"对话框，在"类型"下拉框中选择 钻形孔 ▼。

Step3：单击"位置"选项组中的 ✳ 指定点 (0)，在绘图区选择实体上表面圆心，在"孔方向"下拉框中选择 垂直于面 ▼。

Step4："形状与尺寸"选项组中的参数设置如图 5-66 所示，在"布尔"下拉框中选择 减去 ▼，在"设置"选项组"标准"下拉框中选择 ISO ▼，其他采用默认设置。

Step5：单击"预览"选项组 显示结果 🔍 按钮，创建的孔特征如图 5-67 所示。

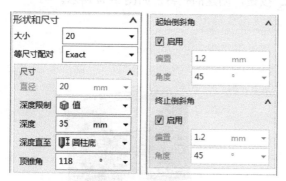

图 5-66　Step 4 的设置

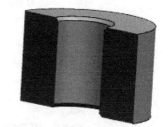

图 5-67　Step 5 的剖面图

Step6：单击"预览"选项组 撤消结果 ↩ 按钮，将"形状与尺寸"选项组中的参数设置为如图 5-68 所示，在"布尔"下拉框中选择 减去 ▼，在"设置"选项组"标准"下拉框中选择 ISO ▼，其他采用默认设置。

Step7：单击 确定 按钮，完成的孔特征如图 5-69 所示。

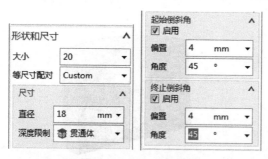

图 5-68　Step 6 设置

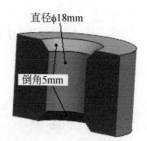

图 5-69　Step 7 的结果

➢ ▮▮螺钉间隙孔 ▼：螺钉间隙孔是系统根据输入的螺纹尺寸创建的螺纹过孔，螺纹过孔可以是简单孔、沉头孔及埋头孔。"孔"对话框的"等尺寸配对"下拉框有 Close (H12) ▼、Normal (H13) ▼ 和 Loose (H14) ▼ 三个选项，分别表示与螺纹配合间隙的小、中和大，Custom ▼ 表示由用户输入尺寸，在该模式下用户可以自己设置"起始倒斜角"和"终止倒斜角"的数值。

螺钉间隙孔创建的一般步骤。

Step1：打开本书配套素材 train/ch5/孔工具 1.prt。

Step2：选择菜单 插入(S) → 设计特征(E) → 🔲 孔(H)... 命令，打开"孔"对话框，在"类型"下拉框中选择 ▮▮螺钉间隙孔 ▼。

Step3：单击"位置"选项组中的 ✳ 指定点 (0)，在绘图区选择实体上表面圆心；在"孔方向"下拉框中选择 🔘 垂直于面 ▼。

Step4："形状与尺寸"选项组的参数设置如图 5-70 所示，在"布尔"下拉框中选择 🔲 减去 ▼，在"设置"选项组"标准"下拉框中选择 ISO ▼，其他采用默认设置。

Step5：单击 确定 按钮，完成的孔特征如图 5-71 所示。

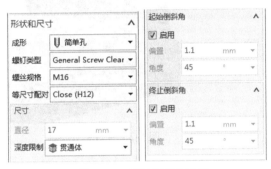

图 5-70　螺钉间隙孔设置

图 5-71　螺钉间隙孔剖面图

➢ ▮▮螺纹孔 ▼：这种方法创建的螺纹只是一种螺纹表示而不是真正的螺纹，创建时需要输入螺纹大小、深度等尺寸，选择螺纹旋向等。

➢ ▮▮孔系列 ▼：孔系列用于实现多个体之间的螺纹连接。在"孔"对话框中，"规格"选项组"起始"选项卡用于设置第 1 个体的孔类型及尺寸，"中间"选项卡用于设置中间的 1 个或多个体的孔类型及尺寸，"端点"选项卡用于设置最后的那个体的孔类型及尺寸。

下面通过案例说明孔系列的操作方法。

Step1：打开本书配套素材 train/ch5/孔工具 2.prt。

Step2：选择菜单 插入(S) → 设计特征(E) → 🔲 孔(H)... 命令，打开"孔"对话框，在"类型"下拉框中选择 ▮▮孔系列 ▼。

Step3：单击"位置"选项组中的 ✳ 指定点 (0)，在绘图区选择圆柱形实体上表面圆心；在"孔方向"下拉框中选择 🔘 垂直于面 ▼。

Step4："起始"选项卡中的参数设置如图 5-72 所示，"中间"选项卡中的参数设置如图 5-73 所示，"端点"选项卡中的参数设置如图 5-74 所示，在"布尔"下拉框中选择 🔲 减去 ▼，在"设置"选项组"标准"下拉框中选择 ISO ▼，其他采用默认设置。

Step5：单击 确定 按钮，完成的孔特征如图 5-75 所示。

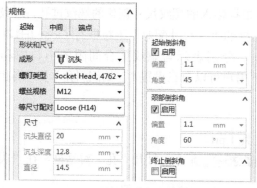

图 5-72 "起始"选项卡的参数设置

图 5-73 "中间"选项卡的参数设置

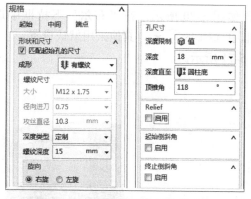

图 5-74 "起始"选项卡的参数设置

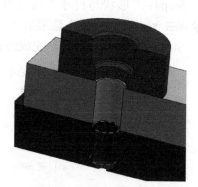

图 5-75 完成的孔特征

5.5 槽工具

利用槽工具可以在内外回转面上创建沟槽。沟槽的截面形状有矩形、U 形、球形三种，这三种沟槽创建过程是一致的，下面以 U 形沟槽为例说明沟槽的创建过程。

Step1：打开本书配套素材 train/ch5/沟槽.prt。

Step2：选择菜单 插入(S) → 设计特征(E) → 槽(G)... 命令，打开图 5-76 所示"槽"对话框。

Step3：在"槽"对话框 中选择U 形槽，系统弹出"U 形槽"放置面选择框，在绘图区选择图 5-77 所示外圆柱面。

Step4：系统弹出图 5-78 所示参数输入框，"槽直径"设置为"35"（即槽的小径）、"宽度"设置为"5"、"角半径"设置为"1.5"（即根部倒角半径），单击 确定 按钮。

Step5：系统弹出"定位槽"对话框，在绘图区选择图 5-79 所示目标边及刀具边；系统弹出"创建表达式"对话框，输入数值"8"并单击 确定 按钮；单击 取消 按钮，创建的外沟槽如图 5-80 所示。

下面步骤 6~9 开始创建内沟槽。

Step6：选择菜单 插入(S) → 设计特征(E) → 槽(G)... 命令，打开 "槽"对话框。

图 5-76 "槽"对话框

图 5-77 选择附着面

图 5-78 参数输入

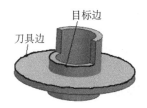

图 5-79 定位槽

图 5-80 创建的外沟槽

Step7：在"槽"对话框 中选择U形槽，系统弹出"U形槽"放置面选择框，在绘图区选择图 5-81 所示内圆柱面。

Step8：系统弹出参数输入框，"槽直径"设置为"35"（槽的大径）、"宽度"设置为"5"、"角半径"设置为"1.5"（即根部倒角半径），单击确定按钮。

Step9：系统弹出"定位槽"对话框，在绘图区选择图 5-82 所示目标边及刀具边；系统弹出"创建表达式"对话框，输入数值"6"并单击确定按钮；单击取消按钮，创建的内沟槽如图 5-83 所示。

图 5-81 选择附着面

图 5-82 定位内沟槽

图 5-83 创建的内沟槽

5.6 筋板工具

筋板工具可用于在拐角处创建加强筋，根据创建方位的不同筋板可分为平行于剖切平面、垂直于剖切平面两种类型。选择菜单 插入(S) → 设计特征(E) → 筋板(I)... 命令，打开"筋板"对话框（见图 5-84）；"表区域驱动"选项组用于绘制截面草图或选择可用于截面的曲线，"帽形体"选项组用于设置筋板顶部的形状及高度尺寸，创建的筋板可以通"拨模"选项组设置拨模。值得注意的是，"帽形体"和"拨模"两个选项组的设置只对垂直于剖切平面类型的筋板起作用。下面用简单实例说明筋板的创建过程。

图 5-84 "筋板"对话框

➢ 筋板类型 1："平行于剖切平面"筋板。

平行于剖切平面筋板创建的一般步骤如下。

Step1：打开本书配套素材 train/ch5/筋板.prt。

Step2：选择菜单 插入(S) → 设计特征(E) → ⬡ 筋板(I)... 命令，打开"筋板"对话框，在"壁"选项组中选中 ◉ 平行于剖切平面 单选按钮。

Step3：单击"表区域驱动"选项组 品 按钮，系统弹出"创建草图"对话框，选择 XZ 为草图平面，并绘制图 5-85 所示草绘截面。

Step4：在"尺寸"下拉框中选择 ┼ 对称 ▼，在"厚度"文本下拉框中输入数值"3"，并选中 ☑ 合并筋板和目标 复选框。

Step5：单击 确定 按钮，完成的筋特征如图 5-86 所示。

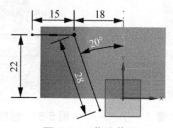

图 5-85 草绘截面

图 5-86 完成的筋板特征

➢ 筋板类型 2："垂直于剖切平面"筋板。

垂直于剖切平面筋板创建的一般步骤如下。

Step1：打开本书配套素材 train/ch5/筋板.prt。

Step2：选择菜单 插入(S) → 设计特征(E) → ⬡ 筋板(I)... 命令，打开"筋板"对话框，在"壁"选项组中选中 ◉ 垂直于剖切平面 单选按钮。

Step3：单击"表区域驱动"选项组 品 按钮，系统弹出"创建草图"对话框，选择图 5-87 所示基准平面为草图平面，并绘制图 5-88 所示草绘截面。

Step4：在"尺寸"下拉框中选择 ┼ 对称 ▼，在"厚度"文本框中输入数值"3"，并选中 ☑ 合并筋板和目标 复选框。

图 5-87　选择草图平面

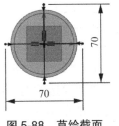

图 5-88　草绘截面

Step5：展开"帽形体"选项组，在"几何体"下拉框中选择 从所选对象 ▼，然后单击
✱ 选择面 (0)，在绘图区选择图 5-89 所示曲面为帽形面，在"偏置"文本框中输入数值"10"。

Step6：展开"拔模"选项组，在"拔模"下拉框中选择 使用封盖 ▼，在"角度"文本框
中输入数值"5"。

Step7：单击 确定 按钮，完成的筋板特征如图 5-90 所示。

图 5-89　选择帽形面

图 5-90　完成的筋板特征

5.7　壳工具

抽壳是通过输入壁厚并打开选定的面将实体修改形成壳体类零件的一种方法。选择菜单
插入(S) → 偏置/缩放(O) → 抽壳(H)...命令或单击功能区"主页"选项卡"特征组" 抽壳 按钮
都可打开"抽壳"对话框（见图 5-91）。抽壳有两种类型， 移除面，然后抽壳 ▼ 表示创建一
个开放的壳体， 对所有面抽壳 ▼ 表示创建一个全封闭的壳体；"要穿透的面"选项组用于选
择抽壳过程中需要移除的面；"厚度"选项组中的"厚度"下拉框用于设置统一厚度值；"备选
厚度"选项组用于对不适用统一厚度之处单独指定厚度值。

图 5-91　"抽壳"对话框

抽壳的创建过程展示。

Step1：打开本书配套素材 train/ch5/壳体.prt。

Step2：选择菜单 插入(S) → 偏置/缩放(O) → 抽壳(H)...命令，打开"抽壳"对话框，在"类型"下拉框中选择 移除面，然后抽壳 ▼。

Step3：单击"要穿透的面"选项组中的 选择面 (0)，将选择条面规则设置为 单个面 ▼，在绘图区选择图 5-92 所示面 1 为穿透面 1。

Step4：在"厚度"文本框中输入数值"3"。

Step5：展开"备用厚度"选项组，单击 选择面 (0)，将选择条面规则设置为 单个面 ▼，在绘图区选择图 5-92 所示面 2 为特殊厚度面，在"厚度 1"文本框中输入数值"8"。

Step6：单击"预览"选项组 显示结果 按钮，创建的壳体特征如图 5-93 所示。

Step7：单击"预览"选项组 撤消结果 按钮，单击"要穿透的面"选项组中的 选择面 (1)，在绘图区选择图 5-92 所示面 3 为穿透面 2。

Step8：单击 确定 按钮，完成的壳体特征如图 5-94 所示。

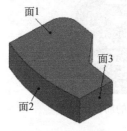
图 5-92 面的设置

图 5-93 Step 6 的结果

图 5-94 Step 8 的结果

难点解析："设置"选项组的"相切边"下拉框中有两个选项，在相切边添加支撑面 ▼ 表示在偏置实体中的面之前，先处理选定要移除并与其他面相切的面，这将沿光顺的边界边创建边面。如果选定要移除的面都不与不移除的面相切，选择此选项将没有作用；相切延伸面 ▼ 表示延伸相切面，并且不为选定要移除且与其他面相切的面的边创建边面，勾选 ☑ 使用补片解析自相交 复选框后可修复由于偏置这实体中的曲面导致的自相交，此选项适用于在创建抽壳过程中可能因自相交而失败的复杂曲面。

在上述案例中，假如选择图 5-95 所示两个面为穿透面，厚度仍为 3，如果"相切边"设置为 相切延伸面 ▼，这时系统会报错，原因是该面与旁边的圆角面是相切关系，系统无法延伸面。但这时将"相切边"设置为 在相切边添加支撑面 ▼，系统会在相切边处添加一个支撑面（边面），完成的壳体特征如图 5-96 所示。

图 5-95 选择穿透面

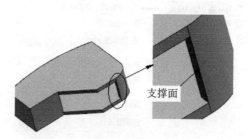
图 5-96 添加支撑面的壳体特征

5.8　加厚工具

加厚是将片体或实体表面沿面的法向增厚获得实体的方法。选择菜单 插入(S) → 偏置/缩放(O) → 加厚(T)… 命令，打开"加厚"对话框（见图 5-97）；"要冲裁的区域"指的是加厚过程中需要排除的区域，即不加厚的区域；"不同厚度的区域"选项组用来指定特殊厚度的区域。

图 5-97　"加厚"对话框

加厚操作的一般步骤如下。

Step1：打开本书配套素材 train/ch5/加厚.prt。

Step2：选择菜单 插入(S) → 偏置/缩放(O) → 加厚(T)… 命令，打开"加厚"对话框。

Step3：单击"面"选项组 ✱ 选择面 (0)，在功能区将面规则下拉框设置为 单个面 ▼，在绘图区选择图 5-98 所示面 1 为加厚面。

Step4：在"厚度"选项组的"偏置 1"文本框中输入数值"5"。

Step5：展开"区域行为"选项组，单击"要冲裁的区域"选项组中的 选择边界曲线 (0)，在绘图区选择图 5-98 所示曲线链 1。

Step6：单击"不同厚度的区域"选项组中的 选择边界曲线 (0)，在绘图区选择图 5-98 所示曲线链 2，在"偏置 1"文本框中输入数值"10"。

Step7：在"布尔"下拉框中选择 无 ▼。

Step8：单击 确定 按钮，将原实体隐藏后，可看到完成的加厚体如图 5-99 所示。

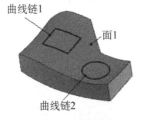 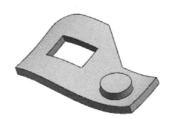

图 5-98　元素选择　　　　图 5-99　加厚体

5.9 细节特征与工程特征应用实例

1. 细节特征与工程特征实例 1

完成如图 5-100 所示机壳零件图。

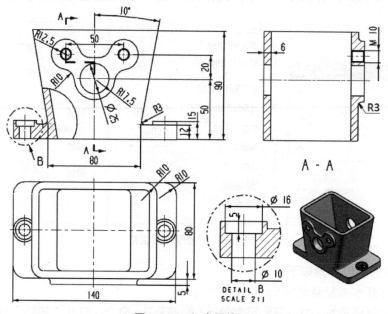

图 5-100 机壳零件图

（1）新建文件。选择菜单 文件(F) → 新建(N) 命令，系统弹出"新建"对话框；在"模型"选项卡的"模板"选项组中选择模板类型为 模型；在"名称"文本框中输入文件名称 xj&gc_1，单击 确定 按钮，进入建模环境。

（2）创建拉伸特征 1。单击 菜单(M) 展开主菜单，选择 插入(S) → 设计特征(E) → 拉伸(E) 命令（或单击工具栏 按钮），系统弹出"拉伸"对话框；单击"绘制截面"选项组中的 按钮，系统弹出"创建草图"对话框，选择 XZ 平面为草图平面，单击 确定 按钮，绘制图 5-101 所示草绘截面；单击工具栏 按钮，返回"拉伸"对话框；在"限制"选项组的 "结束" 下拉框中选择 对称值，在"距离"文本框中输入"40"；在"布尔"选项组的"布尔" 下拉框中选择 无；其他参数采用系统默认设置，单击 确定 按钮，完成图 5-102 拉伸 特征 1 的创建。

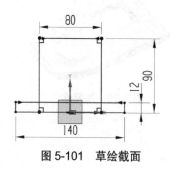

图 5-101 草绘截面

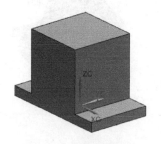

图 5-102 拉伸特征 1

（3）创建拔模特征 1。

①选择菜单 插入(S) → 细节特征(L) → 🔩 拔模(T)...命令，打开"拔模"对话框，在"类型"下拉框中选择 📦 面 ▾。

②单击"脱模方向"选项组中的 ✱ 指定矢量，指定 Z 轴为脱模方向。

③在"拔模参考"选项组"拔模方法"下拉框中选择 固定面 ▾，单击 ✱ 选择固定面 (0)，在功能区将面规则设置为 单个面 ▾，在绘图区选择图 5-103 所示平面为固定面，这里的固定面是指拔模前后截面尺寸不发生变化的面。

④单击"要拔模的面"选项组中的 ✱ 选择面 (0)，在绘图区选择图 5-103 所示曲面集（包含两个面）为要拔模的面，在"角度 1"文本框中输入数值"–10"。

⑤单击 确定 按钮，完成的拔模特征如图 5-104 所示。

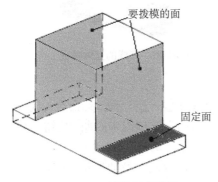

图 5-103　拔模元素选择

图 5-104　拔模特征

（4）创建圆角 1。

①选择菜单 插入(S) → 细节特征(L) → 🔳 边倒圆(E)...命令，打开"边倒圆"对话框；在"连续性"下拉框中选择 🔧 G1（相切）▾，在"形状"下拉框中选择 🔧 圆形 ▾，在"半径 1"文本框中输入数值"10"。

②单击 ✱ 选择边 (0)，在绘图区选择图 5-105 所示 8 条边线为圆角边。

③单击 确定 按钮，完成图 5-106 圆角 1 的创建。

图 5-105　选择圆角边

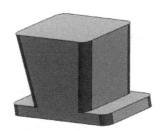

图 5-106　完成的圆角 1

（5）创建壳特征。

①选择菜单 插入(S) → 偏置/缩放(O) → 🔩 抽壳(H)...命令，打开"抽壳"对话框，在"类型"下拉框中选择 🔲 移除面，然后抽壳 ▾。

②单击"要穿透的面"选项组中的 ✱ 选择面 (0)，将选择条面规则设置为 单个面 ▾，在绘图区选择图 5-107 所示上下底面为穿透面，在"厚度"文本框中输入数值"6"。

③展开"备用厚度"选项组，单击 ✳ 选择面 (0)，在功能区将面规则设置为 单个面 ▼ ，在绘图区选择图 5-107 所示两个台阶面为特殊厚度面，在"厚度 1"文本框中输入数值"12"。

④单击"预览"选项组 显示结果 🔍 按钮，创建的壳体特征如图 5-108 所示。

⑤单击 确定 按钮，完成的壳体特征创建。

穿透面

特殊厚度面

图 5-107　壳特征元素定义

图 5-108　完成的壳体特征

（6）通过拉伸创建凸台 1。

①单击 ☰ 菜单(M) ▼ 展开主菜单，选择 插入(S) → 设计特征(E) → 🔲 拉伸(E)... 命令（或单击工具栏 🔲 按钮），系统弹出"拉伸"对话框；单击"绘制截面"选项组中的 🖼 按钮，系统弹出"创建草图"对话框；选择图 5-109 中台阶平面为草图平面，单击 确定 按钮。

②绘制图 5-110 所示草绘截面，单击工具栏 🏁 按钮，返回"拉伸"对话框；在"限制"选项组的"开始"下拉框中选择 🔲 值 ▼ ，在"距离"文本框中输入数值"0"；在"限制"选项组的"结束"下拉框中选择 🔲 值 ▼ ，在"距离"文本框中输入数值"3"；在"布尔"选项组的"布尔"下拉框中选择 🔂 合并 ▼ ；其他参数采用系统默认设置，单击 确定 按钮，完成图 5-111 所示两处凸台。

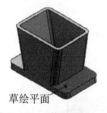

草绘平面

图 5-109　草图平面

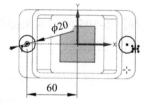

φ20

60

图 5-110　草绘截面

图 5-111　完成的凸台 1

（7）创建沉头孔。

①选择菜单 插入(S) → 设计特征(E) → 🔘 孔(H)... 命令，打开"孔"对话框，在"类型"下拉框中选择 🔰 常规孔 ▼ 。

②单击"位置"选项组中的 ✳ 指定点 (0)，在绘图区选择两个凸台上表面圆心，在"孔方向"下拉框中选择 🔘 垂直于面 ▼ 。

③"形状与尺寸"选项组的参数设置如图 5-112 所示，在"布尔"下拉框中选择 🔂 减去 ▼ ，其他采用默认设置。

④单击"预览"选项组 显示结果 🔍 按钮，创建的孔特征如图 5-113 所示。

⑤单击 确定 按钮，完成沉孔的创建。

图 5-112 "形状与尺寸"设置

图 5-113 完成的沉头孔

（8）通过拉伸创建凸台2。

①单击 ☰ 菜单(M)▼展开主菜单，选择 插入(S)→ 设计特征(E)→ 🔲 拉伸(E)…命令（或单击工具栏 🔲 按钮），系统弹出"拉伸"对话框；单击"绘制截面"选项组中的 🔲 按钮，系统弹出"创建草图"对话框，选择图5-114中台阶平面为草图平面，单击 确定 按钮。

②绘制图5-115所示草绘截面，单击工具栏 🏁 按钮，返回"拉伸"对话框；在"限制"选项组的"开始"下拉框中选择 🔲 值 ▼ ，在"距离"文本框中输入数值"0"；在"限制"选项组的"结束"下拉框中选择 🔲 值 ▼ ，在"距离"文本框中输入数值"3"；在"布尔"选项组的"布尔"下拉框中选择 🔹 合并 ▼ ；其他参数采用系统默认设置，单击 确定 按钮，完成图5-116所示凸台2。

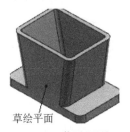

草绘平面

图 5-114 草图平面

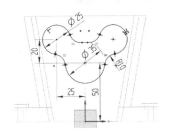

图 5-115 草绘截面

图 5-116 完成的凸台2

（9）创建圆角2。

①选择菜单 插入(S)→ 细节特征(L)→ 🔲 边倒圆(E)…命令，打开"边倒圆"对话框；在"连续性"下拉框中选择 🔲 G1（相切）▼ ，在"形状"下拉框中选择 🔲 圆形 ▼ ，在"半径1"文本框中输入数值"3"。

②单击 ✳ 选择边 (0)，将选择条曲线规则设置为 相切曲线 ▼ ，在绘图区选择图5-117所示3条边链为圆角边。

③单击 确定 按钮，完成图5-118圆角2的创建。

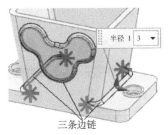

三条边链

图 5-117 选择圆角边

图 5-118 完成的圆角2

（10）创建简单孔。

①选择菜单 插入(S) → 设计特征(E) → 孔(H)... 命令，打开"孔"对话框，在"类型"下拉框中选择 常规孔 ▼。

②单击"位置"选项组中的 指定点 (0)，在绘图区选择图 5-119 所示表面圆心，在"孔方向"下拉框中选择 垂直于面 ▼。

③"形状与尺寸"选项组的参数设置如图 5-120 所示，在"布尔"下拉框中选择 减去 ▼，其他采用默认设置。

④单击"预览"选项组 显示结果 按钮，创建的孔特征如图 5-121 所示。

⑤单击 确定 按钮，完成通孔的创建。

图 5-119 孔定位点

图 5-120 "形状与尺寸"设置

图 5-121 完成的孔

（11）创建螺纹孔。

①选择菜单 插入(S) → 设计特征(E) → 孔(H)... 命令，打开"孔"对话框，在"类型"下拉框中选择 螺纹孔 ▼。

②单击"位置"选项组中的 指定点 (0)，在绘图区图 5-122 所示两个圆心点，在"孔方向"下拉框中选择 垂直于面 ▼。

③"形状与尺寸"选项组的参数设置如图 5-123 所示，在"布尔"下拉框中选择 减去 ▼，其他采用默认设置。

④单击 确定 按钮，完成的最终零件如图 5-124 所示。

图 5-122 孔定位点

图 5-123 "形状与尺寸"设置

图 5-124 完成的零件

（12）保存文件。单击 菜单(M) ▼展开主菜单，选择 文件(F) → 保存(S) 命令（或单击工具栏 按钮）。

2. 细节特征与工程特征实例 2

完成如图 5-125 所示线盒零件图。

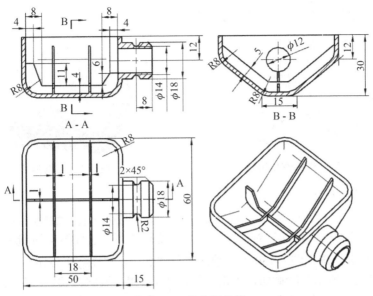

图 5-125 线盒零件图

（1）新建文件。选择菜单 文件(F) → 新建(N)... 命令，系统弹出"新建"对话框；在"模型"选项卡的"模板"选项组中选择模板类型为 模型，在"名称"文本框中输入文件名称 xj&gc_2，单击 确定 按钮，进入建模环境。

（2）创建拉伸特征 1。

①单击 菜单(M) ▾ 展开主菜单，选择 插入(S) → 设计特征(E) → 拉伸(E)... 命令（或单击工具栏 按钮），系统弹出"拉伸"对话框；单击"绘制截面"选项组中的 按钮，系统弹出"创建草图"对话框，选择 YZ 平面为草图平面，单击 确定 按钮。

②绘制图 5-126 所示草绘截面，单击工具栏 按钮，返回"拉伸"对话框；在"限制"选项组的"结束"下拉框中选择 对称值 ▾，在"距离"文本框中输入"25"；在"布尔"区域的"布尔"下拉框中选择 无 ▾；其他参数采用系统默认设置，单击 确定 按钮，完成图 5-127 所示拉伸体。

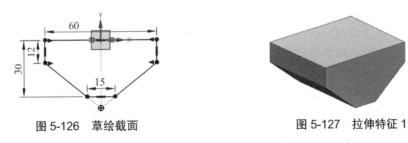

图 5-126 草绘截面   图 5-127 拉伸特征 1

（3）创建圆角 1。

①选择菜单 插入(S) → 细节特征(L) → 边倒圆(E)... 命令，打开"边倒圆"对话框；在"连续性"下拉框中选择 G1（相切）▾，在"形状"下拉框中选择 圆形 ▾ 项，在"半径 1"文本框中输入数值"8"。

②单击 选择边 (0)，将选择条曲线规则设置为 相切曲线 ▾，然后在绘图区选择图 5-128 所示 14 条边为圆角边。

③单击 确定 按钮，完成图 5-129 所示圆角 1 的创建。

图 5-128　选择倒角边

图 5-129　倒圆结果

（4）创建拉伸特征 2。

①单击 ☰ 菜单(M) ▾展开主菜单，选择 插入(S) → 设计特征(E) → 📖 拉伸(E)...命令（或单击工具栏 📦 按钮），系统弹出"拉伸"对话框；单击"绘制截面"选项组中的 🔛 按钮，系统弹出"创建草图"对话框，选择图 5-130 所示端面为草图平面，单击 确定 按钮。

②绘制图 5-131 所示草绘截面，单击工具栏 🏁 按钮，返回"拉伸"对话框；在"限制"选项组的"开始"下拉框中选择 🔲 值 ▾，在"距离"文本框输入数值"0"；在"限制"选项组的 "结束"下拉框中选择 🔲 值 ▾，在"距离"文本框输入数值"15"；在"布尔"选项组的"布尔"下拉框中选择 ╋⊕ 合并 ▾；其他参数采用系统默认设置，单击 确定 按钮，完成图 5-132 所示拉伸体。

图 5-130　选择草图平面

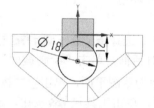

图 5-131　拉伸草绘截面

图 5-132　完成的拉伸体

（5）创建壳特征。

①选择菜单 插入(S) → 偏置/缩放(O) → 🔲 抽壳(H)...命令，打开"抽壳"对话框，在"类型"下拉框中选择 🔲 移除面，然后抽壳 ▾ 。

②单击"要穿透的面"选项组中的 ✳ 选择面 (0)，将选择条面规则设置为 单个面 ▾ ，在绘图区选择图 5-133 所示两个端面为穿透面，在"厚度"文本框中输入数值"2"。

③展开"备用厚度"选项组，单击 ✳ 选择面 (0)，在功能区将面规则设置为 单个面 ▾ ，在绘图区选择图 5-133 所示外圆柱面为特殊厚度面，在"厚度 1"文本框中输入数值"3"。

④单击"预览"选项组 显示结果 🔍 按钮，创建的壳体特征如图 5-134 所示。

⑤单击 确定 按钮，完成壳体特征的创建。

图 5-133　选择穿透面

图 5-134　完成的壳体特征

（6）创建倒斜角。

①选择菜单 插入(S) → 细节特征(L) → ⬒ 倒斜角(M)... 命令，打开"倒斜角"对话框。

②单击 ✳ 选择边 (0)，将选择条曲线规则设置为 相切曲线 ▼，然后在绘图区选择图 5-135 所示圆柱边为倒角边。

③在"偏置"选项组的"横截面"下拉框中选择 ⫣ 对称 ▼，在"距离"文本框中输入数值"2"。

④单击 确定 按钮，完成图 5-136 所示倒斜角的创建。

图 5-135　选择倒斜角边　　　图 5-136　完成的倒斜角

（7）创建球形端槽。

①选择菜单 插入(S) → 设计特征(E) → 🛢 槽(G)... 命令，打开 "槽"对话框。

②在"槽"对话框中单击 球形端槽，系统弹出"球形端槽"放置面选择框，在绘图区选择图 5-137 所示外圆柱面。

③系统弹出参数输入框，"槽直径"文本框中输入数值"14"（即槽的小径）、"球直径"文本框中输入数值"4"，单击 确定 按钮。

④系统弹出"定位槽"对话框，在绘图区选择图 5-138 所示目标边及刀具边，系统弹出"创建表达式"对话框，输入数值"6"并单击 确定 按钮，然后单击 取消 按钮，创建的球形槽如图 5-139 所示。

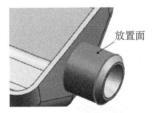
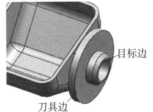

图 5-137　选择放置面　　　图 5-138　定位槽　　　图 5-139　创建的球形槽

（8）创建偏置曲面。

①选择菜单 插入(S) → 偏置/缩放(O) → ⬚ 偏置曲面(O)... 命令，打开 "偏置曲面"对话框。

②单击"面"选项组中的 ✳ 选择面 (0)，将选择条面规则设置为 单个面 ▼，在绘图区选择图 5-140 所示五个面为偏置面，在 "偏置 1"文本框中输入数值"5"，并确认偏移方向与图 5-141 中方向吻合，如果不符合则单击"反向"按钮。

③单击 确定 按钮，完成偏置曲面。

（9）创建筋板特征 1。

①选择菜单 插入(S) → 设计特征(E) → ◈ 筋板(I)... 命令，打开"筋板"对话框，在"壁"选项组中选中 ◉ 垂直于剖切平面 单选按钮。

图 5-140　选择偏置面

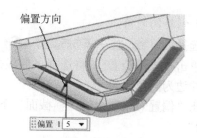

图 5-141　偏置方向

②单击"表区域驱动"选项组中的 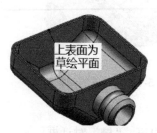 按钮，系统弹出"创建草图"对话框，选择图 5-142 所示上表面为草图平面，并绘制图 5-143 所示草绘截面。

图 5-142　选择草图平面

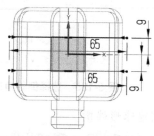

图 5-143　草绘截面

③在"尺寸"下拉框中选择 ┼ 对称 ▾，在"厚度"文本框中输入数值"1"，并选中 ☑ 合并筋板和目标复选框。

④展开"帽形体"选项组，在"几何体"下拉框中选择 ⬚ 从所选对象 ▾，单击 ✳ 选择面 (0)，在绘图区选择上一步完成的偏置曲面为帽形面（见图 5-144），在"偏置"文本框中输入数值"0"。

⑤单击 确定 按钮，完成的筋板 1 如图 5-145 所示。

图 5-144　选择帽形面

图 5-145　完成的筋板 1

（10）创建筋板特征 2。

①选择菜单 插入(S) → 设计特征(E) → ⬡ 筋板(I)… 命令，打开"筋板"对话框，在"壁"选项组中选中 ◉ 平行于剖切平面 单选按钮。

②单击"表区域驱动"选项组中的 按钮，系统弹出"创建草图"对话框，选择 XZ 为草图平面，并绘制图 5-146 所示草绘截面。

③在"尺寸"下拉框中选择 ┼ 对称 ▾，在"厚度"文本框中输入数值"1"，并选中 ☑ 合并筋板和目标复选框。

④单击 确定 按钮，完成的筋板特征如图 5-147 所示。

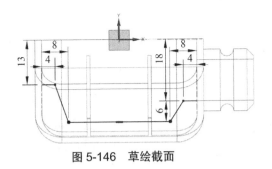

图 5-146　草绘截面

图 5-147　完成的筋板特征

（11）保存文件。单击 ☰ 菜单(M) ▾展开主菜单，选择 文件(F) → 💾 保存(S) 命令（或单击工具栏 💾 按钮）。

5.10　综合练习 5

1．绘制如图 5-148 所示连接件零件三维图。

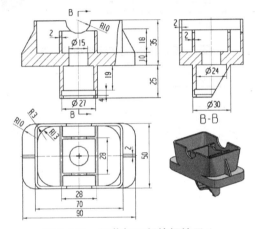

图 5-148　细节与工程特征练习 1

2．绘制如图 5-149 所示零件三维图。

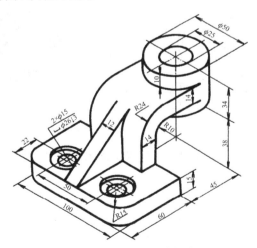

图 5-149　细节与工程特征练习 2

3．绘制如图 5-150 所示零件三维图。

4．绘制如图 5-151 所示阀体零件三维图。

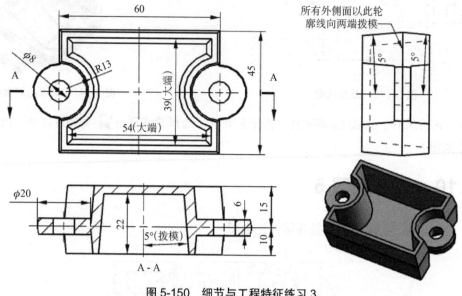

图 5-150　细节与工程特征练习 3

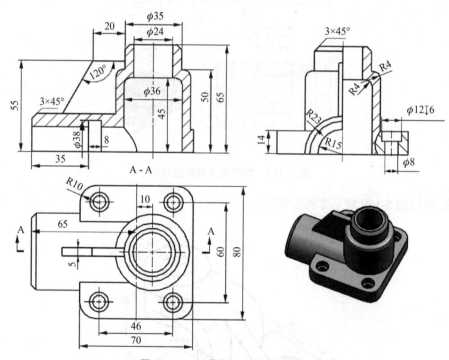

图 5-151　细节与工程特征练习 4

5．绘制图 5-152～图 5-156 所示千斤顶螺母、止动杆、底座、螺杆、手柄零件三维图。

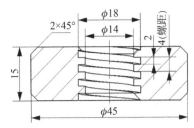

图 5-152　细节与工程特征练习 5_1

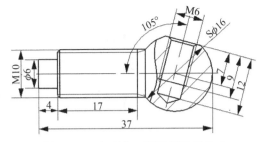

图 5-153　细节与工程特征练习 5_2

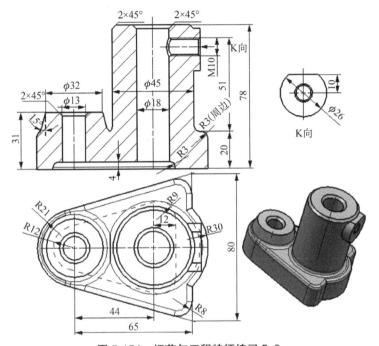

图 5-154　细节与工程特征练习 5_3

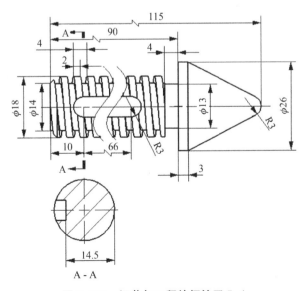

图 5-155　细节与工程特征练习 5_4

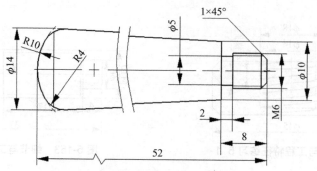

图 5-156　细节与工程特征练习 5_5

单元6　曲面设计

6.1　一般曲面

6.1.1　四点曲面

四点曲面是指依次指定四个顶点创建曲面。选择菜单 插入(S) → 曲面(R) → □ 四点曲面(F)... 命令，打开如图 6-1 所示"四点曲面"对话框。

新建一个模型文件，单击 ✱ 指定点 1，单击点构造器 ┼... 按钮，系统弹出点构造器，输入第 1 个点的坐标为（-25，0，10）；按相同方法输入第 2 点的坐标为（0，25，20），第 3 点坐标为（25，0，10），第四点坐标为（0，-25，20），创建的四点曲面如图 6-2 所示。

图 6-1　"四点曲面"对话框

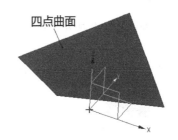

图 6-2　四点曲面示例

6.1.2　通过点曲面

通过点是指通过矩形阵列点创建曲面。

通过点创建曲面的一般过程如下。

Step1：打开本书配套素材 train/ch6/通过点（极点）曲面.prt。

Step2：选择菜单 插入(S) → 曲面(R) → ◇ 通过点(H)... 命令，打开"通过点"对话框，对话框中的参数设置如图 6-3 所示，单击 确定 按钮，系统弹出"过点"对话框（见图 6-4），要求用户进行点的设置。

Step3：在"过点"对话框中单击**在矩形内的对象成链**，系统弹出"指定点"选择框；将功能区视图方向设置为 ██ 。（俯视方向）；框选图 6-5 所示 5 个点后，系统弹出"指定点"选择框，这时 UG NX 信息区会出现提示"选择起点"，在绘图区选择图 6-5 中的起点；系统再次弹出"指定点"选择框，这时 UG NX 信息区会出现提示"选择终点"，在绘图区选择图 6-5 中的终点。

图 6-3 "通过点"对话框

图 6-4 "过点"对话框

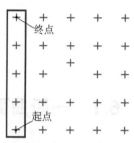

图 6-5 选择第 1 行点集

Step4：按与 Step 3 相同的方法选择第 2、3、4 行点集，分别如图 6-6、图 6-7、图 6-8 所示。

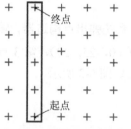

图 6-6 选择第 2 行点集

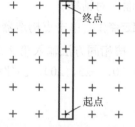

图 6-7 选择第 3 行点集

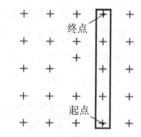

图 6-8 选择第 4 行点集

Step5：系统弹出图 6-9 所示"过点"对话框，单击**指定另一行**，然后按与 Step 3 相同方法选择图 6-10 中第 5 行点集。

Step6：在弹出的"过点"对话框中单击**所有指定的点**，创建的通过点曲面如图 6-11 所示。

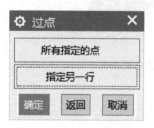

图 6-9 "过点" 对话框

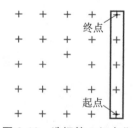

图 6-10 选择第 5 行点集

图 6-11 通过点曲面

6.1.3 从极点曲面

从极点曲面是指以矩形阵列点作为极点创建曲面。

从极点曲面创建的一般过程如下。

Step1：打开本书配套素材 train/ch6/通过点（极点）曲面.prt。

Step2：选择菜单 插入(S) → 曲面(R) → ◇ 从极点(O)... 命令，打开"从极点"对话框（见图 6-12），单击 确定 按钮，系统弹出"点"对话框（见图 6-13），要求用户进行点设置。

Step3：将功能区视图方向设置为 ▢（俯视方向）；从下向上依次选择图 6-14 所示方框内5 个点，单击"点"对话框中的 确定 按钮，然后在弹出的"指定点"对话框选择 是 。

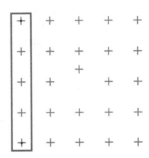

图 6-12　"从极点"对话框　　　图 6-13　"过点"对话框　　　图 6-14　选择第 1 行点集

Step4：按与 Step 3 相同方法选择第 2、3、4 行点集，分别如图 6-15、图 6-16、图 6-17所示。

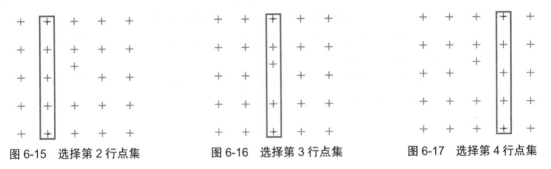

图 6-15　选择第 2 行点集　　　图 6-16　选择第 3 行点集　　　图 6-17　选择第 4 行点集

Step5：系统弹出图 6-18 所示"从极点"对话框，单击 指定另一行，然后按与 Step 3 相同方法选择图 6-19 中第 5 行点集。

Step6：系统再次弹出的"从极点"对话框，单击 所有指定的点，创建的从极点曲面如图6-20 所示。

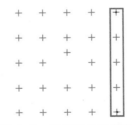

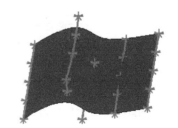

图 6-18　"从极点"对话框　　　图 6-19　选择第 5 行点集　　　图 6-20　从极点曲面

6.1.4　拟合曲面

拟合曲面是指通过小平面体、点集或点组进行近似拟合而得到新曲面。当使用实体顶点或点特征作为拟合对象则首先应将目标点创建成组。对于相同的目标能拟合成不同类型的几何体，比如相同的点组既可以拟合成自由曲面又可以拟合成圆柱面。选择菜单 插入(S) → 曲面(R) → 拟合曲面(C)... 命令，打开如图 6-21 所示"拟合曲面"对话框。

图 6-21 "拟合曲面"对话框

下面通过案例来说明拟合曲面的操作方法。

Step1：打开本书配套素材 train/ch6/拟合曲面.prt。

Step2：创建点组。选择菜单 格式(R) → 组(G) → 新建组(N)... 命令，打开"新建组"对话框（见图 6-22），在"名称"文本框输入"组_1"，单击 选择对象(0)，在绘图区框选图 6-23 中 6 个基准点，单击 确定 按钮，完成点组的设计。

Step3：选择菜单 插入(S) → 曲面(R) → 拟合曲面(C)... 命令，打开"拟合曲面"对话框，在"目标"选项组中勾选 对象 单选按钮，单击 选择对象(0)，在绘图区选择上一步创建的点组（见图 6-23）。

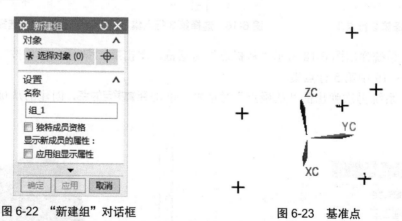

图 6-22 "新建组"对话框   图 6-23 基准点

Step4：将"类型"设置为 拟合自由曲面 ▼，在"拟合方向"选项组中选中 最适合 单选按钮，其余采用默认设置，这时绘图区显示如图 6-24 所示自由曲面。

Step5：将"类型"设置为 拟合球 ▼，在"拟合条件"选项组中选中 封闭 复选框，其余采用默认设置，这时绘图区显示如图 6-25 所示球面。

Step6：将"类型"设置为 拟合圆柱 ▼，在"方向约束"选项组中选中 约束轴方向 复选框；单击 指定矢量，选择 ZC 轴为圆柱方向轴；在"拟合条件"选项组中选中 封闭 复选框，其余采用默认设置；单击 确定 按钮，完成的拟合圆柱面如图 6-26 所示。

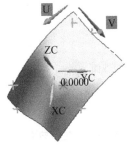
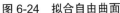

图 6-24　拟合自由曲面　　　　　图 6-25　拟合球面　　　　　图 6-26　拟合圆柱面

6.1.5　过渡曲面

过渡曲面是指在两个片体（曲面）间创建桥接来获得新曲面。选择菜单 插入(S) → 曲面(R) → 过渡(T)... 命令，打开"过渡"对话框，如图 6-27 所示。

图 6-27　"过渡"对话框

使用"支持曲线"功能可以在过渡曲面某处设置控制曲线 ；当"连续性"设置为 G1（相切）或 G2（曲率）时，"形状控制"功能可以控制衔接处的相切幅值。

过渡曲面的创建步骤如下。

Step1：打开本书配套素材 train/ch6/过渡曲面.prt。

Step2：指定曲线 1。选择菜单 插入(S) → 曲面(R) → 过渡(T)... 命令，打开"过渡"对话框；单击 ✳ 选择曲线 (0)，在绘图区选择图 6-28 所示片体边界为曲线 1 并单击按钮 切换箭头方向。

Step3：指定曲线 2。单击"截面"选项组 添加新集 按钮；在绘图区选择图 6-28 所示片体边界为曲线 2 并单击按钮 切换箭头方向。

Step4：将"形状控制"选项组按图 6-29 所示进行设置，其余采用默认设置。

Step5：单击 确定 按钮，完成的过渡曲面如图 6-30 所示。

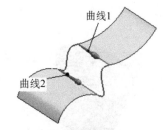

图 6-28 "过渡"元素定义

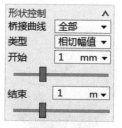

图 6-29 "形状控制"选项组设置

图 6-30 过渡曲面

6.1.6 有界平面

有界平面是指由封闭的平面曲线作为边界获得一个平面型曲面。创建有界平面的曲线可以是草图，也可以是其他体特征的边界。选择菜单 插入(S) → 曲面(R) → 有界平面(B)... 命令，打开"有界平面"对话框，如图 6-31 所示。

6.1.7 填充曲面

使用填充曲面功能时，可以使用封闭的若干条 3D 曲线或片体边界来创建新的曲面。打开本书配套素材 train/ch6/填充曲面.prt，选择菜单 插入(S) → 曲面(R) → 填充曲面(L)...命令，打开如图 6-32 所示"填充曲面"对话框，单击 选择曲线 (0)，在绘图区选择图 6-33 所示四条曲线，单击 确定 按钮即可完成图中填充曲面的创建。

图 6-31 "有界平面"对话框

图 6-32 "填充曲面"对话框

图 6-33 填充曲面示例

"形状控制"选项组的"方法"下拉框提供了四种方法，其中 充满 ▼ 表示沿曲面指定点的局部法向拖动曲面来修改曲面，拟合至曲线 ▼ 表示将曲面拟合至选定的曲线。勾选"设置"选项组中的 ☑ 补片到部件 复选框，表示将新建的填充曲面缝合至边界面，不会采用修剪形式，而是使用补片。

6.1.8 条带曲面

条带曲面的原理与扫掠相似，将沿轮廓线扫掠并与矢量方向成一角度得到的片体面为条

带曲面。打开本书配套素材 train/ch6/ 条带曲面 .prt，选择菜单 插入(S)→ 曲面(R)→
🐚 条带构建器(R)... 命令，系统弹出如图 6-34 所示"条带"对话框；单击 ✳ 选择曲线 (0)，在绘
图区选图 6-35 中曲线为轮廓；在"偏置"选项组的"距离"文本框中输入数值"10"，在"角
度"文本框中输入数值"0"；单击"偏置视图"选项组中的 ✳ 指定矢量，选择 Z 轴为矢量；
单击 确定 按钮即可完成图 6-35 中条带曲面的创建。

　　上例中若将 ✳ 指定矢量 改为 X 轴为矢量，其他条件不变，则创建的条带曲面如图 6-36
所示。

　　另外，读者可以自行更改"角度"文本框中的数值，比如数值 15、30 等，得到与指定矢
量成不同角度的条带曲面。

图 6-34 　"条带"对话框

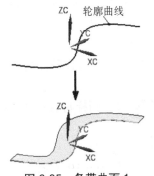

图 6-35 　条带曲面 1

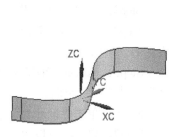

图 6-36 　条带曲面 2

6.1.9 　中面

　　中面是指在实体的两个表面间创建中间曲面。一个目标实体上只能有一个中面特征。

　　"中面"命令组位于菜单 插入(S)→ 曲面(R) 之下，"中面"子菜单中有"面对""用户定义"
"偏置"三个命令项；其中，"面对"命令的功能是创建实体对立面之间的连续曲面特征，"用
户定义"命令的功能是由用户指定一个片体作为实体的中面，"偏置"命令的功能是对指定实
体的指定面进行 0～100% 范围内的偏置创建中面。下面介绍按面创建中面的操作过程。

　　新建一个模型文档，选择菜单 插入(S)→ 曲面(R)→ 中面(M)→ 📄 面对(F)... 命令，打开如图 6-37
所示"按面对创建中面"对话框。

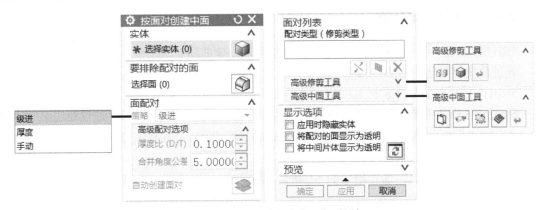

图 6-37 　"按面对创建中面"对话框

在"按面对创建中面"对话框中，"策略"下拉框包含以下三个选项。

➤ 级进 ▼：系统按照从小到大的顺序选择实体的厚度方向，当图中含有多个实体时，系统会对每个实体进行遍历。例如，有一个长、宽、高分别为 6、4、2 的长方体，系统会自动选择边长为 2 的方向为厚度方向。

➤ 厚度 ▼：用户在下方文本框中输入厚度比数值，系统选择小于厚度比的最小尺寸为厚度创建中面。当图中含有多个实体时，系统也会对每个实体按厚度比进行遍历。

➤ 手动 ▼：由用户选择两组侧面作为厚度方向创建中面。

中面的创建步骤如下。

Step1：打开本书配套素材 train/ch6/中面.prt。

Step2：选择菜单 插入(S) → 曲面(R) → 中面(M) → 🗐 面对(F)... 命令，打开"按面对创建中面"对话框；单击 ✱ 选择实体 (0)，在绘图区选择图 6-38 所示实体。

Step3：将"策略"设置为 手动 ▼。

Step4：单击 选择第 1 侧的单个面 (0)，将"选择条面规则"设置为 相切面 ▼，在绘图区选择内侧的三个面。

Step5：单击 ✱ 选择第 2 侧的单个面 (0)，同样将选择条"面规则"设置为 相切面 ▼，在绘图区选择外侧的三个面。

Step6：单击"面配对"选项组中的 📚。

Step7：单击 确定 按钮，创建的中面如图 6-39 所示。

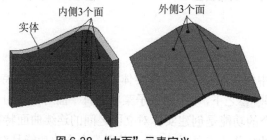
图 6-38 "中面"元素定义

图 6-39 创建的中面

6.2 网格曲面

6.2.1 通过曲线组

"通过曲线组"命令不仅能创建混合实体也可以创建曲面。

通过曲线组创建曲面的步骤如下。

Step1：打开本书配套素材 train/ch6/通过曲线组曲面.prt。

Step2：选择菜单 插入(S) → 网格曲面(M) → 🗐 通过曲线组(T)... 命令，打开"通过曲线组"对话框；单击 ✱ 选择曲线或点 (0)，在绘图区选择图 6-40 所示曲线 1，并单击 ✕ 按钮使箭头方向如图所示。

Step3：单击"截面"选项组中的 添加新集 ⁺ 按钮，在绘图区选择图 6-40 所示曲线 2，并单击按钮 ✕ 使箭头方向如图所示。

Step4：单击"截面"选项组中的**添加新集**　按钮，在绘图区选择图 6-40 所示曲线 3，单击按钮 使箭头方向如图所示。

Step5：其他采用默认设置，单击**确定**按钮，完成的通过曲线组曲面如图 6-41 所示。

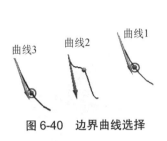

图 6-40　边界曲线选择

图 6-41　通过曲线组曲面

6.2.2　通过曲线网格

通过曲线网格是指通过一组主曲线和一组交叉曲线来获得新曲面。这种方法适合于通过两个方向边界创建曲面，同时可以通过"连续性"设置新曲面边界与相邻特征边界之间的关系。选择菜单**插入(S)** → **网格曲面(M)** → **通过曲线网格(M)...** 命令，打开"通过曲线网格"对话框，如图 6-42 所示。

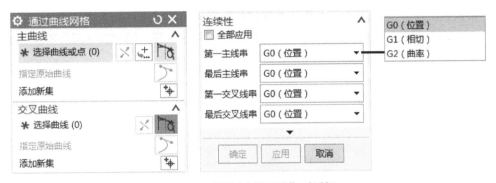

图 6-42　"通过曲线网格"对话框

下面以一个实例说明通过曲线网格创建曲面的操作步骤。

Step1：打开本书配套素材 train/ch6/通过曲线网格.prt。

Step2：指定主曲线 1。选择菜单**插入(S)** → **网格曲面(M)** → **通过曲线网格(M)...** 命令，系统弹出"通过曲线网格"对话框；单击"主曲线"选项组中的 **选择曲线或点 (0)**，在绘图区选择图 6-43 中片体边界 1 为主曲线 1，并单击 按钮，切换箭头方向如图所示。

Step3：指定主曲线 2。单击"主曲线"选项组中的**添加新集**　，在绘图区选择图 6-43 所示片体边界 2 为主曲线 2，并单击 按钮，切换箭头方向如图所示。

Step4：指定交叉曲线 1。单击"交叉曲线"选项组中的 **选择曲线 (0)**，在绘图区选择图 6-43 中片体边界 3 为交叉曲线 1，并单击 按钮，切换箭头方向如图所示。

Step5：指定交叉曲线 2。单击"交叉曲线"选项组中的**添加新集**　，在绘图区选择图 6-43 所示片体边界 4 为交叉曲线 2，并单击 按钮，切换箭头方向如图所示。

Step6：设置"第一主线串"为 G1（相切）▼，单击 ✳ 选择面 (0)，在绘图区选择图 6-43 所示曲面为相切面。

Step7：重复 Step6，设置"最后主线串""第一交叉线串""最后交叉线串"。

Step8：单击 确定 按钮，完成的通过曲线网格曲面如图 6-44 所示。

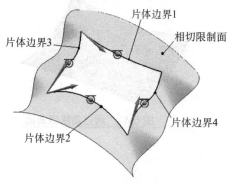

图 6-43 "通过曲线网格"要素定义

图 6-44 通过曲线网格曲面

6.2.3 艺术曲面

艺术曲面与通过曲线网格曲面用法相似，区别如下。

网格曲面的边界线共四条，由两条曲线和两条交叉曲线组成；而艺术曲面边界线可以是两条、三条或者四条，比网格曲面灵活。选择菜单 插入(S) → 网格曲面(M) → ◆ 艺术曲面(U)... 命令，打开"艺术曲面"对话框，如图 6-45 所示。

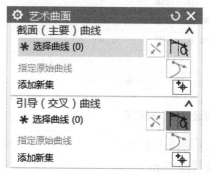

图 6-45 "艺术曲面"对话框

请读者采用艺术曲面的方法完成将 6.2.2 小节"通过曲线网格.prt"中的曲面，注意比较它们之间的相同点与不同点。

6.2.4 N 边曲面

利用 N 边曲面可以创建由一组首尾端点相连曲线封闭的曲面。选择菜单 插入(S) → 网格曲面(M) → ◆ N 边曲面... 命令，打开"N 边曲面"对话框，如图 6-46 所示。

图 6-46 "N 边曲面"对话框

N 边曲面有"已修剪"和"三角形"两种类型，"已修剪"表示创建单个曲面，可覆盖所选曲线或边闭环内的整个区域；"三角形"表示在所选曲线或边闭环内创建由各三角形补片构成的曲面，每个补片都包含每条边和公共中心点之间的三角形区域；"约束面"选项组用于对曲面指定约束面，当指定约束面后可在"连续性"下拉框中选择新曲面与约束面间的关系"G0（位置）"或"G1（相切）"；选中"设置"选项组中的 ☑ 修剪到边界复选框，可以设置曲面是否修剪到所选曲线。

N 边曲面的用法及操作步骤如下。

Step1：打开本书配套素材 train/ch6/N 边曲面.prt。

Step2：选择菜单 插入(S) → 曲面(R) → N 边曲面... 命令，系统弹出"N 边曲面"对话框；将"类型"设置为 三角形▼，单击"外环"选项组中的 选择曲线 (0)，在绘图区依次选择图6-47 所示 6 条边界线。

Step3："形状控制"选项组中的参数按图 6-48 进行设置，其余采用默认设置。

Step4：单击"预览"选项组中的显示结果 🔍 按钮，创建的 N 边曲面如图 6-48 所示。

Step5：单击"预览"选项组中的撤消结果 🔄 按钮，将"类型"设置为 已修剪▼；单击"约束面"选项组中的选择面 (0)，选择图 6-49 所示面为约束面；将 "连续性"设置为G1（相切）▼；选中"设置"选项组中的☑ 修剪到边界复选框；其他采用默认设置。

Step6：单击 确定 按钮，完成的 N 边曲面如图 6-49 所示。

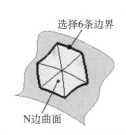

图 6-47 三角形 N 边曲面

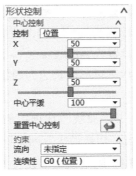

图 6-48 "形状控制"定义

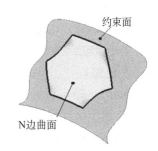

图 6-49 已修剪 N 边曲面

6.3 扫掠曲面

6.3.1 扫掠

单元 4 中详细讲解过使用扫掠命令创建实体的操作步骤，使用扫掠命令创建曲面只需要将"设置"选项组的"体类型"设置为 片体 ▼ ，其他操作与创建实体完全相同。读者可使用本书配套素材 train/ch6/扫掠曲面.prt 进行练习。

6.3.2 样式扫掠

样式扫掠是指从一组曲线创建一个精确、光滑的一流质量曲面。利用这种方法创建曲面时需要用户选择截面线并指定引导线串、接触线串、方位线串等，其中接触线串表示扫掠过程中任意横截面的起始线段会通过接触线串上的相应点；方位线串确定了横截面的方向，以引导线串起点和方位线串起点的连线作为零度线（此时截面方向为原始方向则不做旋转），后续横截面方向按**引导线串的相应点与方向线串相应点的连线**与**零度线**的夹角来确定；根据引导线串、接触线串、方向线串的不同组合样式扫掠有四种类型，即 ◢ **1 条引导线串** 、 ◢ **1 条引导线串，1 条接触线串** 、 ◢ **1 条引导线串，1 条方位线串**、 ◢ **2 条引导线串**。选择菜单 插入(S) → 扫掠(W) → ◆ 样式扫掠(Y)... 命令，打开"样式扫掠"对话框，如图 6-50 所示。

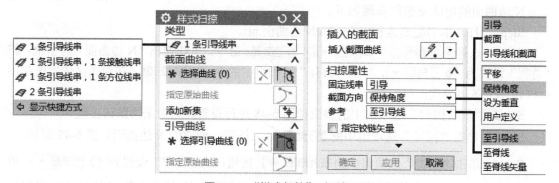

图 6-50 "样式扫掠"对话框

下面通过一个实战案例说明样式扫掠的操作步骤。

Step1：打开本书配套素材 train/ch6/样式扫掠.prt。

Step2：指定截面曲线。选择菜单 插入(S) → 网格曲面(M) → ◆ 样式扫掠(Y)... 命令，系统弹出"样式扫掠"对话框；将"类型"设置为 ◢ 1 条引导线串 ▼ ；单击"截面曲线"选项组的 ✱ 选择曲线 (0)，将选择条曲线规则设置为 自动判断曲线 ▼ ；在绘图区选择图 6-51 所示截面曲线，单击 指定原始曲线 ⌐ ，选择图示三角形最长边为原始曲线（选择时鼠标应靠近图中截面线箭头根部）。

Step3：指定引导线串。单击"引导曲线"选项组的 ✱ 选择引导曲线 (0)；在绘图区选择图 6-51 所示引导线串，单击 ✕ 按钮，切换箭头方向如图所示。

Step4：将"扫掠属性"选项组中"固定线串"设置为 引导 ▼ ，单击"预览"选项组中显示结果 🔍 按钮，创建的曲面如图 6-52 所示。

Step5：单击"预览"选项组中 撤消结果 ↩ 按钮，将"扫掠属性"选项组中"固定线串"设置为 引导线和截面 ▼ ，单击"预览"选项组中 显示结果 🔍 按钮，创建的曲面如图 6-53 所示。

Step6：单击"预览"选项组中 撤消结果 ↩ 按钮，将"类型"设置为 ✍ 1 条引导线串,1 条接触线串 ▼ ，单击"引导曲线"选项组中的 ✳ 选择接触曲线 (0)；在绘图区增选图 6-51 所示接触曲线，单击 ✖ 按钮，切换箭头方向如图所示；单击"预览"选项组中的 显示结果 🔍 按钮，创建的曲面如图 6-54 所示。

Step7：单击"预览"选项组中按钮 撤消结果 ↩ ，将"类型"设置为 ✍ 1 条引导线串,1 条方位线串 ▼ 。

Step8：单击 确定 按钮，完成的曲面如图 6-55 所示。

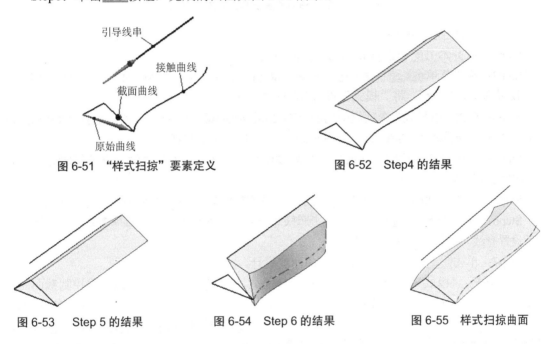

图 6-51　"样式扫掠"要素定义　　　　　　图 6-52　Step4 的结果

图 6-53　Step 5 的结果　　　　图 6-54　Step 6 的结果　　　　图 6-55　样式扫掠曲面

6.3.3　截面

截面是指用数学曲线（二次曲线或三次曲线等）作为截面沿引导线扫掠得到新曲面的方法。选择菜单 插入(S) → 扫掠(W) → 截面(E)... 命令，打开"截面曲面"对话框，如图 6-56 所示。图 6-57 展示的是定义截面曲面的主要几何元素的含义。

图 6-56　"截面曲面"对话框

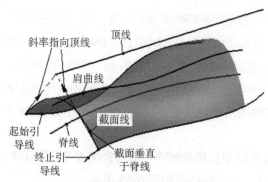

图 6-57　截面曲面的主要几何元素的含义

截面曲面的用法及操作步骤如下。

Step1：打开本书配套素材 train/ch6/截面曲面.prt。

Step2：选择菜单 插入(S) → 扫掠(W) → 截面(E)... 命令，打开"截面曲面"对话框；将"类型"设置为 二次，将"模式"设置为 肩线。

Step3：单击"引导线"选项组中的 选择起始引导线 (0)，按图 6-57 所示选择起始引导线；然后再单击 选择终止引导线 (0)，按图 6-57 所示选择终止引导线。

Step4：选中"斜率控制"选项组中的 按顶点 单选按钮，然后再激活 选择顶线 (0)，按图 6-57 设置顶线。

Step5：单击"截面控制"选项组中的 选择肩曲线 (0)，按图 6-57 所示设置肩曲线。

Step6：选中"脊线"选项组中的 按曲线 单选按钮，然后再单击 选择脊线 (0)，按图 6-57 所示设置脊线，其他采用默认设置。

Step7：单击 确定 按钮，完成的截面曲面的设计。

难点解析："模式"选项组提供了五种创建模式， 肩线 表示通过肩线控制截面曲线的形状； Rho 表示通过 Rho 值控制截面曲线的形状，其中 Rho 是二次曲线的参数（Rho 为 0.5 时曲线为抛物线）； 高亮显示 表示使用**起始引导线**、**终止引导线**、相切于**两条高亮显示曲线之间的一条线**及**起始和终止处的两个斜率**来创建二次截面曲面（参见图 6-58）； 四点-斜率 表示使用**起始引导线**、**终止引导线**、**两条内部曲线**及**起始引导线上的斜率**来创建二次截面曲面（参见图 6-59）； 五点 表示使用**起始引导线**、**终止引导线**及**三条内部曲线**来创建二次截面曲面。在创建截面曲面的过程中，"脊线"的作用是控制截面的方位，扫掠过程中所有截面都会与脊线垂直。

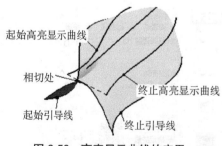

图 6-58　高亮显示曲线的应用

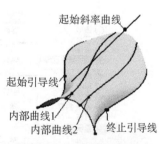

图 6-59　四点-斜率的应用

6.3.4　变化扫掠

"变化扫掠"命令的菜单路径是 插入(S) → 扫掠(W) → ✦ 变化扫掠(V)…。单元 4 已详细讲解过使用"变化扫掠"命令创建实体的操作步骤，在这里将"设置"选项组中的"体类型"设置为 片体 ▼ 就可以使用"变化扫掠"命令创建曲面，其他操作与创建实体完全相同。

6.3.5　沿引导线扫掠

"沿引导线扫掠"命令的菜单路径是 插入(S) → 扫掠(W) → ✦ 沿引导线扫掠(G)…。单元 4 已详细讲解过使用"沿引导线扫掠"命令创建实体的操作步骤，将"设置"选项组中的"体类型"设置为 片体 ▼ 就可以使用该命令创建曲面，其他操作与创建实体完全相同。

6.4　曲面操作

6.4.1　曲面复制

UG NX 提供了两种曲面复制的方法，第一种方法是：首先选择片体或实体表面，然后选择菜单 编辑(E) → 复制(C) 命令（Ctrl+C），最后选择菜单 编辑(E) → 粘贴(P)（Ctrl+V）或 选择性粘贴(E)… 命令，当使用"选择性粘贴"命令时可以使用新坐标系或输入原坐标轴上的移动量对新对象重新定位。

第二种方法是：选择菜单 插入(S) → 关联复制(A) → ✦ 抽取几何特征(E)… 命令，打开的"抽取几何特征"对话框如图 6-60 所示，将"类型"设置为 ✦ 面▼ 即可进行面或片体的复制。该命令不仅可以复制曲面，还可以复制曲线、点、基准、草图、面区域、体等几何特征，使用"类型"下拉框中"镜像体"功能也可以镜像片体或面。这种方法与第一种方法不同的是，这里抽取的面是一个个独立的片体，如果需要作为一个整体使用还需要对片体进行缝合操作。

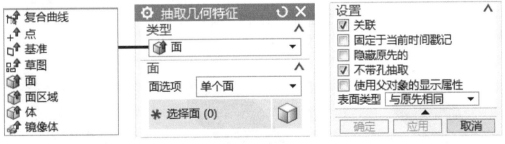

图 6-60　"抽取几何特征"对话框

6.4.2　曲面修剪

曲面修剪是采用边界对象对片体进行修剪，这里的边界对象包括曲线、基准平面、片体、实体表面等。选择菜单 插入(S) → 修剪(T) → ✦ 修剪片体(R)… 命令，打开的"修剪片体"对话框如图 6-61 所示。

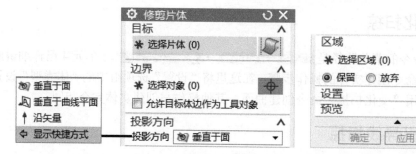

图 6-61 "修剪片体"对话框

"投影方向"下拉框用于设置当边界对象为曲线时系统对曲线的处理方式，其中 [垂直于面 ▼] 表示边界曲线沿垂直于目标片体的方向投影目标片体进行修剪；当选择 [垂直于曲线平面 ▼] 时，要求边界曲线为平面曲线（直线除外），这时边界曲线沿垂直于曲线平面的方向投影到目标片体；[沿矢量 ▼] 表示边界曲线沿矢量方向投影到目标片体进行修剪。

"修剪片体"的用法及操作步骤如下。

Step1：打开本书配套素材 train/ch6/修剪片体.prt。

Step2：选择菜单 [插入(S)] → [修剪(T)] → [修剪片体(R)]...命令，系统弹出"修剪片体"对话框；单击"目标"选项组中的 [选择片体 (0)]，在绘图区选择图 6-62 所示片体为目标片体。

Step3：单击"边界"选项组中的 [选择对象 (0)]，在绘图区选择图 6-62 所示曲线为边界曲线。

Step4：将"投影方向"设置为 [垂直于面 ▼]；选中"区域"选项组中的 ◉ [保留] 单选按钮，并单击 [选择区域 (1)]，在绘图区选择图 6-62 所示区域为保留区域。

Step5：在"设置"选项组勾选 ☑ [延伸边界对象至目标体边] 复选框，其余两个复选框不要勾选。

Step6：单击"预览"选项组中的 [显示结果 🔍] 按钮，创建的曲面修剪如图 6-63 所示。

Step7：在"预览"选项组中单击 [取消结果 ↺] 按钮，将"投影方向"设置为 [垂直于曲线平面 ▼]。

Step8：单击 [确定] 按钮，完成的曲面修剪如图 6-64 所示。

图 6-62 选择修剪片体元素　　　图 6-63　Step 6 的结果　　　图 6-64　完成的曲面修剪

6.4.3　曲面延伸

"延伸片体"既可以对片体进行延伸也可以对实体表面进行延伸。选择菜单 [插入(S)] → [修剪(T)] → [延伸片体(X)]...命令，系统弹出的"延伸片体"对话框如图 6-65 所示。

图 6-65　"延伸片体"对话框

"设置"选项组中的"曲面延伸形状"下拉框用于设置延伸部分与原片体之间的连续性，有"自然曲率""自然相切""镜像"三个选项；"边延伸形状"可以控制延伸曲面侧面边界的轮廓线，自动▼表示根据系统默认设置延伸相邻边界，相切▼表示新片体侧面边界与原片体边界相切，正交▼表示新片体侧面边界与前面选择的延伸源边界（目标边）成垂直关系；"体输出"即延伸结果可以为"延伸原片体""延伸为新面""延伸为新片体"，当延伸对象为实体表面时只能选择"延伸为新片体"。

"延伸片体"的用法举例如下。

Step1：打开本书配套素材 train/ch6/延伸片体.prt。

Step2：选择菜单 插入(S) → 修剪(T) → 延伸片体(X)... 命令，打开"延伸片体"对话框；单击"边"选项组中的 选择边(0)，将"曲线规则"设置为 单条曲线▼，在绘图区选择图 6-66 所示延伸边。

Step3："限制"设置为 偏置▼，在"偏置"文本框输入数值"3"，然后按图 6-67 设置"设置"选项组。

Step4：单击 确定 按钮，完成的新片体如图 6-66 所示。

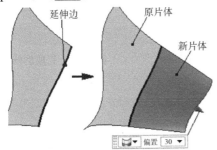

图 6-66　延伸片体示例

图 6-67　延伸片体设置

6.4.4　修剪和延伸

"修剪和延伸"可以修剪和延伸一组边或面以与另一组边或面相交。选择菜单 插入(S) → 修剪(T) → 修剪和延伸(N)... 命令，系统弹出的"修剪和延伸"对话框如图 6-68 所示。

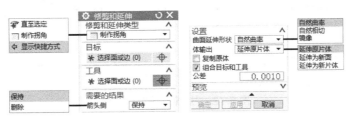

图 6-68　"修剪和延伸"对话框

"修剪和延伸"的类型有两种，制作拐角▼表示通过对选定的两个片体进行延伸或修剪并使之相交，直至选定▼表示修剪或延伸一个片体至另一个指定的工具片体；在指定目标和工具片体时，对于需要延伸的片体应选择边界，而对于需要修剪的一方则可以选择边界也可以选择片体面；在"设置"选项组中选中✓组合目标和工具复选框，可以将目标片体与工具片体合并成一个片体。

"修剪和延伸"的用法举例如下。

Step1：打开本书配套素材 train/ch6/修剪和延伸.prt。

Step2：选择菜单插入(S)→修剪(T)→修剪和延伸(N)…命令，打开"修剪和延伸"对话框；将"修剪和延伸类型"设置为直至选定▼；单击"目标"选项组中的✱选择面或边 (0)，将"曲线规则"设置为单条曲线▼，在绘图区选择图 6-69 所示的片体边界。

Step3：单击"工具"选项组中的✱选择面或边 (0)，将"面规则"设置为单个面▼，在绘图区选择图 6-69 所示的片体。

Step4：将"设置"选项组中"曲面延伸形状"设置为自然曲率▼，"体输出"设置为延伸原片体▼；单击"预览"选项组中的显示结果🔍按钮，创建的曲面修剪如图 6-70 所示。

Step5：在"预览"选项组中的撤消结果↩按钮，将"修剪和延伸类型"设置为制作拐角▼；将"需求的结果"选项组中的"箭头侧"设置为保持▼。

Step6：单击确定按钮，完成的修剪和延伸如图 6-71 所示。

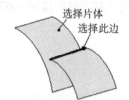

图 6-69　修剪和延伸设置

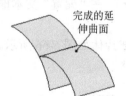

图 6-70　Step4 的结果

图 6-71　完成的修剪和延伸

6.4.5　规律延伸

"规律延伸"表示动态地或基于距离和角度规律，从基本片体创建一个规律控制的延伸，相比延伸片体可以更方便地调整延伸方向和延伸长度值。选择菜单插入(S)→弯边曲面(G)→规律延伸(L)…命令，系统弹出的"规律延伸"对话框如图 6-72 所示。

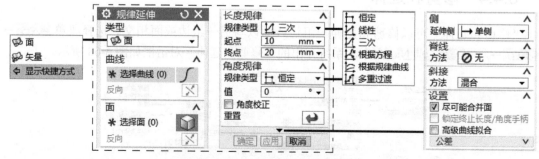

图 6-72　"规律延伸"对话框

"规律延伸"有两种类型,"面"表示沿所选面且垂直于所选曲线方向延伸,"矢量"表示沿所选矢量延伸曲面。创建规律延伸时可以选择"长度规律"及"角度规律",分别控制延伸长度值规律及与所选曲面、矢量之间夹角规律,有"恒定""线性""三次""根据方程""根据规律曲线""多重过渡"六个选项。"侧"选项组中提供"单侧""对称""不对称"三种延伸侧方式;"斜接"选项组"方法"下拉框中的选项用于控制片体拐角处的延伸。

"规律延伸"的用法举例如下。

Step1:打开本书配套素材 train/ch6/规律延伸.prt。

Step2:选择菜单 插入(S) → 弯边曲面(G) → 规律延伸(L)... 命令,打开"规律延伸"对话框;将"类型"设置为 面▼;单击"曲线"选项组中的 ✷ 选择曲线 (0),将"曲线规则"设置为 相切曲线▼,在绘图区选择图 6-73 中 A 所指向的片体边界。

Step3:单击"面"选项组中的 ✷ 选择面 (0),将"面规则"设置为 相切面 ▼,在绘图区选择图 6-73 图中 B 所指向的片体。

Step4:长度规律设置。将"规律类型"设置为 线性▼、"起点"设置为"25"、"终点"设置为"10"。

Step5:角度度规律设置。将"规律类型"设置为 三次 ▼、"起点"设置为"120"、"终点"设置为"0"。

Step6:将"延伸侧"设置为 单侧 ▼,将"脊线"选项组中"方法"设置为 无▼,将"斜接"选项组中"方法"设置为 混合▼,其他采用默认设置。

Step7:单击 确定 按钮,完成的规律延伸如图 6-74 所示。

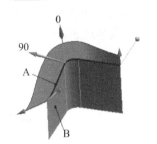

图 6-73 规律延伸元素选择

图 6-74 完成的规律延伸

6.4.6 偏置曲面

"偏置曲面"可以将实体表面或片体进行偏置得到新片体。选择菜单 插入(S) → 偏置/缩放(O) → 偏置曲面(O)... 命令,系统弹出的"偏置曲面"对话框如图 6-75 所示。

图 6-75 "偏置曲面"对话框

当对多个面或片体进行偏置时，通过"特征"选项组"输出"下拉框可以设置输出结果为一个特征或多个特征；在"设置"选项组"相切边"下拉框中，在相切边添加支撑面▼ 表示添加垂直于偏置面的一个面，位置在偏置距离为零的面与偏置距离大于零的面之间的相切边上；当偏置曲面时存在有无法偏置的面（如偏置后曲面半径小于零的情况），这时可以用"部分结果"进行处理，选中☑ 启用部分偏置 复选框，可以省略无法偏置的面、在偏置时发生自相交的面、在偏置时不与相邻边发生边匹配的面；选中☑ 动态更新排除列表 复选框，当偏置距离等参数发生变化时系统会查找重新要省略的面，如果省略的面过多会影响到新曲面的误差，"要排除的最大对象数"文本框用于设置要排除对象的阈值，这样可以尽可能地避免特征创建失败；选中☑ 局部移除问题顶点 复选框，系统将使用球形工具修剪出错顶点周围的面，球形刀具的半径可以通过下方文本框进行设置。

"偏置曲面"的用法举例如下。

Step1：打开本书配套素材 train/ch6/曲面偏置.prt。

Step2：选择菜单 插入(S) → 偏置/缩放(O) → 🔲 偏置曲面(O)... 命令，将"特征"选项组"输出"设置为 为所有面创建一个特征 ▼，将"设置"选项组"相切边"设置为 不添加支撑面 ▼，其他采用默认设置。

Step3：单击"面"选项组中的 ✱ 选择面 (0)，将"面规则"设置为 单个面 ▼，在绘图区选择图 6-76 图中 A 所指向的片体表面，在"偏置 1"文本框中输入数值"0"并按回车键。

Step4：单击添加新集 ✤，在绘图区选择图 6-76 中 B 所指向的两个片体表面，在"偏置 2"文本框中输入数值"8"并按回车键，单击反向 ✗ 按钮，使曲面偏置方向向上（见图 6-78），这时由于两个偏置面之间存在阶差（偏置值不同），系统弹出图 6-77 所示"警报"提示框。

Step5：将"设置"选项组"相切边"设置为 在相切边添加支撑面 ▼。

Step6：单击 确定 按钮，完成的偏置曲面如图 6-78 所示。

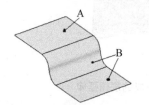

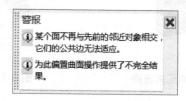

图 6-76　选择偏置曲面元素　　　图 6-77　"警报"提示框　　　图 6-78　完成的偏置曲面

6.4.7　偏置面

"偏置面"可以使一组面偏离当前位置，其本质是使用偏置方法来移动面，当操作对象为实体时通过偏置实体表面来修改原实体，当操作对象为片体时通过偏置的方法来修改原片体。选择菜单 插入(S) → 偏置/缩放(O) → 🔳 偏置面(F)... 命令，系统弹出的"偏置面"对话框如图 6-79 所示。

图 6-79　"偏置面"对话框

6.4.8　变距偏置面

通过投影至选定面（片体）的区域边界将面划分为多个区域，然后对每个区域定义偏置，这就是变距偏置面的含义。选择菜单 插入(S) → 偏置/缩放(O) → 变距偏置面(C)...命令，系统弹出的"变距偏置面"对话框如图 6-80 所示。

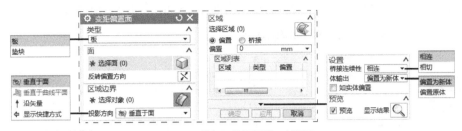

图 6-80　"变距偏置面"对话框

经划分的每个区域，用户可为其指定偏置方式—— ⊙ 偏置 或 ⊙ 桥接，前者是需要输入偏置值的普通偏置；后者表示当前区域将对相邻两个区域进行桥接，这时可以利用"设置"选项组"桥接连续性"下拉框设置连续性为 相连▼ 或 相切▼ 。"体输出"下拉框有"偏置原体"和"偏置为新片体"两个选项。

"变距偏置面"的用法举例如下。

Step1：打开本书配套素材 train/ch6/变距偏置面.prt。

Step2：打开"变距偏置面"对话框，将"类型"设置为 垫块▼ 。

Step3：将"设置"选项组"桥接连续性"设置为 相连▼ ，将"体输出"设置为 偏置原体▼ 。

Step4：单击"面"选项组中的 ✱ 选择面 (0)，将"面规则"设置为 相切面▼ ，在绘图区选择图 6-81 所示片体；单击"区域边界"选项组中的 ✱ 选择对象 (0)，在绘图区依次选择图 6-81 所示曲线 1、曲线 2，将"投影方向"设置为 垂直于面▼ ；单击"面"选项组中的 反转偏置方向 ✕ 按钮，使箭头方向（偏置方向）向上。

Step5：设置区域 1。在"区域"选项组"区域列表"中选择"Region 1"，选中 ⊙ 偏置 单选按钮，在"偏置"文本框中输入数值"4"。

Step6：设置区域 2（利用区域 2 桥接区域 1 和区域 3）。在"区域"选项组"区域列表"中选择"Region 2"，选中 ⊙ 桥接 单选按钮。

Step7：设置区域 3。在"区域"选项组"区域列表"中选择"Region 3"，选中 ⊙ 偏置 单选按钮，在"偏置"文本框输入数值"8"。

Step8：单击 确定 按钮，完成的变距偏置面如图 6-82 所示。

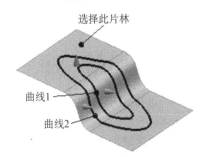

图 6-81　选择变距偏置元素

图 6-82　完成的变距偏置面

6.4.9 凸起

"凸起"也可以创建台阶曲面，与变距偏置面的区别在于凸起特征的偏置方向是指定的矢量方向，而不是与曲面垂直的方向。"凸起"就是用沿着矢量投影截面形成的面修改体，并可以选择端盖位置和形状，凸起特征对于刚性对象和定位对象很有用。选择菜单 插入(S) → 设计特征(E) → 凸起(M)...命令，系统弹出的"凸起"对话框如图 6-83 所示。

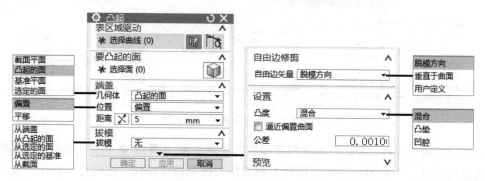

图 6-83 "凸起"对话框

"端盖"选项组用于定义限制凸起特征的地板或天花板，其中 截面平面▼ 表示截面必须是平面型曲线（如草图曲线），凸起的面▼ 表示利用待凸起面偏置或平移一定距离后的面作为端盖，基准平面▼ 表示选择一个已存在的基准平面作为端盖，选定的面▼ 表示利用选定的面偏置或平移一定距离后所得的曲面作为端盖。在"拔模"选项组"拔模"下拉框中，"无"表示侧面不拔模，其他四个选项分别表示拔模固定面为凸起的面、选定的面、选定的基准面、曲线截面。自由边指的是凸起后侧面为开口的边界，"自由边矢量"下拉框用于设置自由边凸起的方向。当端盖与要凸起的面相交时，可以使用"设置"选项组"凸度"下拉框创建带有不同类型凸度的凸起，选择 凸垫▼ 时如果矢量先碰到目标曲面，后碰到端盖曲面，则认为它是垫块；选择 凹腔▼ 项时如果矢量先碰到端盖曲面，后碰到目标，则认为它是腔，混合▼ 表示两者都是。

"凸起"的用法举例如下。

Step1：打开本书配套素材 train/ch6/凸起.prt。

Step2：选择菜单 插入(S) → 设计特征(E) → 凸起(M)...命令，打开"凸起"对话框。

Step3：单击"表区域驱动"选项组中 ✳ 选择曲线 (0)，将"曲线规则"设置为 单条曲线▼，在绘图区选择图 6-84 所示曲线；单击"要凸起的面"选项组中 ✳ 选择面 (0)，将"面规则"设置为 相切面▼，在绘图区选择图 6-84 所示片体。

Step4：将"端盖"选项组"几何体"设置为 基准平面▼，将"位置"设置为 原位▼；单击 ✳ 选择平面 (0)，在绘图区选择图 6-84 所示基准平面。

Step5：将"拔模"设置为 无 ▼，然后将"设置"选项组中"凸度"设置为 凸垫▼，单击"预览"选项组中 显示结果 🔍 按钮，创建的凸起如图 6-85 所示。

Step6：单击"预览"选项组中 撤消结果 🔁 按钮，将"设置"选项组中"凸度"设置为 凹腔▼，单击"预览"选项组中 显示结果 🔍 按钮，创建的凸起如图 6-86 所示。

Step7：单击"预览"选项组中 撤消结果 🔁 按钮，将"设置"选项组"凸度"设置为 混合▼，单击"预览"选项组中 显示结果 🔍 按钮，创建的凸起如图 6-87 所示。

Step8：单击"预览"选项组中 撤消结果 [图标] 按钮，将"端盖"选项组"几何体"设置为 [凸起的面 ▼]，"位置"设置为 [偏置 ▼]，在"距离"文本框中输入数值"5"并单击[X]按钮，使凸起方向向上。

Step9：单击 确定 按钮，最终完成的凸起特征如图 6-88 所示。

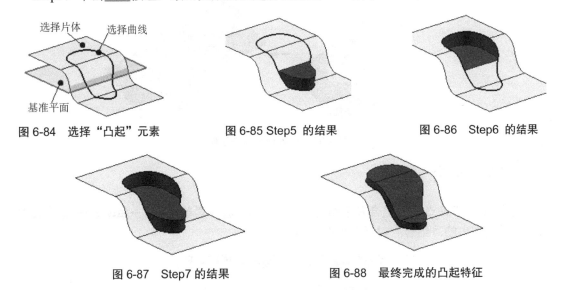

图 6-84　选择"凸起"元素　　　图 6-85 Step5 的结果　　　图 6-86　Step6 的结果

图 6-87　Step7 的结果　　　图 6-88　最终完成的凸起特征

6.5　曲面合并

使用 UG NX 建模有时需要将多个片体组合为一体，曲面合并可以通过"缝合"和"组合"两种方式来实现。其中，"缝合"用于存在公共边的片体之间的合并操作，而"组合"则可以对相交片体进行合并。如果合并后的曲面是开口状态，那么结果仍为片体；如果合并后的曲面处于封闭状态，则 UG NX 会自动将其转化为实体。

6.5.1　缝合

缝合的功能是通过将公共边缝合在一起来组合片体，或通过缝合公共面来组合实体。选择菜单 插入(S) → 组合(B) → [图标] 缝合(W)... 命令，系统弹出的"缝合"对话框如图 6-89 所示。

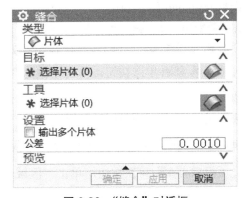

图 6-89　"缝合"对话框

目标片体只能选择一个，工具片体可以是一个或多个。当所选片体构成多个不相连区域时，可以勾选 ☑ 输出多个片体 复选框以输出多个独立的缝合片体。片体缝合操作示例如图 6-90 所示。

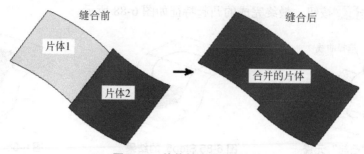

图 6-90 片体缝合操作示例

6.5.2 组合

使用"组合"命令可以组合多个相交片体的区域。选择菜单 插入(S) → 组合(B) → 组合(B)... 命令，系统弹出的"组合"对话框如图 6-91 所示。

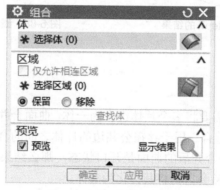

图 6-91 "组合"对话框

片体相交相互分割为多个区域，"区域"用于定义各个区域的取舍，其中 ◉ 保留 表示选中的区域为保留区域，◉ 移除 则相反；"查找体"功能用于查找片体相交后存在的封闭区域。

"组合"的用法举例如下。

Step1：打开本书配套素材 train/ch6/组合.prt。

Step2：选择菜单 插入(S) → 组合(B) → 组合(B)... 命令，打开"组合"对话框。

Step3：单击"体"选项组 ✱ 选择体 (0)，在绘图区选择图 6-92 中 A、B 所指两个片体。

Step4：选中"区域"选项组 ◉ 移除 单选按钮，单击"预览"选项组 显示结果 🔍 按钮，创建的组合特征如图 6-93 所示。

Step5：单击"预览"选项组 撤消结果 🔄 按钮，选中"区域"选项组 ◉ 保留 单选按钮，单击"预览"选项组 显示结果 🔍 按钮，创建的组合体特征如图 6-94 所示。

Step6：单击"预览"选项组 撤消结果 🔄 按钮，单击"区域"选项组 查找体 按钮。

Step7：单击 确定 按钮，完成的组合特征如图 6-95 所示。

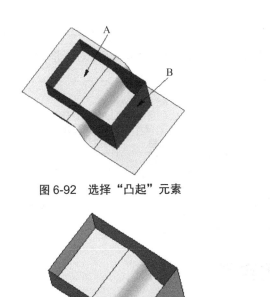

图 6-92　选择"凸起"元素

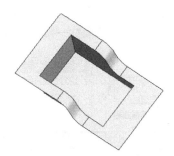

图 6-93　Step 4 的结果

图 6-94　Step 5 的结果

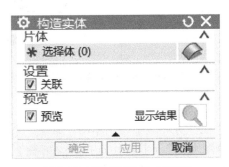

图 6-95　完成的组合特征

6.6　构造实体

"构造实体"的功能是将封闭的片体转换为实体。一般情况下 UG NX 中封闭片体（如通过组合或缝合创建的封闭片体）是会自动生成实体的，但在某些特殊情况下也会存在封闭的片体，如通过旋转得到的封闭片体就是片体而不是实体，还有就是通过复制实体表面得到的封闭片体也是不会自动转换为实体的，这时就需要使用"构造实体"功能将其转换为实体。选择菜单 插入(S) → 组合(B) → 构造实体(K)... 命令，系统弹出的"构造实体"对话框如图 6-96 所示。

图 6-96　"构造实体"对话框

6.7　分割面

"分割面"是指将片体表面或实体表面利用曲线、面、基准等分割成多个组成面。这里需要注意的是片体表面被分割后仍为一个片体而不是两个片体，只不过是一个片体包含两个面。在菜单选择 插入(S) → 修剪(T) → 分割面(D)... 命令，系统弹出的"分割面"对话框如图 6-97 所示。

图 6-97　"分割面"对话框

6.8　曲面设计综合应用实例

1．曲面设计实例 1

完成如图 6-98 所示鹅蛋体装饰件零件图。

（1）新建文件

选择菜单 文件(F) → 新建(N)... 命令，系统弹出"新建"对话框，设置"模板"类型为 模型 ，在"名称"文本框中输入文件名称 qmsj_1，单击 确定 按钮，进入建模环境。

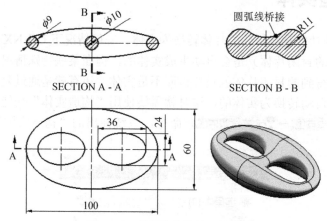

图 6-98　鹅蛋体装饰件零件图

（2）创建草绘截面 1

①选择菜单"插入"→"在任务环境中绘制草图"命令，系统弹出"创建草图"对话框。

②设置草图平面。在"草图类型"下拉框中选择 在平面上 ，在"草图平面"选项组"平面方法"下拉框中选择 自动判断 ；在"草图方向"选项组"参考"下拉框中选择"水平"；在"草图原点"选项组"原点方法"下拉框中选择 使用工作部件原点 ；在绘图区选择 XY 平面为草图平面，单击 确定 按钮，进入草图绘制环境。

③绘制图 6-99 所示两段椭圆弧，单击功能区 按钮，完成草绘截面 1（见图 6-100）。

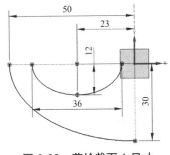

图 6-99 草绘截面 1 尺寸

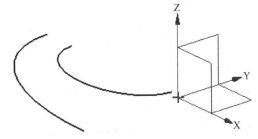

图 6-100 完成的草绘截面 1

（3）创建草绘截面 2

①选择菜单"插入"→"在任务环境中绘制草图"命令，系统弹出"创建草图"对话框。

②设置草图平面。在"草图类型"下拉框中选择 在平面上，在"草图平面"选项组"平面方法"下拉框中选择 自动判断 ；在"草图方向"选项组"参考"下拉框中选择"水平"；在"草图原点"选项组"原点方法"下拉框中选择 使用工作部件原点；在绘图区选择 XZ 平面为草图平面，单击 确定 按钮，进入草图绘制环境。

③绘制图 6-101 所示两段椭圆弧，单击功能区 按钮，完成草绘截面 2。

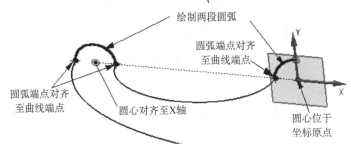

图 6-101 草绘截面 2 尺寸

（4）创建草绘截面 3

①选择菜单"插入"→"在任务环境中绘制草图"命令，系统弹出"创建草图"对话框。

②设置草图平面。在"草图类型"下拉框中选择 在平面上，在"草图平面"选项组"平面方法"下拉框中选择 自动判断 ；在"草图方向"选项组"参考"下拉框中选择"水平"；在"草图原点"选项组"原点方法"下拉框中选择 使用工作部件原点；在绘图区选择 YZ 平面为草图平面，单击 确定 按钮，进入草图绘制环境。

③绘制图 6-102 所示两段椭圆弧，单击功能区 按钮，完成草绘截面 3。

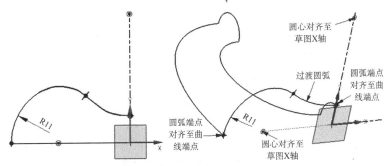

图 6-102 草绘截面 3 尺寸

下面步骤（5）～（7）创建 3 个拉伸片体，作为后续创建曲面时的相切参考。

（5）创建拉伸片体 1

①打开"拉伸"对话框，单击"表区域驱动"选项组 **✱ 选择曲线 (0)**，在绘图区选择图 6-103 所示两条曲线。

②在"方向"选项组指定"-ZC"为拉伸方向。

③在"限制"选项组"开始"下拉列表中选择 **🔲 值 ▼**，在其下面"距离"文本框输入"0"；在"结束"下拉列表中选择 **🔲 值 ▼**，在其下面"距离"文本框输入"3"；在"布尔"选项组"布尔"下拉列表中选择 **🔵无 ▼**，"体类型"设置为 **片体 ▼**，"拨模"设置为 **无 ▼**，其他参数采用系统默认设置。

④单击 **确定** 按钮，完成图 6-103 所示拉伸片体 1 的创建。

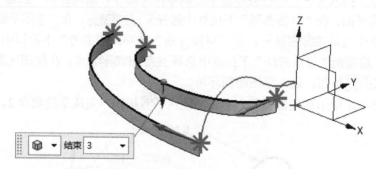

图 6-103　拉伸片体 1 的创建

（6）创建拉伸片体 2

①打开"拉伸"对话框，单击"表区域驱动"选项组 **✱ 选择曲线 (0)**，在绘图区选择图 6-104 所示两条曲线。

②在"方向"选项组指定"YC"为拉伸方向。

③在"限制"选项组"开始"下拉列表中选择 **🔲 值 ▼**，在其下面"距离"文本框输入"0"；在"结束"下拉列表中选择 **🔲 值 ▼**，在其下面"距离"文本框输入"3"；在"布尔"选项组"布尔"下拉列表中选择 **🔵无 ▼**，"体类型"设置为 **片体 ▼**，"拨模"设置为 **无 ▼**，其他参数采用系统默认设置。

④单击 **确定** 按钮，完成图 6-104 所示拉伸片体 2 的创建。

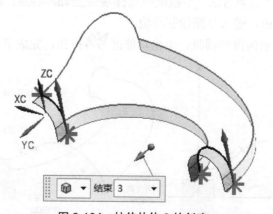

图 6-104　拉伸片体 2 的创建

（7）创建拉伸片体 3

①打开"拉伸"对话框，单击"表区域驱动"选项组 ✳ 选择曲线 (0)，在绘图区选择图 6-105 所示曲线。

②在"方向"选项组指定"XC"为拉伸方向。

③在"限制"选项组"开始"下拉列表中选择 🔲 值 ▼，在其下面"距离"文本框输入"0"，在"结束"下拉列表中选择 🔲 值 ▼，在其下面"距离"文本框输入"3"；在"布尔"选项组"布尔"下拉列表中选择 🔩 无 ▼，"体类型"设置为 片体 ▼，"拨模"设置为 无 ▼，其他参数采用系统默认设置。

④单击 确定 按钮，完成图 6-105 所示拉伸片体 3 的创建。

（8）缝合片体

选择菜单 插入(S) → 组合(B) → 🏮 缝合(W)... 命令，打开"缝合"对话框；单击"目标"选项组 ✳ 选择片体 (0)，在绘图区选择图 6-106 所示目标片体；单击"工具"选项组 ✳ 选择片体 (0)，在绘图区选择图 6-106 所示工具片体；其他接受默认设置，单击 确定 按钮，完成片体缝合。

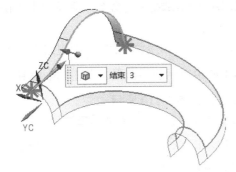

图 6-105　拉伸片体 3 的创建

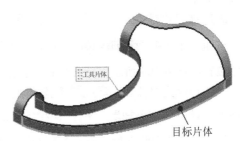

图 6-106　缝合片体

（9）创建草绘截面 4

①选择菜单"插入"→"在任务环境中绘制草图"命令，系统弹出"创建草图"对话框。

②设置草图平面。在"草图类型"下拉框中选择 🔲 在平面上，在"草图平面"选项组"平面方法"下拉框中选择 自动判断 ▼；在"草图方向"选项组"参考"下拉框中选择"水平"；在"草图原点"选项组"原点方法"下拉框中选择 使用工作部件原点；在绘图区选择 XY 平面为草图平面，单击 确定 按钮，进入草图绘制环境。

③绘制图 6-107 所示两段直线，单击功能区 🏁 按钮，完成草绘截面 4。

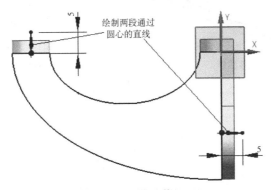

图 6-107　草绘截面 4

（10）创建投影曲线

①单击菜单 ☰ 菜单(M)▾ ，选择"插入"→ 派生曲线(U) → 🖋 投影(P)... 命令，系统弹出"投影曲线"对话框。

②选择待投影曲线。在 要投影的曲线或点 选项组单击 ✳ 选择曲线或点 (0) ，在绘图区选择刚才创建的两条直线，如图 6-108 所示。

③选择投影平面。在 要投影的对象 选项组单击 ✳ 选择对象 (0) ，在绘图区选择图 6-108 所示的两个半圆柱面。

④选择投影方向。在"方向"下拉框中选择"沿矢量"，在下方"矢量构造器"中选择"ZC"为投影方向，其余采用默认设置；单击 确定 按钮，完成图 6-108 所示投影曲线。

（11）隐藏曲线

按住 Ctrl 键，在 UG NX 窗口导航区选择前面创建的"草图（1）""草图（2）""草图（3）""草图（8）"四个草图截面，右击并选择 🖋 隐藏(H) 命令。

（12）创建桥接曲线 1

①单击菜单 ☰ 菜单(M)▾ ，选择 插入(S) → 派生曲线(U) → ⌁ 桥接(B)... 命令，系统弹出"桥接曲线"对话框。

②选择起始对象。将"曲线规则"设置为 单条曲线 ▾ ；在 起始对象 选项组选中 ◉ 截面 单选按钮，单击 ✳ 选择曲线 (0) ，在绘图区选择图 6-109 中所示起始截面，单击 ✕ 按钮，使桥接位置与图 6-109 所示保持一致；"连续性"参数设置如图 6-110 所示。

③选择终止对象。在 终止对象 选项组选中 ◉ 截面 单选按钮，单击 ✳ 选择曲线 (0) 后将"曲线规则"设置为 单条曲线 ▾ ，在绘图区选择图 6-109 中所示终止截面，单击 ✕ 按钮，使桥接位置与图 6-109 保持一致；"连续性"参数设置如图 6-110 所示。

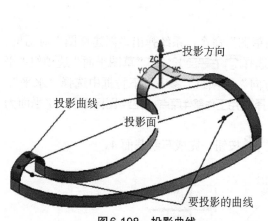

图6-108 投影曲线

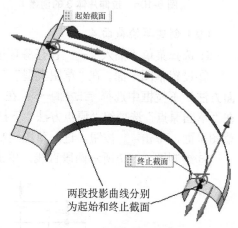

图 6-109 创建桥接曲线

图 6-110 "连接性"参数设置

④"半径约束"选项组"方法"设置为"无"；"形状控制"选项组"方法"设置为 相切幅值 ▼ ，在下方"开始"和"结束"文本输入框均输入数值"1"。

⑤设置，单击 确定 按钮，完成桥接曲线1。

（13）创建网格曲面

①指定主曲线1。选择菜单 插入(S) → 网格曲面(M) → 🔲 通过曲线网格(M)... 命令，系统弹出"通过曲线网格"对话框；单击"主曲线"选项组 ✱ 选择曲线或点 (0) ；将 UG NX 主界面"曲线规则"设置为 单条曲线 ▼ 并单击 ⊺ 按钮，使得所选曲线在交点处停止；在绘图区选择图6-111中主曲线1，单击 ✕ 按钮切换箭头方向如图所示。

②指定主曲线2。单击"主曲线"选项组添加新集 ✚ 按钮；将 UG NX 主界面"曲线规则"设置为 单条曲线 ▼ 并单击 ⊺ 按钮，使得所选曲线在交点处停止；在绘图区选择图6-111中主曲线2，单击 ✕ 按钮，切换箭头方向如图所示。

③指定交叉曲线1。单击"交叉曲线"选项组 ✱ 选择曲线 (0) ；将 UG NX 主界面"曲线规则"设置为 单条曲线 ▼ ；在绘图区选择图6-111中交叉曲线1，单击 ✕ 按钮，切换箭头方向如图所示。

④指定交叉曲线2。单击"交叉曲线"选项组添加新集 ✚ 按钮；将 UG NX 主界面"曲线规则"设置为 单条曲线 ▼ ；在绘图区选择图6-111所示交叉曲线2，单击 ✕ 按钮切换箭头方向如图所示。

⑤将"连续性"选项组"第一主线串"设置为 G1（相切）▼ ，单击 ✱ 选择面 (0) ，在绘图区选择图6-111所示相切面1。

⑥将"连续性"选项组"最后主线串"设置为 G1（相切）▼ ，单击 ✱ 选择面 (0) ，在绘图区选择图6-111所示相切面2。

⑦将"连续性"选项组"第一交叉线串"设置为 G1（相切）▼ ，单击 ✱ 选择面 (0) ，在绘图区选择图6-111所示相切面3。

⑧将"连续性"选项组"最后交叉线串"设置为 G0（位置）▼ 。

⑨单击 确定 按钮，完成图6-111所示网格曲面。

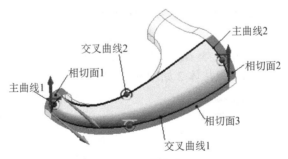

图6-111　网格曲面

（14）隐藏曲线

按住 Ctrl 键，在 UG NX 窗口导航区选择步骤（10）、（12）创建的投影曲线和桥接曲线，右击并选择 🔾 隐藏(H) 命令。

（15）创建填充曲面

①选择菜单 插入(S) → 曲面(R) → ◆ 填充曲面(L)... 命令，打开"填充曲面"对话框。

②将"形状控制"选项组"方法"设置为 无 ▼ ，将"设置"选项组"默认边连续性"设置为 G1（相切）▼ ，为提高运算速度建议将"G0 公差"文本框设置为数值"0.5"。

③单击"边界"选项组 ✳ 选择曲线 (0) ，将 UG NX 主界面"曲线规则"设置为 单条曲线▼ 并单击 忤 按钮，使得所选曲线在交点处停止，在绘图区依次选择图 6-112 所示 6 条曲面边界线。

④单击阵列 确定 按钮，创建的填充曲面如图 6-112 所示。

图 6-112　创建的填充曲面

（16）隐藏辅助曲面

按住 Ctrl 键，在 UG NX 窗口导航区选择特征"缝合（7）"，右击并选择 🧩 隐藏(H) 命令。

（17）镜像片体 1

①选择菜单 插入(S) → 关联复制(A) → 🔷 镜像几何体(G)... 命令，打开"镜像几何体"对话框。

②单击 ✳ 选择对象 (0) ，在绘图区选择图 6-113 所示源几何体。

③在"镜像平面"选项组激活 ✳ 指定平面 ，在绘图区选择 XY 平面为镜像平面。

④单击 确定 按钮，创建的镜像片体 1 如图 6-113 所示。

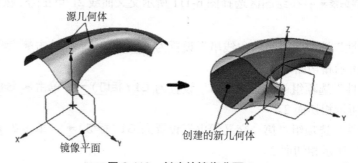

图 6-113　创建的镜像曲面 1

（18）镜像片体 2

①选择菜单 插入(S) → 关联复制(A) → 🔷 镜像几何体(G)... 命令，打开"镜像几何体"对话框。

②单击 ✳ 选择对象 (0) ，在绘图区选择图 6-114 所示源几何体。

③在"镜像平面"选项组单击 ✳ 指定平面 ，在绘图区选择 YZ 平面为镜像平面。

④单击 确定 按钮，创建的镜像片体 2 如图 6-114 所示。

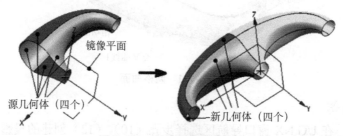

图 6-114　创建的镜像曲面 2

（19）镜像片体 3

①选择菜单 插入(S) → 关联复制(A) → 🔷 镜像几何体(G)... 命令，打开"镜像几何体"对话框。

②单击 ✱ 选择对象 (O)，在绘图区选择图 6-115 所示源几何体。

③在"镜像平面"选项组单击 ✱ 指定平面，在绘图区选择 XZ 平面为镜像平面。

④单击 确定 按钮，创建的镜像片体 3 如图 6-115 所示。

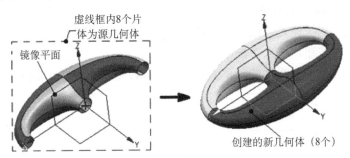

图 6-115　创建的镜像曲面 3

（20）缝合片体

选择菜单 插入(S) → 组合(B) → ▯▯ 缝合(W)... 命令，打开"缝合"对话框；单击"目标"选项组 ✱ 选择片体 (O)，在绘图区选择图 6-116 所示目标片体；单击"工具"选项组 ✱ 选择片体 (O)，在绘图区选择图 6-116 所示工具片体；其他采用默认设置，单击 确定 按钮，完成片体缝合。

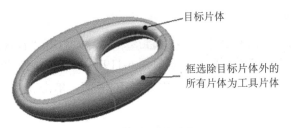

图 6-116　缝合片体

（21）保存文件

单击 🗏 菜单(M) ▾ 展开主菜单，选择 文件(F) → 🖫 保存(S) 命令（或单击工具栏 🖫 按钮）。

2．曲面设计实例 2

完成如图 6-117 所示吹风机外壳零件图。

图 6-117　吹风机外壳零件图

（1）新建文件

选择菜单 文件(F) → 🗋 新建(N)... 命令，系统弹出"新建"对话框，在"模板"选项组中选择模板类型为 📐 模型，在"名称"文本框中输入文件名称 qmsj_2，单击 确定 按钮，进入建模环境。

（2）创建草绘截面 1

①选择菜单"插入"→"在任务环境中绘制草图"命令，系统弹出"创建草图"对话框。

②设置草图平面。在"草图类型"下拉框中选择 在平面上，在"草图平面"选项组"平面方法"下拉框中选择 自动判断▼；在"草图方向"选项组"参考"下拉框中选择"水平"；在"草图原点"选项组"原点方法"下拉框中选择 使用工作部件原点；在绘图区选择 XY 平面为草图平面，单击 确定 按钮，进入草图绘制环境。

③绘制图 6-118 所示二维曲线，单击功能区 按钮，完成草绘截面 1。

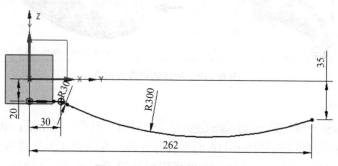

图 6-118　创建的草绘截面 1

（3）创建镜像曲线

①选择菜单 插入(S) → 派生曲线(U) → 镜像(M)... 命令，打开"镜像曲线"对话框。

②单击 曲线 选项组 选择曲线 (0)，选择图 6-119 所示镜像操作的源曲线。

③在 镜像平面 选项组 " 平面 " 下拉框中选择 现有平面，单击 选择平面 (0)，在绘图区选择 XY 平面。

④单击 确定 按钮，完成图 6-119 所示镜像曲线。

（4）创建草绘截面 2

①选择菜单"插入"→"在任务环境中绘制草图"命令，系统弹出"创建草图"对话框。

②设置草图平面。在"草图类型"下拉框中选择 在平面上，在"草图平面"选项组"平面方法"下拉框中选择 自动判断▼ ；在"草图方向"选项组"参考"下拉框中选择"水平"；在"草图原点"选项组"原点方法"下拉框中选择 使用工作部件原点；在绘图区选择 XZ 平面为草图平面，单击 确定 按钮，进入草图绘制环境。

③绘制图 6-120 所示圆弧，单击功能区 按钮，完成草绘截面 2。

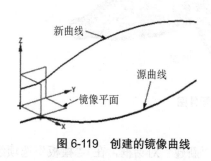

图 6-119　创建的镜像曲线　　　　　图 6-120　创建的草绘截面 2

（5）创建基准平面 1

单击菜单按钮 菜单(M)▼，选择"插入"→ 基准/点(D) → 基准平面(D)... 命令，系统弹出

"基准平面"对话框；将"类型"设置为 按某一距离 ▼ ，单击 ✳ 选择平面对象 (0) ，在绘图区选择 *XZ* 平面；在"偏置"选项组"距离"文本框中输入数值"160"；单击 确定 按钮，创建的基准面 1 如图 6-121 所示。

（6）创建草绘截面 3

①选择菜单"插入"→"在任务环境中绘制草图"命令，系统弹出"创建草图"对话框。

②设置草图平面。在"草图类型"下拉框中选择 在平面上 ，在"草图平面"选项组"平面方法"下拉框中选择 自动判断 ▼ ；在"草图方向"选项组"参考"下拉框中选择"水平"；在"草图原点"选项组"原点方法"下拉框中选择 使用工作部件原点 ；在绘图区选择上一步创建的基准平面 1 为草图平面；单击 确定 按钮，进入草图绘制环境。

③绘制图 6-122 所示样条，单击功能区 🏁 按钮，完成草绘截面 3。

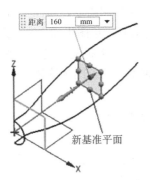

图 6-121　创建的基准平面 1

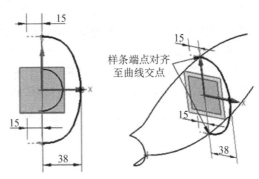

图 6-122　创建的草绘截面 3

（7）创建基准平面 2

单击菜单 ☰ 菜单(M) ▼ ，选择"插入"→ 基准/点(D) → 基准平面(D)... 命令，系统弹出"基准平面"对话框；将"类型"设置为 自动判断 ▼ ，单击 ✳ 选择对象 (0) ，在绘图区选择图 6-123 所示曲线端点和 *XZ* 平面；单击 确定 按钮，创建的基准面 2 如图 6-123 所示。

（8）创建草绘截面 4

①选择菜单"插入"→"在任务环境中绘制草图"命令，系统弹出"创建草图"对话框。

②设置草图平面。在"草图类型"下拉框中选择 在平面上 ，在"草图平面"选项组"平面方法"下拉框中选择 自动判断 ▼ ；在"草图方向"选项组"参考"下拉框中选择"水平"；在"草图原点"选项组"原点方法"下拉框中选择 使用工作部件原点 ；在绘图区选择上一步创建的基准平面 2 为草图平面；单击 确定 按钮，进入草图绘制环境。

③绘制图 6-124 所示圆弧，单击功能区 🏁 按钮，完成草绘截面 4。

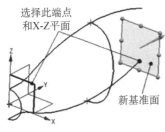

图 6-123　创建的基准平面 2

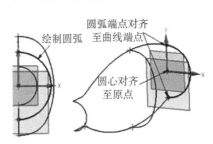

图 6-124　创建的草绘截面 4

（9）隐藏基准

在绘图区选择前面创建的基准平面 1 和基准平面 2，右击并选择 ![icon] 隐藏(H)命令。

（10）创建草绘截面 5

①选择菜单"插入"→"在任务环境中绘制草图"命令，系统弹出"创建草图"对话框。

②设置草图平面。在"草图类型"下拉框中选择 在平面上，在"草图平面"选项组"平面方法"下拉框中选择 自动判断 ；在"草图方向"选项组"参考"下拉框中选择"水平"；在"草图原点"选项组"原点方法"下拉框中选择 使用工作部件原点；在绘图区选择 YZ 基准面为草图平面，单击 确定 按钮，进入草图绘制环境。

③绘制图 6-125 所示圆弧，单击功能区 ![icon] 按钮，完成草绘截面 5。

（11）创建草绘截面 6

①选择菜单"插入"→"在任务环境中绘制草图"命令，系统弹出"创建草图"对话框。

②设置草图平面。在"草图类型"下拉框中选择 在平面上，在"草图平面"选项组"平面方法"下拉框中选择 自动判断 ；在"草图方向"选项组"参考"下拉框中选择"水平"；在"草图原点"选项组"原点方法"下拉框中选择 使用工作部件原点；在绘图区选择 YZ 基准面为草图平面，单击 确定 按钮，进入草图绘制环境。

③绘制图 6-126 所示圆弧，单击功能区 ![icon] 按钮，完成草绘截面 6。

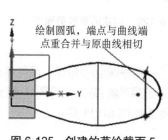

图 6-125　创建的草绘截面 5

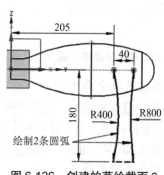

图 6-126　创建的草绘截面 6

（12）创建草绘截面 7

①选择菜单"插入"→"在任务环境中绘制草图"命令，系统弹出"创建草图"对话框。

②设置草图平面。在"草图类型"下拉框中选择 在平面上，在"草图平面"选项组"平面方法"下拉框中选择 自动判断 ；在"草图方向"选项组"参考"下拉框中选择"水平"；在"草图原点"选项组"原点方法"下拉框中选择 使用工作部件原点；在绘图区选择 XY 基准面为草图平面，单击 确定 按钮，进入草图绘制环境。

③绘制图 6-127 所示圆弧，单击功能区 ![icon] 按钮，完成草绘截面 7。

（13）创建基准平面 3

单击菜单 菜单(M) ，选择"插入"→ 基准/点(D) → 基准平面(D)...命令，系统弹出"基准平面"对话框；将"类型"设置为 自动判断 ，单击 选择对象 (0)，在绘图区选择图 6-128 所示曲线端点和 XY 平面；单击 确定 按钮完成创建，创建完成的基准面 3 如图 6-128 所示。

（14）创建草绘截面 8

①选择菜单"插入"→"在任务环境中绘制草图"命令，系统弹出"创建草图"对话框。

②设置草图平面。在"草图类型"下拉框中选择 ⬚ 在平面上，在"草图平面"选项组"平面方法"下拉框中选择 自动判断 ▼ ；在"草图方向"选项组"参考"下拉框中选择"水平"；在"草图原点"选项组"原点方法"下拉框中选择 使用工作部件原点 ；在绘图区选择上一步创建的基准平面 3 为草图平面，单击 确定 按钮，进入草图绘制环境。

③绘制图 6-129 所示草图，单击功能区按钮 🏁 ，完成草绘截面 8。

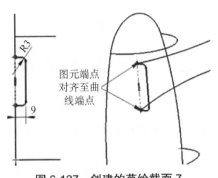

图 6-127　创建的草绘截面 7

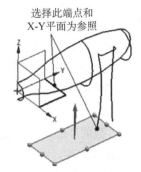

图 6-128　创建的基准平面 3

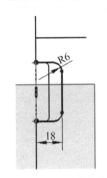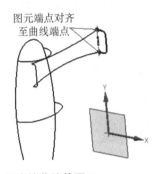

图 6-129　创建的草绘截面 8

（15）隐藏基准平面

在绘图区选择前面创建的基准平面 3，右击并选择 🔷 隐藏(H) 命令。

（16）创建网格曲面 1

①指定主曲线 1。选择菜单 插入(S) → 网格曲面(M) → ▦ 通过曲线网格(M)... 命令，系统弹出"通过曲线网格"对话框；单击"主曲线"选项组 ✳ 选择曲线或点 (0)，将 UG NX 主界面"曲线规则"设置为 单条曲线 ▼ ；在绘图区选择图 6-130 中主曲线 1（需要选 3 次），单击 ✕ 按钮，切换箭头方向如图所示。

②指定主曲线 2。单击"主曲线"选项组 添加新集 ✚ 按钮；将 UG NX 主界面"曲线规则"设置为 单条曲线 ▼ ；在绘图区选择图 6-130 中主曲线 2（需要选 3 次），单击 ✕ 按钮，切换箭头方向如图所示。

③指定交叉曲线 1。单击"交叉曲线"选项组 ✳ 选择曲线 (0)，将 UG NX 主界面"曲线规则"设置为 单条曲线 ▼ ；在绘图区选择图 6-130 中交叉曲线 1，单击 ✕ 按钮，切换箭头方向如图所示。

④指定交叉曲线 2。单击"交叉曲线"选项组 添加新集 ✚ ；将 UG NX 主界面"曲线规则"设置为 单条曲线 ▼ ；在绘图区选择图 6-130 所示交叉曲线 2，单击 ✕ 按钮，切换箭头方向

如图所示。

⑤指定交叉曲线 3。单击"交叉曲线"选项组 添加新集 ➕ 按钮；将 UG NX 主界面"曲线规则"设置为 单条曲线▾ ；在绘图区选择图 6-130 所示交叉曲线 3，单击 ✖ 按钮，切换箭头方向如图所示。

⑥将"连续性"选项组"第一主线串""最后主线串""第一交叉线串""最后交叉线串"均设置为 G0（位置）▾ 。

⑦其他采用默认设置，单击 确定 按钮，完成图 6-130 所示网格曲面。

（17）创建直纹曲面 1

①选择菜单 插入(S) → 网格曲面(M) → ▱ 通过曲线组(T)... 命令，打开"通过曲线组"对话框；单击 ✳ 选择曲线或点 (0)，在绘图区选择图 6-131 所示曲线 1，单击 ✖ 按钮，使箭头方向如图所示。

②单击"截面"选项组 添加新集 ➕ ，在绘图区选择图 6-131 所示曲线 2，单击 ✖ 按钮，使箭头方向如图所示。

③将"连续性"选项组"第一个截面"设置为 G1（相切）▾ ，单击 ✳ 选择面 (0)，在绘图区选择图 6-131 所示相切面；将"最后一个截面"设置为 G0（位置）▾ ；将"流向"设置为 未指定 ▾ 。

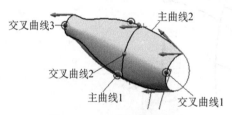

图 6-130 创建的网格曲面 1

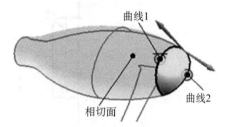

图 6-131 创建的直纹曲面 1

④设置"对齐"为 弧长 ▾ ，"输出曲面选项"和"设置"选项组的设置参考图 6-132。

⑤其他采用默认设置，单击 确定 按钮，完成的直纹曲面 1 如图 6-131 所示。

（18）缝合片体 1

选择菜单 插入(S) → 组合(B) → ▯ 缝合(W)... 命令，打开"缝合"对话框；单击"目标"选项组 ✳ 选择片体 (0)，在绘图区选择图 6-132 所示目标片体；单击"工具"选项组 ✳ 选择片体 (0)，在绘图区选择图 6-133 所示工具片体；其他采用默认设置，单击 确定 按钮，完成片体缝合。

图 16-132 输出曲面选项与设置

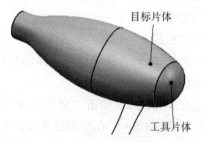

图 6-133 缝合片体 1

（19）创建凸起

①选择菜单 插入(S) → 设计特征(E) → ⊙ 凸起(M)... 命令，打开"凸起"对话框。

②单击"表区域驱动"选项组 🔲 按钮，以 YZ 作为草图平面，绘制图 6-134 所示草图截面；单击"要凸起的面"选项组 ✳ 选择面 (0)，将"面规则"设置为 单个面 ▼，在绘图区选择图 6-135 所示面。

③将"端盖"选项组"几何体"设置为 凸起的面 ▼，将"位置"设置为 偏置 ▼，在"距离"文本框输入数值"3"；单击 🗙 按钮，使偏置方向向下（−XC 方向）。

④将"拔模"设置为 从凸起的面 ▼，将"指定脱模方向"设置为"XC"，在"角度 1"文本框输入数值"15"，"拔模方法"设置为 等斜度拔模 ▼。

⑤其他采用默认设置，单击 确定 按钮，完成的凸起特征如图 6-136 所示。

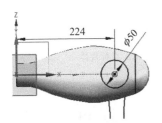

图 6-134　草绘截面

图 6-135　选择凸起面

图 6-136　凸起特征

（20）创建扫掠片体

①选择菜单 插入(S) → 扫掠(W) → 🧩 扫掠(S)... 命令，打开"扫掠"对话框。

②单击"截面"选项组 ✳ 选择曲线 (0)，将 UG NX 主界面"曲线规则"设置为 相切曲线 ▼，在绘图区选择图 6-137 所示截面 1 并单击 🗙 按钮，使箭头方向如图所示；单击 添加新集 🛖，在绘图区选择图 6-137 所示截面 2 并单击 🗙 按钮，使箭头方向如图所示。

③激活"引导线"选项组 ✳ 选择曲线 (0)，并在 UG 选择条"曲线规则"下拉框设置为 相切曲线 ▼，在绘图区选择图 6-137 所示引导线 1 并单击 🗙 按钮，使箭头方向如图所示；单击 添加新集 🛖，在绘图区选择图 6-137 所示引导线 2 并单击 🗙 按钮，使箭头方向如图所示。

④在"截面选项"选项组勾选 ☑ 保留形状 复选框，其余采用默认设置（见图 6-138）。

⑤单击 确定 按钮，完成图 6-139 所示扫掠片体的创建。

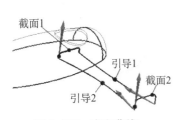

图 6-137　定义曲线

图 6-138　截面选项与设置

图 6-139　扫掠片体

（21）隐藏所有曲线

选择菜单 编辑(E) → 显示和隐藏(H) → 🔲 隐藏(H)... 命令，打开"类选择"对话框，将 UG NX 主界面"类型过滤器"设置为 曲线 ▼，框选绘图区所有曲线，单击 确定 按钮。

（22）创建 N 边曲面 1

①选择菜单 插入(S) → 曲面(R) → N边曲面... 命令，系统弹出"N 边曲面"对话框；将"类型"设置为 已修剪，单击"外环"选项组 选择曲线 (0)，将 UG NX 主界面"曲线规则"设置为 相切曲线，在绘图区选择图 6-140 所示 5 条相切边界。

②选中"设置"选项组 修剪到边界 复选框，其他采用默认设置。

③单击 确定 按钮，完成的 N 边曲面 1 如图 6-140 所示。

（23）缝合片体 2

选择菜单 插入(S) → 组合(B) → 缝合(W)... 命令，打开"缝合"对话框；单击"目标"选项组 选择片体 (0)，在绘图区选择图 6-141 所示目标片体；单击"工具"选项组 选择片体 (0)，在绘图区选择图 6-141 所示工具片体；其他采用默认设置，单击 确定 按钮，完成片体缝合。

图 6-140　N 边曲面 1

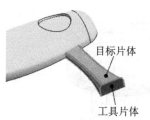

图 6-141　缝合片体 2

（24）修剪和延伸

①选择菜单 插入(S) → 修剪(T) → 修剪和延伸(N)... 命令，打开"修剪和延伸"对话框；将"修剪和延伸类型"设置为 制作拐角；单击"目标"选项组 选择面或边 (0)，将 UG NX 主界面选择条"面规则"设置为 体的面；在绘图区选择图 6-142 所示的目标面并单击 按钮，使箭头方向如图所示。

②单击"工具"选项组 选择面或边 (0)，将"选择条面规则"设置为 体的面，在绘图区选择图 6-142 所示的工具面并单击 按钮，使箭头方向如图所示。

③将"需求的结果"中箭头侧设置为 保持；将"设置"选项组"曲面延伸形状"设置为 自然曲率，将"体输出"设置为 延伸原片体，勾选 组合目标和工具 复选框。

④单击 确定 按钮，完成修剪和延伸面，如图 6-143 所示。

图 6-142　指定修剪和延伸面

图 6-143　完成的修剪和延伸面

（25）创建倒圆角 1

①选择菜单 插入(S) → 细节特征(L) → 边倒圆(E)... 命令，打开"边倒圆"对话框；在"连续性"下拉框中选择 G1（相切），在"形状"下拉框中选择 圆形，在"半径 1"文本

框中输入数值"2.2"。

②单击 ✳ 选择边 (0)，将选择条"曲线规则"设置为 相切曲线 ▼ ，在绘图区选择图 6-144 所示倒圆角边。

③勾选"设置"选项组 ☑ 移除自相交 、 ☑ 复杂几何体的补片区域 、 ☑ 限制圆角以避免失败区域 三个复选框。

④单击 确定 按钮，完成倒圆角 1 的创建。

（26）创建倒圆角 2

①选择菜单 插入(S) → 细节特征(L) → 🗔 边倒圆(E)... 命令，打开"边倒圆"对话框；在"连续性"下拉框中选择 🐘 G1（相切）▼ ，在"形状"下拉框中选择 🐘 圆形 ▼ ，在"半径 1"文本框中输入数值"1"。

②单击 ✳ 选择边 (0)，将选择条"曲线规则"设置为 相切曲线 ▼ ，在绘图区选择图 6-145 所示倒圆角边。

③勾选"设置"选项组 ☑ 移除自相交 、 ☑ 复杂几何体的补片区域 、 ☑ 限制圆角以避免失败区域 三个复选框。

④单击 确定 按钮，完成倒圆角 2 的创建。

图 6-144　倒圆角 1 角边

图 6-145　倒圆角 2 角边

（27）创建倒圆角 3

①选择菜单 插入(S) → 细节特征(L) → 🗔 边倒圆(E)... 命令，打开"边倒圆"对话框；在"连续性"下拉框中选择 🐘 G1（相切）▼ ，"形状"下拉框中选择 🐘 圆形 ▼ ，在"半径 1"文本框中输入数值"5。

②单击 ✳ 选择边 (0)，将选择条"曲线规则"设置为 相切曲线 ▼ ，在绘图区选择图 6-146 所示两条倒圆角边。

③勾选"设置"选项组 ☑ 移除自相交 、 ☑ 复杂几何体的补片区域 、 ☑ 限制圆角以避免失败区域 三个复选钮。

④单击 确定 按钮，完成的倒圆角 3 如图 6-147 所示。

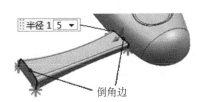

图 6-146　倒圆角 3 角边

图 6-147　完成的倒圆角 3

（28）创建 N 边曲面 2

①选择菜单 插入(S) → 曲面(R) → <kbd>N 边曲面...</kbd> 命令，系统弹出"N 边曲面"对话框；将"类型"设置为 <kbd>已修剪 ▼</kbd>，单击"外环"选项组 <kbd>* 选择曲线 (0)</kbd>，将 UG NX 主界面"曲线规则"设置为 <kbd>相切曲线 ▼</kbd>，在绘图区选择图 6-148 所示边界曲线。

②选中"设置"选项组 <kbd>☑ 修剪到边界</kbd> 复选框，其他接受默认设置。

③单击 <kbd>确定</kbd> 按钮，完成的 N 边曲面 2 如图 6-148 所示。

（29）创建 N 边曲面 3

①选择菜单 插入(S) → 曲面(R) → <kbd>N 边曲面...</kbd> 命令，系统弹出"N 边曲面"对话框；将"类型"设置为 <kbd>已修剪 ▼</kbd>，单击"外环"选项组 <kbd>* 选择曲线 (0)</kbd>，将 UG NX 主界面"曲线规则"设置为 <kbd>相切曲线 ▼</kbd>，在绘图区选择图 6-149 所示边界曲线。

②选中"设置"选项组 <kbd>☑ 修剪到边界</kbd> 复选框，其他接受默认设置。

③单击 <kbd>确定</kbd> 按钮，完成的 N 边曲面 3 如图 6-149 所示。

图 6-148　完成的 N 边曲面 2

图 6-149　完成的 N 边曲面 3

（30）缝合片体 3

选择菜单 插入(S) → 组合(B) → <kbd>缝合(W)...</kbd> 命令，打开"缝合"对话框；单击"目标"选项组 <kbd>* 选择片体 (0)</kbd>，在绘图区选择图 6-150 所示目标片体；单击"工具"选项组 <kbd>* 选择片体 (0)</kbd>，在绘图区选择图 6-150 所示两个工具片体；其他接受默认设置，单击 <kbd>确定</kbd> 按钮，完成片体缝合。

（31）创建壳特征

①选择菜单 插入(S) → 偏置/缩放(O) → <kbd>抽壳(H)...</kbd> 命令，打开"抽壳"对话框，在"类型"下拉框中选择 <kbd>移除面，然后抽壳 ▼</kbd>。

②单击"要穿透的面"选项组 <kbd>* 选择面 (0)</kbd>，将选择条"面规则"设置为 <kbd>单个面 ▼</kbd>，在绘图区选择图 6-151 所示两个端面为穿透面，在 "厚度"文本框中输入数值"2"。

③单击 <kbd>确定</kbd> 按钮，完成的壳体特征如图 6-152 所示。

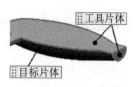

图 6-150　缝合片体 3

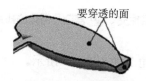

图 6-151　创建壳特征

图 6-152　完成的壳体特征

（32）创建拉伸孔 1

①单击 <kbd>菜单(M) ▼</kbd> 展开主菜单，选择 插入(S) → 设计特征(E) → <kbd>拉伸(E)...</kbd> 命令（或单击工具栏 <kbd>按钮</kbd>）打开"拉伸"对话框；单击"拉伸"对话框中的"绘制截面" <kbd>按钮</kbd>，系统弹出"创建草图"对话框，选择 YZ 平面为草图平面，单击 <kbd>确定</kbd> 按钮。

②绘制图 6-153 所示草绘截面，单击工具栏 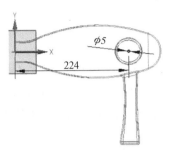 按钮，返回"拉伸"对话框；在"方向"选项组指定"XC"为拉伸方向；在"限制"选项组"开始"下拉列表中选择 值 ▼ ，在其下方"距离"文本框中输入数值"0"，在"结束"下拉列表中选择 贯通 ▼ ；在"布尔"选项组"布尔"下拉列表中选择 减去 ▼ ；"体类型"设置为 实体 ▼ ；其他参数采用系统默认设置，单击 确定 按钮，完成图 6-154 所示拉伸孔 1 的创建。

图 6-153　拉伸孔 1 草图

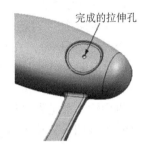

图 6-154　完成的拉伸孔 1

（33）创建拉伸孔 2

①打开"拉伸"对话框，单击"绘制截面"按钮 ，系统弹出"创建草图"对话框，选择 YZ 平面为草图平面，单击 确定 按钮。

②绘制图 6-155 所示草绘截面，单击工具栏 按钮，返回"拉伸"对话框；在"方向"选项组指定"XC"为拉伸方向；在"限制"选项组"开始"下拉列表中选择 值 ▼ ，在其下方"距离"文本框中输入数值"0"，在"结束"下拉列表中选择 贯通 ▼ ；在"布尔"选项组"布尔"下拉列表中选择 减去 ▼ ；"体类型"设置为 实体 ▼ ；其他参数采用系统默认设置，单击 确定 按钮，完成图 6-157 所示拉伸孔 2 的创建。

（34）创建拉伸孔 3

①打开"拉伸"对话框，单击"绘制截面" 按钮，系统弹出"创建草图"对话框，选择 YZ 平面为草图平面，单击 确定 按钮。

②绘制图 6-156 所示草绘截面，单击工具栏 按钮，返回"拉伸"对话框；在"方向"选项组指定"XC"为拉伸方向；在"限制"选项组"开始"下拉列表中选择 值 ▼ ，在其下方"距离"文本框中输入数值"0"，在"结束"下拉列表中选择 贯通 ▼ ；在"布尔"选项组"布尔"下拉列表中选择 减去 ▼ ；"体类型"设置为 实体 ▼ ；其他参数采用系统默认设置，单击 确定 按钮，完成图 6-157 所示拉伸孔 3 的创建。

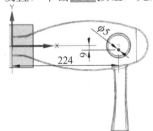

图 6-155　拉伸孔 2 草图

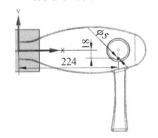

图 6-156　拉伸孔 3 草图

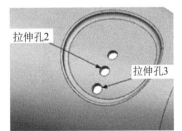

图 6-157　完成的拉伸孔 2 和 3

（35）创建阵列特征 1

①选择菜单 插入(S) → 关联复制(A) → 阵列特征(A)… 命令，打开"阵列特征"对话框。

②单击 ✳ 选择特征 (0)，在绘图区选择图 6-157 所示拉伸孔 2 为阵列源对象。

③在"阵列定义"选项组"布局"下拉框选择 ○ 圆形 ▼，单击"旋转轴"选项组 ✳ 指定矢量，选择绘图区拉伸孔 1 表面以指定它的轴为圆形阵列的矢量，在"间距"下拉框中选择 数量和间隔 ▼，在下方文本框中输入数量为"6"，节距角为"60"；在"方位"下拉框中选择 遵循阵列 ▼。

④单击 确定 按钮，完成的陈列特征 1 如图 6-158 所示。

（36）创建阵列特征 2

①打开"阵列特征"对话框。

②单击 ✳ 选择特征 (0)，在绘图区选择图 6-157 所示拉伸孔 3 为阵列源对象。

③在"阵列定义"选项组"布局"下拉框中选择 ○ 圆形 ▼，单击"旋转轴"选项组 ✳ 指定矢量，选择绘图区拉伸孔 1 表面以指定它的轴为圆形阵列的矢量，在"间距"下拉框中选择 数量和间隔 ▼，在下方文本框中输入数量为"12"，节距角为"30"；在"方位"下拉框中选择 遵循阵列 ▼。

④单击 确定 按钮，完成的阵列特征 2 如图 6-159 所示。

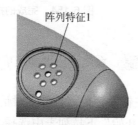
图 6-158　阵列特征 1

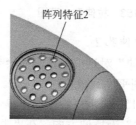
图 6-159　阵列特征 2

（37）创建拉伸线槽

①打开"拉伸"对话框，单击"绘制截面" 🔲 按钮，系统弹出"创建草图"对话框，选择 XY 平面为草图平面，单击 确定 按钮。

②绘制图 6-160 所示草绘截面，单击工具栏 🏁 按钮，返回"拉伸"对话框；在"方向"选项组指定"-ZC"为拉伸方向；在"限制"选项组"开始"下拉列表中选择 🔲 值 ▼，在其下方"距离"文本框中输入数值"0"，在"结束"下拉列表中选择 🔲 贯通 ▼；在"布尔"选项组"布尔"下拉列表中选择 🔲 减去 ▼；"体类型"设置为 实体 ▼；其他参数采用系统默认设置，单击 确定 按钮，完成图 6-161 所示拉伸线槽的创建。

（38）保存文件

单击 🔳 菜单(M) ▼ 展开主菜单，选择 文件(F) → 🔲 保存(S) 命令（或单击工具栏 🔲 按钮）。

图 6-160　拉伸线槽草图

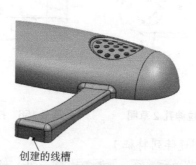
图 6-161　完成的拉伸线槽

单元 7　特征操作与同步建模

7.1　阵列

将几何元素做规律排列称为阵列，根据阵列对象的不同阵列可分为阵列特征、阵列面和阵列几何特征三种类型。

1. 阵列特征

新建一个模型文档，选择菜单 插入(S) → 关联复制(A) → 阵列特征(A)... 命令，可打开如图 7-1 所示的"阵列特征"对话框。

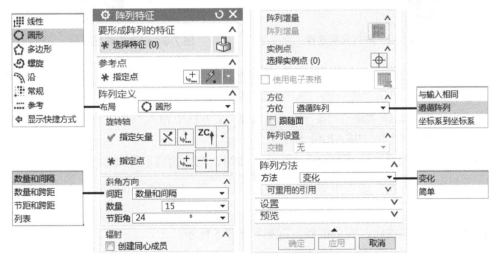

图 7-1　"阵列特征"对话框

在"阵列特征"对话框中，"布局"下拉框共提供 7 个选项，分别是 线性（沿线性排列）、圆形（沿圆形排列）、多边形（沿多边形排列）、螺旋（沿平面螺旋线排列）、沿（沿曲线排列）、常规（通过点到点实现排列）、参考（使用已有阵列作为样板定义新的阵列）。

"方位"下拉框共提供 3 个选项，其中"与输入相同"表示阵列得到的个体与原特征方位相同；"遵循阵列"表示与阵列轨迹线的方位保持恒定，例如在圆形阵列时，阵列的新特征相对于阵列圆的方位与源特征相对于阵列圆的方位相同；"坐标系到坐标系"表示阵列的新特征相对于目标坐标系的方位与源特征相对于起始坐标系的方位相同。

下面举例说明阵列特征创建的一般步骤。

1）线性阵列与圆形阵列

Step1：打开本书配套素材 train/ch7/阵列特征 1.prt。

Step2：选择菜单 插入(S) → 关联复制(A) → 阵列特征(A)... 命令，打开"阵列特征"对话框。

Step3：单击 ✳ 选择特征 (0) ，在绘图区选择图 7-2 所示拉伸特征为阵列源对象；单击 ✳ 指定点 ，在绘图区选择图 7-2 所示圆心为特征参考点。

Step4：在"阵列定义"选项组"布局"下拉框中选择 线性 ▼ ，单击"方向 1" ✳ 指定矢量 ，在绘图区选择 X 轴为第一阵列方向，在"间距"下拉框中选择 数量和间隔 ▼ ，在下方"数量"文本框中输入"4"，"节距角"设置为"15"；勾选 ☑ 使用方向 2 复选框，单击"方向 2" ✳ 指定矢量 ，绘图区选择 X 轴为第二阵列方向，在"间距"下拉框中选择 数量和间隔 ▼ ，在"数量"文本框中输入"3"，"节距角"设置为"15"。

Step5：单击"预览"选项组 显示结果 🔍 按钮，创建的线性阵列如图 7-3 所示。

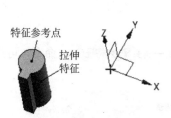

特征参考点
拉伸特征

图 7-2　阵列元素选择

图 7-3　创建的线性阵列

Step6：单击"预览"选项组 撤消结果 ↩ 按钮，在"阵列定义"选项组"布局"下拉框中选择 ○ 圆形 ▼ ；单击"旋转轴"选项组 ✳ 指定矢量 ，在绘图区选择 Z 轴为阵列的旋转轴；在"间距"下拉框中选择 数量和间隔 ▼ ，在"数量"文本框中输入"6"，"节距角"设置为"60"；在"方位"下拉框中选择 与输入相同 ▼ 。

Step7：单击"预览"选项组 显示结果 🔍 按钮，创建的圆形阵列如图 7-4 所示。

Step8：单击"预览"选项组 撤消结果 ↩ 按钮，在"方位"下拉框中选择 遵循阵列 ▼ ，其他设置不变。

Step9：单击 确定 按钮，完成的圆形阵列如图 7-5 所示。

图 7-4　步骤 6 的结果

图 7-5　步骤 9 的结果

2）多边形阵列

Step1：打开本书配套素材 train/ch7/阵列特征 1.prt。

Step2：打开"阵列特征"对话框。

Step3：单击 ✳ 选择特征 (0)，在绘图区选择图 7-2 所示拉伸特征为阵列源对象；单击
✳ 指定点，在绘图区选择图 7-2 所示圆心为特征参考点。

Step4：在"阵列定义"选项组"布局"下拉框中选择 ⬡ 多边形 ▼，单击 ✳ 指定矢量，在
绘图区选择 Z 轴为多边形旋转轴；将"多边形定义"选项组"边数"设置为"4"；在"间距"
下拉框中选择 每边数目 ▼，"数量"设置为"3"、"跨距"设置为"360°"，如图 7-6 所示。

Step5：单击 确定 按钮，完成的多边形阵列如图 7-7 所示。

图 7-6   多边形定义

图 7-7   多边形阵列结果

3）螺旋阵列

Step1：打开本书配套素材 train/ch7/阵列特征 1.prt。

Step2：打开"阵列特征"对话框。

Step3：单击 ✳ 选择特征 (0)，在绘图区选择图 7-2 所示拉伸特征为阵列源对象；单击
✳ 指定点，在绘图区选择图 7-2 所示圆心为特征参考点。

Step4：在"阵列定义"选项组"布局"下拉框中选择 🌀 螺旋 ▼，单击 ✳ 指定平面法向，
在绘图区选择 Z 轴为平面法向；单击 ✳ 参考矢量，在绘图区选择 Z 轴为参考矢量；在"方向"
下拉框中选择 左手 ▼，在"螺旋大小定义依据"下拉框中选择 圈数 ▼，将"圈数""径向节
距""螺旋向节距""旋转角度"分别设为"2""30""15""45"，如图 7-8 所示。

Step5：单击"预览"选项组 显示结果 🔍 按钮，创建的圆形阵列如图 7-9 所示。

图 7-8   阵列定义

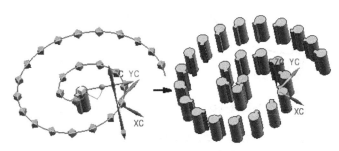

图 7-9   步骤 5 的结果

Step6：单击"预览"选项组撤消结果 按钮， 单击选择实例点 (0)，在绘图区选择图 7-10 所示阵列实例，在选中的实例上右击并选择"指定变化"命令，系统弹出图 7-11 所示"变化"对话框，在"Object"列表中选择"Arc1 上的直径尺寸"并将其值改为"12"。

Step7：单击确定按钮，完成的螺旋阵列如图 7-12 所示。

图 7-10　实例点设置

图 7-11　"变化"对话框设置

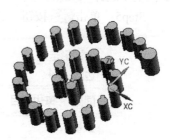

图 7-12　步骤 7 的结果

4）沿曲线（链）阵列

Step1：打开本书配套素材 train/ch7/阵列特征 2.prt。

Step2：打开"阵列特征"对话框。

Step3：单击 ✱ 选择特征 (0)，在绘图区选择图 7-13 所示拉伸特征为阵列源特征；单击 ✱ 指定点，在绘图区选择图 7-13 所示圆心为特征参考点。

Step4：在"阵列定义"选项组"布局"下拉框中选择 沿 ▼，在"路径方法"下拉框中选择 偏置 ▼；单击"方向 1" ✱ 选择路径 (0)，在绘图区选择图 7-13 所示曲线为阵列路径；在"间距"下拉框中选择 数量和间隔 ▼，在"位置"下拉框中选择 弧长百分比 ▼，"数量"设置为"6"，"步距百分比"设置为"20"，如图 7-14 所示。

Step5：单击确定按钮，完成的沿曲线阵列如图 7-15 所示。

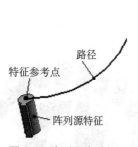

图 7-13　阵列要素选择

图 7-14　阵列定义

图 7-15　沿曲线阵列结果

5）点（坐标系）到点（坐标系）的阵列

Step1：打开本书配套素材 train/ch7/阵列特征 3.prt。

Step2：打开"阵列特征"对话框。

Step3：单击 ✱ 选择特征 (0) ，在绘图区选择图 7-16 所示拉伸特征为阵列源特征；单击
✱ 指定点 ，在绘图区选择图 7-16 左所示圆心为特征参考点。

Step4：在"阵列定义"选项组"布局"下拉框中选择 ⠿ 常规 ▼ ，在"从"选项组"位置"下拉框中选择 点 ▼ ；单击"从"选项组 ✱ 指定点，在绘图区选择图 7-16（a）所示点 1 为起始点；单击"至"选项组 ✱ 指定点，在绘图区选择图 7-16（a）所示点 2 为目标点。

Step5：单击 确定 按钮，完成的阵列特征如图 7-16（b）所示。

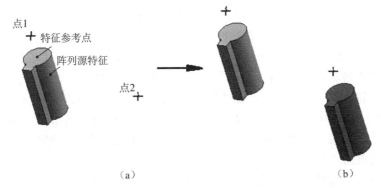

（a） （b）

图 7-16 点到点的阵列

2. 阵列面

新建一个模型文档，选择菜单 插入(S) → 关联复制(A) → ⬡ 阵列面(F)... 命令，打开"阵列面"对话框。"阵列面"与"阵列特征"使用方法基本相同，所不同的是"阵列面"是对所选实体表面进行阵列并将得到的新面与原实体连接生成新的实体。

下面举例说明阵列面创建的一般步骤。

Step1：打开本书配套素材 train/ch7/阵列面.prt。

Step2：打开"阵列面"对话框。

Step3：单击 ✱ 选择面 (0) ，在绘图区选择图 7-17 所示 6 个面为阵列源对象。

Step4：在"阵列定义"选项组"布局"下拉框中选择 ○ 圆形 ▼ ，单击 ✱ 指定矢量 ，在绘图区选择 Z 轴为阵列旋转轴；单击 ✱ 指定点 ，在绘图区选择坐标原点为阵列中心点；在"间距"下拉框中选择 数量和间隔 ▼ ，在下方文本框输入数量为"6"，"节距角"设置为"60"；在"方位"下拉框中选择 遵循阵列 ▼ 。

Step5：单击 确定 按钮，创建的阵列面如图 7-18 所示。

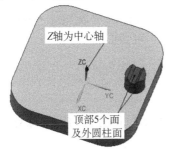

图 7-17 阵列面元素选择

图 7-18 阵列面结果

3. 阵列几何特征

阵列几何特征是将几何体复制到阵列或布局（线性、圆形、多边形等）中的方法，这里的几何体指的是由一个或多个特征进行布尔运算组成的形体，也可以是片体。新建一个模型文档，选择菜单 插入(S) → 关联复制(A) → 🎛 阵列几何特征(T)... 命令，打开"阵列几何特征"对话框。"阵列几何特征"与"阵列特征"使用方法基本相同，所不同的是"阵列几何特征"的操作源对象是几何体而不是单个独立的特征。

下面举例说明阵列几何特征创建的一般步骤。

Step1：打开本书配套素材 train/ch7/阵列几何特征.prt。

Step2：打开"阵列几何特征"对话框。

Step3：单击 ✱ 选择对象 (0)，在绘图区选择图 7-19（a）所示几何体。

Step4：在"阵列定义"选项组"布局"下拉框中选择 ⊞ 线性 ▼，单击"方向 1" ✱ 指定矢量，在绘图区选择 X 轴为第一阵列方向，在"间距"下拉框中选择 数量和间隔 ▼，"数量"设置为"3"，"节距"设置为"40"；在"方向 2"勾选 ☑ 使用方向 2 复选框，单击"方向 2" ✱ 指定矢量，在绘图区选择 Y 轴为第二阵列方向，在"间距"下拉框中选择 数量和间隔 ▼，"数量"设置为"4"，"节距"设置为"40"。

Step5：单击 确定 按钮，创建的阵列几何特征如图 7-19（b）所示。

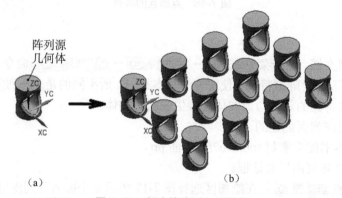

（a）　　　　　　　　　　　　　　（b）

图 7-19　创建的阵列几何特征

7.2　镜像

1. 镜像特征

复制特征并跨平面进行镜像的操作称为镜像特征。选择菜单 插入(S) → 关联复制(A) → 🐠 镜像特征(R)... 命令，可打开如图 7-20 所示的"镜像特征"对话框。

镜像特征创建的一般步骤如下。

Step1：打开本书配套素材 train/ch7/镜像特征.prt。

Step2：打开"镜像特征"对话框。

Step3：单击 ✱ 选择特征 (0)，在绘图区选择图 7-21 所示拉伸特征为镜像源对象；单击 ✱ 指定点，在绘图区选择图 7-21 所示圆心为特征参考点。

Step4：在"镜像平面"选项组"平面"下拉框中选择 现有平面▼ ，单击 ✳ 选择平面 (0)，在绘图区选择 *XZ* 平面为镜像平面。

Step5：单击 确定 按钮，完成的镜像特征如图 7-22 所示。

图 7-20　"镜像特征"对话框

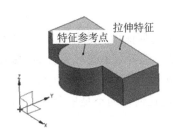

图 7-21　镜像元素选择

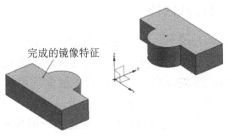

图 7-22　完成的镜像特征

难点解析：有时候我们希望通过对已存在的坐标系进行镜像得到一个新坐标系，在"设置"选项组中可以设置新坐标系的坐标轴指向。该选项组共提供三种方法，即"镜像 *Y* 和 *Z*，派生 *X*""镜像 *Z* 和 *X*，派生 *Y*""镜像 *X* 和 *Y*，派生 *Z*"。

2. 镜像面

复制面并跨平面进行镜像的操作称为镜像面。选择菜单"插入"→"关联复制"→"镜像面"命令，可打开如图 7-23 所示的"镜像面"对话框。

图 7-23　"镜像面"对话框

镜像面创建的一般步骤如下。

Step1：打开本书配套素材 train/ch7/镜像面.prt。

Step2：打开"镜像面"对话框。

Step3：单击 "面"选项组 ✳ 选择面 (0)，在绘图区选择图 7-24 所示 2 个曲面为镜像源曲面。

Step4：在"镜像平面"选项组"平面"下拉框中选择 现有平面▼ ，单击 ✳ 选择平面 (0)，

在绘图区选择 *XZ* 平面为镜像平面。

Step5：单击 确定 按钮，完成的镜像目标面如图 7-24 所示。

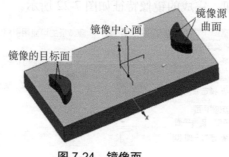

图 7-24　镜像面

3．镜像几何体

复制体并跨平面进行镜像的操作称为镜像几何体，这里的几何体指的是由一个或多个特征进行布尔运算组成的形体，也可以是片体。新建一个模型文档，选择菜单 插入(S) → 关联复制(A) → ⬡ 镜像几何体(G)... 命令，可打开"镜像几何体"对话框。"镜像几何体"与 "镜像特征"使用方法基本相同，所不同的是"镜像几何体"的操作源对象是几何体而不是单个独立的特征。

下面举例说明镜像几何体创建的一般步骤。

Step1：打开本书配套素材 train/ch7/镜像几何体.prt。

Step2：打开"镜像几何体"对话框。

Step3：单击 ✳ 选择对象 (0)，在绘图区选择图 7-25 图所示源几何体。

Step4：在"镜像平面"选项组单击 ✳ 指定平面，在绘图区选择 *XZ* 平面为镜像平面。

Step5：单击 确定 按钮，创建的镜像几何体如图 7-25 所示。

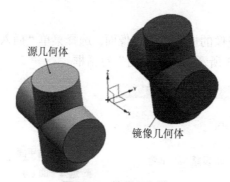

图 7-25　镜像几何体

7.3　同步建模

1．移动面

移动面是通过移动一组面并调整要适应的相邻面来改变实体的形状，使用此工具也可以对片体进行偏置。新建一个模型文档，选择菜单 插入(S) → 同步建模(Y) → ⬡ 移动面(M)... 命令，可打开"移动面"对话框，如图 7-26 所示。移动面的各项设置都集中在"移动面"对话框中，现对该对话框中的主要参数设置说明如下。

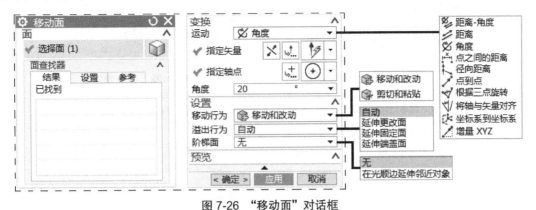

图 7-26　"移动面"对话框

1）面查找器

"面查找器"用于根据面的几何形状与选定面的比较结果来选择面。

➢ "参考"选项卡：列出可以参考的坐标系（用于指定对称平面及动态操控器手柄的初始方位）。

➢ "设置"选项卡：列出用户可以用来选择相关面的几何条件。如果选择一个几何条件，则"结果"选项卡将列出选中的面。

➢ "结果"选项卡：列出建议面，当用户将光标移到列表中的选项上时，相应的面会在图形窗口中高亮显示。可以选择相应复选框来选择高亮显示的面。

注释：只有选中"**设置**"选项卡中的"**使用面查找器**"复选框时，"**结果**"选项卡中"**已找到**"的面才可用。

2）变换

"变换"为选定要移动的面提供线性和角度变换方法。

➢ "运动"下拉框：包括 距离-角度、 距离、 角度、 点之间的距离、 点到点等选项，为选定要移动的面提供了 10 种线性和角度变换方法。

3）设置

➢ "移动行为"下拉框：选择"移动和改动"可移动一组面并改动相邻面，选择"剪切和粘贴"可以移动一组面而不改动相邻面。

➢ "溢出行为"下拉框：用于控制移动的面的溢出特性，以及它们与其他面的交互方式。

自动 ：拖动选定的面，使选定的面或入射面开始延伸，具体取决于哪种结果对体积和面积造成的更改最小。

延伸更改面 ：将移动面延伸到遇到的其他面，或将其移动过遇到的其他面，如图 7-27 所示。

延伸固定面 ：延伸移动面至遇到固定面，如图 7-28 所示。

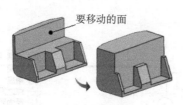

图 7-27　延伸更改面

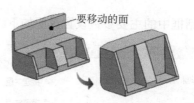

图 7-28　延伸固定面

延伸端盖面 ▼：对移动面加端盖并允许产生延展边，如图 7-29 所示。

➢ "阶梯面"下拉框：允许用户控制相邻面的延伸。

无 ▼：不添加阶梯面。图 7-30 表示"溢出行为"选择"延伸端盖面"时不添加阶梯面情况的示意。

在光顺边延伸邻近对象 ▼：延伸靠近运动面的光顺边的面，如图 7-31 所示。

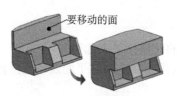

图 7-29　延伸端盖面

图 7-30　不添加阶梯面

图 7-31　在光顺边延伸邻近对象

下面举例说明移动面的操作。

Step1：打开本书配套素材 train/ch7/移动面.prt。

Step2：打开"移动面"对话框。

Step3：在"面查找器"的"设置"选项卡中勾选 ☑ 🔩 使用面查找器 复选框；单击 "面"选项组 ✳ 选择面 (0)，将"选择条面规则"设置为 单个面 ▼，在绘图区选择图 7-32 所示移动面。

Step4：将"变换"选项组"运动"设置为 ⬚ 距离 ▼；单击 ✳ 指定矢量，选择 ZC 为矢量方向；在"距离"文本框中输入数值"15"；"设置"选项组中相关项的设置如图 7-33 所示。

Step5：单击"预览"选项组 显示结果 🔍 按钮，创建的移动面如图 7-34 所示。

图 7-32　选择移动面

图 7-33　"设置"选项组的设置

图 7-34　步骤 5 的结果

Step6：单击"预览"选项组 撤消结果 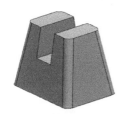 按钮，在"面查找器"的"结果"选项卡中勾选 ☑ 🗋 共面 (2) 复选框；单击"预览"选项组 显示结果 🔍 按钮，显示结果如图 7-35 所示。

Step7：单击"预览"选项组 撤消结果 按钮，在"面查找器"的"结果"选项卡中勾选 ☑ 🗋 偏置 (3) 复选框，显示结果如图 7-36 所示。

Step8：单击 确定 按钮，创建的移动面如图 7-37 所示。

图 7-35　步骤 6 的结果　　　　图 7-36　步骤 7 的结果　　　　图 7-37　创建的移动面

2. 拉出面

新建一个模型文档，选择菜单 插入(S) → 同步建模(Y) → 🗋 拉出面(P)... 命令，可打开"拉出面"对话框（见图 7-38）。拉出面的操作与移动面相似，选择一个面，然后从"运动"下拉框中选择一种运动方法、输入拉出距离就可以完成拉出面的操作，所不同的是对相邻面的处理不同。

下面仍以上文案例来说明拉出面的操作。

Step1：打开本书素材 train/ch7/移动面.prt。

Step2：打开"拉出面"对话框。

Step3：单击 "面" 选项组 ✳ 选择面 (0)，将选择条"面规则"设置为 单个面 ▼，在绘图区选择图 7-32 所示移动面。

Step4：将"变换"选项组"运动"设置为 🖋 距离 ▼；单击 ✳ 指定矢量，选择 ZC 为矢量方向；在"距离"文本框中输入数值"15"。

Step5：单击 确定 按钮，创建的拉出面如图 7-39 所示。

图 7-38　"拉出面"对话框

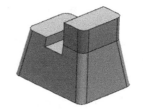

图 7-39　创建的拉出面

3. 偏置区域

新建一个模型文档，选择菜单 插入(S) → 同步建模(Y) → 🗋 偏置区域(O)... 命令，可打开"偏置区域"对话框。"偏置区域"与"移动面"的区别在于操作过程对被移动面的曲率半径的影响不同。这里以本书配套素材 train/ch7/偏置区域.prt 为例，如图 7-40 所示，将图中半径为 25 的圆弧面做距离为 10 的偏置区域操作，完成后圆弧面半径变为了 15；而如果采用移动面操作则前后半径是不变的，读者可以尝试一下。

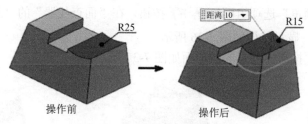

图 7-40 "偏置区域"操作示意

4. 替换面

替换面是指用一个现有面替换一个原始面。新建一个模型文档，选择菜单 插入(S) → 同步建模(Y) → 替换面(R)... 命令，可打开"替换面"对话框，如图 7-41 所示。替换面的各项设置都集中在"替换面"对话框中，现对该对话框中"设置"选项组的相关参数设置说明如下。

➤ "溢出行为"下拉框：使用方法同移动面。

➤ "自由边投影"下拉框：自由边是指该边除原始面没有别的面与之相邻，图 7-42 中当使用图示面为原始面时，则图中两条侧边为自由边。

垂直于面 ▼ ：自由边沿着与原始面垂直的方向投射至替换面。

沿矢量 ▼ ：自由边沿指定的矢量方向投射至替换面。

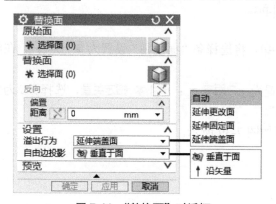

图 7-41 "替换面"对话框

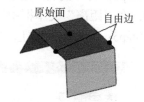

图 7-42 自由边的定义

下面通过一个具体案例来说明替换面的操作方法。

Step1：打开本书配套素材 train/ch7/偏置区域.prt。

Step2：打开"替换面"对话框。

Step3：单击"原始面"选项组 ✱ 选择面 (0)，将"选择条面规则"设置为 单个面 ▼ ，在绘图区选择图 7-43 所示原始面；单击"替换面"选项组 ✱ 选择面 (0)，将"选择条面规则"设置为 单个面 ▼ ，在绘图区选择图 7-43 所示替换面。

Step4：将"设置"选项组"溢出行为"设置为 延伸固定面 ▼ ；单击"预览"选项组 显示结果 🔍 按钮，显示结果如图 7-44 所示。

Step5：单击"预览"选项组撤消结果 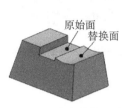 按钮，将"设置"选项组"溢出行为"设置为 延伸端盖面▼ 。

Step6：单击确定按钮，创建的替换面如图 7-45 所示。

图 7-43　定义替换元素　　　　图 7-44　步骤 4 的结果　　　　图 7-45　创建的替换面

5. 删除面

删除面是指删除体的面并延伸剩余面封闭空区域。选择菜单 插入(S) → 同步建模(Y) → 删除面(A)... 命令，可打开图 7-46 所示"删除面"对话框。现对该对话框中"类型"选项组的相关参数设置说明如下。

➢ 面▼：删除选定的面。

➢ 圆角▼：删除选定的圆角。

➢ 孔▼：删除选定的孔或设定一个孔径阈值删除孔径小于等于阈值的孔。

➢ 圆角大小▼：删除选定的圆角或设定一个圆角阈值删除半径小于等于阈值的圆角。

图 7-46　"删除面"对话框

下面以图 7-47 所示实体为例说明删除面的操作。

Step1：打开本书配套素材 train/ch7/删除面.prt。

Step2：打开"删除面"对话框。

Step3：将"类型"设置为 面▼ ，在"设置"选项组勾选 ☑ 修复复选框；单击"面"选项组 ✳ 选择面 (0)，将选择条"面规则"设置为 单个面 ▼ ，在绘图区选择图 7-47 所示三个要删除的实体面。

Step4：单击"预览"选项组显示结果 🔍 按钮，显示结果如图 7-48 所示。

Step5：单击"预览"选项组撤消结果 按钮，将"截断面"选项组"截断选项"设置为 面或平面▼ ，单击选择面 (0)，在绘图区选择图 7-47 所示的基准面为截断面。

Step6：单击确定按钮，完成的删除面如图 7-49 所示。

图 7-47 定义删除面

图 7-48 步骤 4 的结果

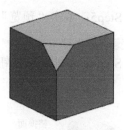

图 7-49 完成的删除面

6. 重用

菜单 插入(S)→同步建模(Y)→重用(U)中包含了一组命令，其中 复制面(C)... 用于对一组面进行复制以得到新片体； 剪切面(T)... 表示复制一组面并从模型中删除它们；选择 粘贴面(P)... 命令可将片体粘贴到实体中，并创建布尔特征，其中片体与实体相结合。

7. 相关

相关是通过修改**运动面**并使之与**固定面**形成一定的相互位置关系。菜单 插入(S)→同步建模(Y)→相关(T)中包含了一组命令，即 设为共面(K)... 、 设为共轴(X)... 、 设为相切(T)... 、 设为对称(M)... 、 设为平行(P)... 、 设为垂直(E)... 、 设为偏置(O)... 7 个命令。

8. 尺寸

尺寸是通过修改**运动面**并使之与**固定面**间尺寸符合设定值。菜单 插入(S)→同步建模(Y)→尺寸(D)中包含了一组命令，即 线性尺寸(L)... 、 角度尺寸(A)... 、 半径尺寸(R)... 3 个命令。

下面以线性尺寸为例说明尺寸的用法。

Step1：打开本书配套素材 train/ch7/删除面.prt。

Step2：选择菜单 插入(S)→同步建模(Y)→尺寸(D)→ 线性尺寸(L)...命令，打开如图 7-50 所示的"线性尺寸"对话框。

图 7-50 "线性尺寸"对话框

Step3：单击"原点"选项组 选择原始对象 (0)，在绘图区选择图 7-51 中 A 所指向的边；单击"测量"选项组 选择测量对象 (0)，在绘图区选择图 7-51 中 B 所指向的边。

Step4：在绘图区某处指定尺寸位置，在"距离"文本框中输入数值"40"。

Step5：单击 确定 按钮，完成的线性尺寸如图 7-52 所示。

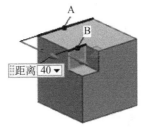

图 7-51　选择线性尺寸边界

图 7-52　完成的线性尺寸

9. 优化

"优化"子菜单包括 🔾 优化面(O)... 和 🔾 替换圆角(R)... 两个命令，位于菜单 插入(S) → 同步建模(Y) → 优化(I) 中。使用"优化面"命令可简化曲面类型、合并面、提高边精度及识别圆角，使用"替换圆角"命令可将形似圆角的 B 曲面或自由曲面转换为圆角特征。

在不同绘图软件间进行文件转换是一种常见的现象，但文件转换时往往会碰到图形失真的情况。对于图 7-54 中的圆角，在选择菜单 分析(L) → 测量(S) → ➚ 简单半径(R)... 命令后并不能测出它的半径值，说明它已失真。下面就利用"替换圆角"命令对圆角进行修正。

Step1：打开本书配套素材 train/ch7/替换圆角.prt。

Step2：选择菜单 插入(S) → 同步建模(Y) → 优化(I) → 🔾 替换圆角(R)... 命令，打开如图 7-53 所示的"替换圆角"对话框。

Step3：单击"要替换的面"选项组 ✳ 选择面 (0)，在绘图区选择图 7-54 中所示曲面；将"设置"选项组"形状匹配"滑块拖动至"宽松"（由于该曲面与标准圆角面相比误差较大，所以才将滑块拖动至"宽松"）。

Step4：在"半径"选项组勾选 ☑ 继承面的半径复选框。

Step5：单击 确定 按钮，完成的圆角如图 7-55 所示。

图 7-53　"替换圆角"对话框

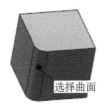

图 7-54　选择曲面

图 7-55　完成的圆角

10. 边

同步建模中对边的操作包括 🔾 移动边(M)... 和 🔾 偏置边(O)... 两个命令，位于菜单 插入(S) → 同步建模(Y) → 边(D) 中。该组命令通过移动或偏置一组边来改变体的形状，如图 7-56 所示。

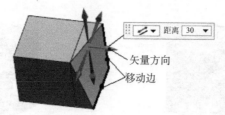

图 7-56　移动边示意图

7.4　体处理

1. 修剪体

修剪体是通过一组面或平面对体（实体或片体）进行修剪，剪去其中的一部分。选择菜单
插入(S) → 修剪(T) → 　修剪片体(R) 命令，打开的"修剪体"对话框如图 7-57 所示。

创建修剪体的一般步骤如下。

Step1：打开本书配套素材 train/ch7/修剪体.prt。

Step2：打开"修剪体"对话框，单击 "目标"选项组 ✳ 选择体 (0)，在绘图区选择图 7-58
所示实体为目标体。

Step3：单击"工具"选项组 ✳ 选择面或平面 (0)，在绘图区选择图 7-58 所示曲面为工具体，
单击 按钮使箭头方向如图 7-59 所示。

Step4：单击 确定 按钮，修剪后的体如图 7-60 所示。

图 7-57　"修剪体"对话框

图 7-58　修剪前

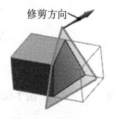

图 7-59　修剪方向

图 7-60　修剪后的体

2. 拆分体和删除体

拆分体是通过一组面或平面将体（实体或片体）分割成两个部分。选择菜单 插入(S) →
修剪(T) → 拆分体(P) 命令，打开的"拆分体"对话框如图 7-61 所示。

使用"删除体"可以将图中一个或多个体删除，这里要区分删除体与删除特征的区别。一个体可能由一个特征组成，也可能是由多个特征组成。选择菜单 插入(S) → 修剪(T) → ❌ 删除体(L)... 命令，打开的"删除体"对话框如图 7-62 所示。

图 7-61　"拆分体"对话框

图 7-62　"删除体"对话框

下面以一个实例来说明拆分体与删除体的用法。

Step1：打开本书配套素材 train/ch7/修剪体.prt。

Step2：打开"拆分体"对话框，单击 "目标"选项组 ✱ 选择体 (0)，在绘图区选择图 7-63 所示实体为目标体。

Step3：单击"工具"选项组 ✱ 选择面或平面 (0)，在绘图区选择图 7-63 所示曲面为工具体。

Step4：单击 确定 按钮，拆分体后的结果如图 7-64 所示。

Step5：打开"删除体"对话框，单击 "要删除的体"选项组 ✱ 选择要删除的体 (0)，在绘图区选择图 7-64 中右边的体为删除体。

Step6：单击 确定 按钮，删除体后的结果如图 7-65 所示。

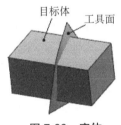

图 7-63　实体

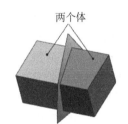

图 7-64　拆分体后的结果

图 7-65　删除体后的结果

7.5　编辑特征

1. 特征的插入、重新排序、隐藏与显示、抑制与取消抑制

1）插入特征

在部件导航器中**需要插入操作的位置**的**前一个特征处**右击，在右键菜单中选择"设为当前特征"命令（如图 7-66 所示），然后按正常流程创建新特征，在新特征创建完成后再将最后一个特征设为当前特征，完成插入操作。

2）重新排序

选择菜单 编辑(E) → 特征(F) → 重排序(R) 命令，打开"特征重排序"对话框（见图7-67）；在"参考特征"列表中选择要重排序的特征，然后选择一种方法"之前"或"之后"；在"重定位特征"列表中选择一个用于定位的特征，单击"确定"按钮完成特征重排序。这里需要注意的是两个有关联的特征是不能重排序的。

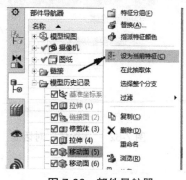

图7-66 部件导航器

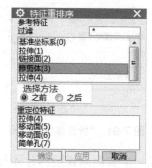

图7-67 "特征重排序"对话框

3）隐藏与显示

选择菜单 编辑(E) → 显示和隐藏(H) → 隐藏(H) 命令，打开"隐藏特征"对话框；单击 选择对象 (0)，在绘图区或导航器中选择需要隐藏的对象，单击"确定"按钮完成隐藏，隐藏的对象在导航器中显示为灰色；在需要再次显示隐藏体时可选择菜单 编辑(E) → 显示和隐藏(H) → 显示(S) 命令，打开"显示特征"对话框，同时绘图区会显示已隐藏对象，选择需要显示的对象，单击"确定"按钮完成显示。

4）抑制与取消抑制

选择菜单 编辑(E) → 特征(F) → 抑制(S) 命令，打开"抑制特征"对话框（见图7-68）；在上方列表中选择需要抑制的特征，由于抑制会影响到与该特征有关联的其他特征，因此这些关联特征也会一并被抑制，这时在下方"选定的特征"列表中会显示将被抑制的所有特征，单击"确定"按钮完成特征的抑制。抑制后的特征在导航器中显示为方框内不带"√"的特征项，如 □ 拉伸 (12)。这时还要注意"抑制"和"隐藏"的区别，对于抑制后的特征系统认为该特征是不存在的，不参与部件的更新；而对于隐藏后的特征系统认为该特征还是存在于部件中，只是未显示而已，该特征也会参与部件的更新。在需要取消抑制时可选择菜单 编辑(E) → 特征(F) → 取消抑制(U) 命令，打开"取消抑制特征"对话框（见图7-69）；在上方列表中选择需要取消抑制的特征，单击"确定"按钮完成取消抑制。

图7-68 "抑制特征"对话框

图7-69 "取消抑制特征"对话框

2. 移除参数

移除参数是指从实体或片体移除所有参数，形成一个非关联体。选择菜单 编辑(E) → 特征(F) → ✕｜ 移除参数(V)... 命令，打开"移除参数"对话框（见图 7-70）；选择择需要移除参数的对象后单击"确定"按钮，这时系统弹出图 7-71 所示"移除参数"警告对话框，单击 "是"按钮完成移除参数操作。

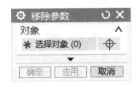

图 7-70　"移除参数"对话框

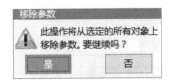

图 7-71　"移除参数"警告对话框

7.6　布尔运算

1. 合并

合并是将两个或多个体进行求和操作（求并集）。选择菜单 插入(S) → 组合(B) → 合并(U) 命令，打开的"合并"对话框如图 7-72 所示。

如图 7-73 所示（本书配套素材 train/ch7/布尔运算.prt），选择一个目标体和工具体，单击"确定"按钮即可完成合并操作；选中 ☑ 定义区域 复选框，可以保留或移除某些区域使之参与或不参与合并运算；在"设置"选项组可以设置源目标体与源工具体的保存与否。

图 7-72　"合并"对话框

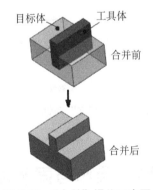

图 7-73　"合并"操作示意图

2. 求差

求差是从目标体中减去一个或多个工具体的操作。选择菜单 插入(S) → 组合(B) → 减去(S)... 命令，打开的"求差"对话框如图 7-74 所示。

如图 7-75 所示（本书配套素材 train/ch7/布尔运算.prt），选择一个目标体和工具体，单击"确定"按钮即可完成求差操作；在"设置"选项组可以设置源目标体与源工具体的保存与否。

图 7-74 "求差"对话框

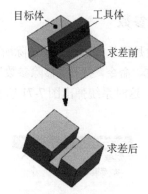

图 7-75 "求差"操作示意图

3. 相交

相交是将目标体与一个或多个工具体的公共部分作为运算结果的操作。选择菜单 插入(S) → 组合(B) → 相交(I)... 命令，打开的"相交"对话框如图 7-76 所示。

如图 7-77 所示（本书配套素材 train/ch7/布尔运算.prt），选择一个目标体和工具体，单击 "确定"按钮即可完成相交操作。在"设置"选项组可以设置源目标体与源工具体的保存与否。

图 7-76 "相交"对话框

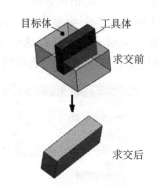

图 7-77 "相交"操作示意图

7.7 特征操作与同步建模综合应用实例

1. 特征操作与同步建模实例 1

完成如图 7-78 所示三通管零件设计。

1）新建文件

选择菜单 文件(F) → 新建(N)... 命令，系统弹出 "新建"对话框，在"模型"选项卡的"模板"选项组中选择模板类型为 模型，在"名称"文本框中输入文件名称 tzcz_1，单击 确定 按钮，进入建模环境。

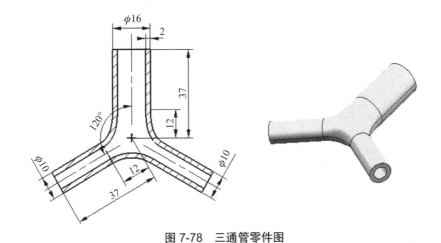

图 7-78　三通管零件图

2）建立基准平面

选择"插入"→ 基准/点(D) → ☐ 基准平面(D)... 命令，系统弹出"基准平面"对话框；在"类型"选项组选择 [图] 按某一距离 ▼ ，在绘图区选择 XZ 平面，单击"偏置"选项组 X 按钮，使偏置方向朝向 Y 轴正方向；在 "距离"文本框输入数值"12"；单击 确定 按钮，完成的基准平面如图 7-79 所示。

3）创建拉伸片体 1

①选择 插入(S) → 设计特征(E) → ☐ 拉伸(E)... 命令（或单击工具栏 [图] 按钮），打开"拉伸"对话框；单击 "绘制截面" [图] 按钮，系统弹出"创建草图"对话框，按图 7-80 所示进行设置对话框，然后在绘图区选择上一步创建的基准平面。

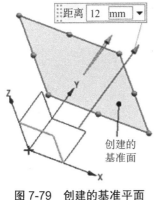

图 7-79　创建的基准平面

图 7-80　"创建草图"设置

②单击 确定 按钮，绘制图 7-81 所示草图截面，然后单击工具栏 [图] 按钮，返回"拉伸"对话框。

③在"限制"选项组"开始"下拉列表中选择 [图] 值 ▼ ，在其下"距离"文本框输入"0"；在"结束"下拉列表中选择 [图] 值 ▼ ，在其下"距离"文本框输入"25"；在"布尔"选项组"布尔"下拉列表中选择 [图] 无 ▼ ，"体类型"设置为 片体 ▼ ，"拔模"设置为 无 ▼ ，其他参数采用系统默认设置。

④单击 确定 按钮，完成图 7-82 所示拉伸片体 1 的创建。

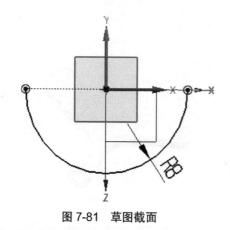

图 7-81　草图截面

图 7-82　拉伸片体 1

4）创建阵列

①选择菜单 插入(S) → 关联复制(A) → 🔷 阵列特征(A)... 命令，打开"阵列特征"对话框。

②单击 ✱ 选择特征 (0)，在绘图区选择上一步创建的拉伸特征为阵列源对象。

③在"阵列定义"选项组"布局"下拉框中选择 🔘 圆形 ▼，单击"旋转轴" ✱ 指定矢量，在绘图区选择 Z 轴为阵列中心线；"间距"选择 数量和间隔 ▼，在"数量"文本框输入"3"，"节距角"设置为"120"；单击 选择实例点 (0)，在绘图区右键单击图 7-83 中左边的实例点 1，并在弹出的右键菜单中选择"指定变化"命令，打开"变化"对话框（见图 7-84）；双击"参数"选项组"Arc1 上的半径尺寸"，将"值"文本框设置为"5"后按 Enter 键，单击 确定 按钮；右键单击图 7-83 中右边的实例点 2，按刚才相同方法设置右边实例点；将"方位"设置为 遵循阵列 ▼。

④在"阵列方法"选项组"方法"下拉框中选择 简单 ▼。

⑤单击 确定 按钮，创建的圆形阵列如图 7-85 所示。

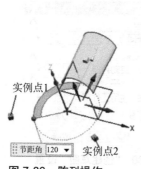

图 7-83　阵列操作

图 7-84　"变化"对话框

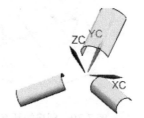

图 7-85　创建的圆形阵列

5）创建拉伸片体 2（此拉伸面后续将作为桥接曲线的约束面）

①打开"拉伸"对话框，单击"绘制截面" 🔛 按钮，系统弹出"创建草图"对话框；选择 YZ 平面为草图平面，单击 确定 按钮。

②绘制图 7-86 所示草图截面，然后单击工具栏 🏁 按钮，返回"拉伸"对话框；在"方向"选项组指定"XC"为拉伸方向；在"限制"选项组"开始"下拉列表中选择 🏠 值 ▼，在其下方"距离"文本框中输入数值"−15"；在"结束"下拉列表中选择 🏠 值 ▼，在其下

方"距离"文本框中输入数值"15"。

③在"布尔"选项组"布尔"下拉列表中选择 <kbd>●无 ▼</kbd>，"体类型"设置为 <kbd>片体 ▼</kbd>，"拔模"设置为 <kbd>无 ▼</kbd>，"偏置"设置为 <kbd>无 ▼</kbd>，其他参数采用系统默认设置。

④单击 <kbd>确定</kbd> 按钮，完成图 7-87 所示拉伸片体 2 的创建。

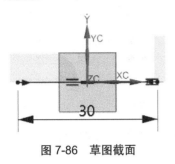

图 7-86　草图截面

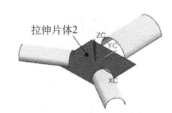

图 7-87　拉伸片体 2

6）创建桥接曲线 1

①选择 <kbd>插入(S)</kbd> → <kbd>派生曲线(U)</kbd> → <kbd>桥接(B)...</kbd>，系统弹出"桥接曲线"对话框。

②选择起始对象。将 UG 选择条"曲线规则"设置为 <kbd>单条曲线 ▼</kbd>；在 <kbd>起始对象</kbd> 选项组勾选 <kbd>◉ 截面</kbd> 单选按钮，单击 <kbd>✷ 选择曲线 (0)</kbd>，在绘图区选择图 7-88 所示起始截面，单击 <kbd>✕</kbd> 按钮，使桥接位置与图 7-88 保持一致；"连接"选项组"开始"选项卡的设置如图 7-89 所示。

③选择终止对象。在 <kbd>终止对象</kbd> 选项组选中 <kbd>◉ 截面</kbd> 单选按钮，单击 <kbd>✷ 选择曲线 (0)</kbd> 后将 UG 选择条"曲线规则"设置为 <kbd>单条曲线 ▼</kbd>，在绘图区选择图 7-88 所示终止截面，单击 <kbd>✕</kbd> 按钮，使桥接位置与图 7-88 保持一致；"连接"选项组"结束"选项卡的设置如图 7-89 所示。

④单击"约束面"选项组 <kbd>选择面 (0)</kbd>，在绘图区选择图 7-88 所示曲面为约束面。

⑤将"半径约束"选项组"方法"设置为"无"，将"形状控制"选项组"方法"设置为 <kbd>相切幅值 ▼</kbd>，在下方"开始"和"结束"文本框中均输入数值"1"。

⑥其他接受默认设置，单击 <kbd>确定</kbd> 按钮，完成桥接曲线 1。

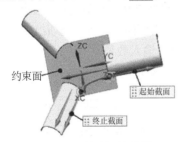
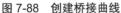

图 7-88　创建桥接曲线

图 7-89　"连接"选项组"开始"选项卡的设置

7）创建桥接曲线 2

①打开"桥接曲线"对话框。

②选择起始对象。将 UG 选择条"曲线规则"设置为 <kbd>单条曲线 ▼</kbd>；在 <kbd>起始对象</kbd> 选项组选中 <kbd>◉ 截面</kbd> 单选按钮，单击 <kbd>✷ 选择曲线 (0)</kbd>，在绘图区选择图 7-90 所示起始截面，单击 <kbd>✕</kbd> 按钮，使桥接位置与图 7-90 保持一致；"连接"选项组"开始"选项卡的设置如图 7-91 所示。

③选择终止对象。在 终止对象 选项组选中◉ 截面单选按钮，单击✷ 选择曲线 (0) 后将 UG 选择条"曲线规则"设置为 单条曲线 ▼ ，在绘图区选择图 7-90 所示终止截面，单击 ✗ 按钮，使桥接位置与图 7-90 保持一致。

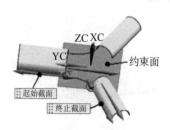

图 7-90　创建桥接曲线

图 7-91　"连接"选项组"开始"选项卡的设置

④单击"约束面"选项组选择面 (0)，在绘图区选择图 7-90 所示曲面为约束面。

⑤将"半径约束"选项组"方法"设置为"无"，将"形状控制"选项组 "方法"设置为 相切幅值 ▼ ，在下方"开始"和"结束"文本框中均输入数值"1"。

⑥其他接受默认设置，单击 确定 按钮，完成桥接曲线2。

8）创建桥接曲线 3

①打开"桥接曲线"对话框。

②选择起始对象。将 UG 选择条"曲线规则"设置为 单条曲线 ▼ ；在 起始对象 选项组选中◉ 截面单选按钮，单击✷ 选择曲线 (0) 在绘图区选择图 7-92 所示起始截面，单击 ✗ 按钮，使桥接位置与图 7-92 保持一致；"连接"选项组"开始"选项卡的设置如图 7-93 所示。

③选择终止对象。在 终止对象 选项组选中◉ 截面单选按钮，单击✷ 选择曲线 (0) 后将 UG 选择条"曲线规则"设置为 单条曲线 ▼ ，在绘图区选择图 7-92 所示终止截面，单击按钮 ✗ ，使桥接位置与图 7-92 保持一致。

④单击"约束面"选项组选择面 (0)，在绘图区选择图 7-92 所示曲面为约束面。

⑤将"半径约束"选项组"方法"设置为"无"，将"形状控制"选项组中"方法"设置为 相切幅值 ▼ ，在下方"开始"和"结束"文本框中均输入数值"1"。

⑥其他接受默认设置，单击 确定 按钮，完成桥接曲线3。

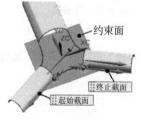

图 7-92　创建桥接曲线

图 7-93　"连接"选项组"开始"选项卡的设置

9）隐藏约束面片体

隐藏图 7-92 所示约束面片体。

10）创建拉伸片体 3（此拉伸面后续将作为填充曲面的相切约束面）

①打开"拉伸"对话框，将 UG NX 主界面"曲线规则"设置为 单条曲线▼，在绘图区选图 7-94 所示桥接曲线为拉伸截面。

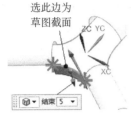

选此边为
草图截面

图 7-94　创建拉伸片体 3

②在"方向"选项组指定"-ZC"为拉伸方向；在"限制"选项组"开始"下拉列表中选择 值 ▼，在其下方"距离"文本框中输入数值"0"，在"结束"下拉列表中选择 值 ▼，在其下方"距离"文本框中输入数值"5"。

③在"布尔"选项组"布尔"下拉列表中选择 无 ▼，"体类型"设置为 片体▼，"拔模"设置为 无 ▼，"偏置"设置为 无 ▼，其他参数采用系统默认设置。

④单击 确定 按钮，完成图 7-94 所示拉伸片体 3 的创建。

11）创建桥接曲线 4

①选择菜单 插入(S) → 派生曲线(U) → 桥接(B)... 命令，系统弹出"桥接曲线"对话框。

②选择起始对象。将 UG 选择条"曲线规则"设置为 单条曲线 ▼；在 起始对象 选项组选中 ⊙ 截面单选按钮，单击 ✳ 选择曲线 (0)，在绘图区选择图 7-95 所示起始截面，单击 ✕ 按钮，使桥接位置与图 7-95 保持一致；"连接"选项组"开始"选项卡的设置如图 7-96 所示，单击"连接"选项组 ✳ 选择对象 (0)，在绘图区选择图 7-95 中 A 所指向的面。

③选择终止对象。在 终止对象 选项组选中 ⊙ 截面单选按钮，单击 ✳ 选择曲线 (0) 后将 UG 选择条"曲线规则"设置为 单条曲线 ▼，在绘图区选择图 7-95 所示终止截面，单击 ✕ 按钮，使桥接位置与图 7-95 保持一致；单击"连接"选项组 ✳ 选择对象 (0)，在绘图区选择图 7-95 中 B 所指向的面。

④将"半径约束"选项组"方法"设置为"无"，将"形状控制"选项组 "方法"设置为 相切幅值▼，在下方"开始"和"结束"文本框均输入数值"1"。

⑤其他接受默认设置，单击 确定 按钮，完成桥接曲线 4。

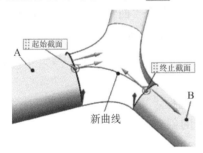

图 7-95　创建桥接曲线 4

图 7-96　"连接"选项组"开始"选项卡的设置

12）创建桥接曲线 5

①打开"桥接曲线"对话框。

②选择起始对象。将 UG 选择条"曲线规则"设置为 单条曲线 ▼；在 起始对象 选项组选中 ⊙ 截面单选按钮，单击 ✳ 选择曲线 (0)，在绘图区选择图 7-97 所示起始截面，单击 ✕ 按钮，使桥接位置与图 7-97 保持一致；"连接"选项组"开始"选项卡的设置如图 7-98 所示，

单击"连接"选项组 ✱ 选择对象 (0)，在绘图区选择图 7-95 中 A 所指向的面。

③选择终止对象。在 终止对象 选项组选中 ⊙ 截面单选按钮，单击 ✱ 选择曲线 (0) 后将 UG
选择条"曲线规则"设置为 单条曲线 ▼ ，在绘图区选择图 7-97 所示终止截面，单击 ✕ 按
钮，使桥接位置与图 7-95 保持一致；"连接"选项组"开始"选项卡的设置如图 7-98 所示，
单击"连接"选项组 ✱ 选择对象 (0)，在绘图区选择图 7-97 中 B 所指向的面。

④将"半径约束"选项组"方法"设置为"无"，将"形状控制"选项组"方法"设置为
相切幅值 ▼ ，在下方"开始"和"结束"文本框中均输入数值"1"。

⑤其他接受默认设置，单击 确定 按钮，完成桥接曲线 5。

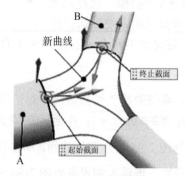

图 7-97　创建桥接曲线 5

图 7-98　"连接"选项组"开始"选项卡的设置

13）创建扫掠片体 1

①选择菜单 插入(S) → 扫掠(W) → 扫掠(S)...命令，打开"扫掠"对话框。

②单击"截面"选项组 ✱ 选择曲线 (0)，将 UG NX 主界面"曲线规则"设置为 单条曲线 ▼
并单击在相交处停止 ⊣⊢ 按钮，在绘图区选择图 7-99 所示截面 1，并单击 ✕ 按钮使箭头方向
如图所示；单击 添加新集 ✚ ，在绘图区选择图 7-99 所示截面 2，并单击 ✕ 按钮使箭头方向
如图所示（与截面 1 箭头方向应一致）。

③单击"引导线"选项组 ✱ 选择曲线 (0)，并将 UG 选择条"曲线规则"设置为 相切曲线 ▼ ，
在绘图区选择图 7-99 所示引导线 1，并单击 ✕ 按钮使箭头方向如图所示；单击 添加新集 ✚ ，
在绘图区选择图 7-99 所示引导线 2，并单击 ✕ 按钮使箭头方向如图所示（与引导 1 箭头方向
应一致）。

④展开"截面选项"选项组并勾选 ☑ 保留形状 复选框，其余接受默认设置（见图 7-100）。

⑤单击 确定 按钮，完成图 7-101 所示扫掠片体 1 的创建。

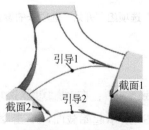

图 7-99　定义曲线

图 7-100　截面选项与设置

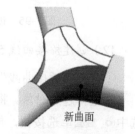

图 7-101　扫掠片体 1

14）创建扫掠片体 2

按上述相同方法完成图 7-102 所示扫掠片体 2。

15）隐藏曲线

选择菜单 编辑(E) → 显示和隐藏(H) → ◇ 隐藏(H)... 命令，打开"类选择"对话框，将 UG NX 主界面"类型过滤器"设置为 曲线▼，框选绘图区全部桥接曲线（共 5 条），单击 确定 按钮。

16）创建填充曲面

①选择菜单 插入(S) → 曲面(R) → ◈ 填充曲面(L)... 命令，打开"填充曲面"对话框。

②将"形状控制"选项组"方法"设置为 无　▼，将"设置"选项组"默认边连续性"设置为 ⌒。

③单击 "边界"选项组 ✳ 选择曲线 (0)，将 UG NX 主界面"曲线规则"设置为 单条曲线▼，并单击 ╅ 按钮使得所选曲线在交点处停止，然后在绘图区依次选择图 7-103 所示 5 条曲面边界线。

④单击 确定 按钮，创建的填充曲面如图 7-103 所示。

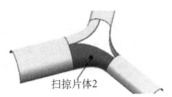

图 7-102　扫掠片体 2

图 7-103　创建的填充曲面

17）隐藏片体

隐藏图 7-104 所示片体。

18）镜像片体

①选择菜单 插入(S) → 关联复制(A) → ⬡ 镜像几何体(G)... 命令，打开"镜像几何体"对话框。

②单击 ✳ 选择对象 (0)，在绘图区选择图 7-105 所示 6 个片体。

③在 "镜像平面"选项组单击 ✳ 指定平面，在绘图区选择 XY 平面为镜像平面。

④单击 确定 按钮，创建的镜像片体如图 7-106 所示。

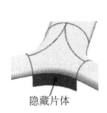

图 7-104　隐藏片体

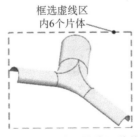

图 7-105　选择镜像源片体

图 7-106　创建的镜像片体

19）创建 N 边曲面 1

①选择菜单 插入(S) → 曲面(R) → ⬡ N 边曲面... 命令，系统弹出"N 边曲面"对话框；将"类型"设置为 ⬡ 已修剪▼，单击 "外环"选项组 ✳ 选择曲线 (0)，将 UG NX 主界面"曲线规

则"设置为 相切曲线▼，在绘图区选择图 7-107 所示 N 边曲面边界线。

②选中"设置"选项组☑ 修剪到边界 复选框，其他接受默认设置。

③单击 确定 按钮，完成的 N 边曲面 1 如图 7-107 所示。

20）创建 N 边曲面 2 和 2

用相同方法完成图 7-108 所示 N 边曲面 2 和 N 边曲面 3。

图 7-107　完成的 N 边曲面 1

图 7-108　完成的 N 边曲面 2 和 3

21）缝合片体

选择菜单 插入(S) → 组合(B) → 📖 缝合(W)...命令，打开"缝合"对话框；单击"目标"选项组 ✳ 选择片体 (0)，在绘图区选择图 7-109 所示目标片体；单击"工具"选项组 ✳ 选择片体 (0)，在绘图区框选图 7-109 所示其余所有片体为工具片体；其他接受默认设置，单击 确定 按钮，完成片体缝合。

22）创建壳特征

①选择菜单 插入(S) → 偏置/缩放(O) → 🗐 抽壳(H)...命令，打开"抽壳"对话框，在"类型"下拉框中选择 📦 移除面，然后抽壳 ▼。

②单击"要穿透的面"选项组 ✳ 选择面 (0)，将选择条"面规则"设置为 单个面 ▼，在绘图区选择图 7-110 所示 3 个端面为穿透面，在 "厚度"文本框中输入数值"2"。

③单击 确定 按钮，完成的壳体特征如图 7-111 所示。

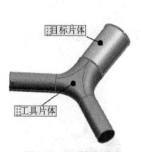

图 7-109　缝合片体

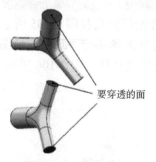

图 7-110　创建壳特征

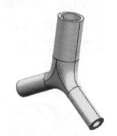

图 7-111　完成的壳特征

23）保存文件

选择菜单 文件(F) → 🖫 保存(S) 命令（或单击工具栏 🖫 按钮）。

2．特征操作与同步建模实例 2

完成如图 7-112 所示筷子桶零件设计。

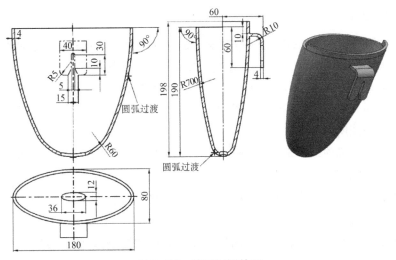

图 7-112　筷子桶零件图

1）新建文件

选择菜单 文件(F) → 新建(N)... 命令，系统弹出"新建"对话框；在"模型"选项卡的"模板"选项组中选择模板类型为 模型，在"名称"文本框中输入文件名称 tzcz_2，单击 确定 按钮，进入建模环境。

2）创建草绘截面 1

①选择菜单"插入"→"在任务环境中绘制草图"命令，系统弹出"创建草图"对话框。

②设置草图平面。在"草图类型"下拉框中选择 在平面上，在"草图平面"选项组"平面方法"下拉框中选择 自动判断 ▼ ；在"草图方向"选项组"参考"下拉框中选择"水平"；在"草图原点"选项组"原点方法"下拉框中选择 使用工作部件原点；在绘图区选择 XZ 平面为草图平面，单击 确定 按钮进入草图绘制环境。

③绘制图 7-113 所示截面，单击功能区 按钮，完成草绘截面 1。

3）创建草绘截面 2

①打开"创建草图"对话框。

②设置草图平面。在"草图类型"下拉框中选择 在平面上，在"草图平面"选项组"平面方法"下拉框中选择 自动判断 ▼ ；在"草图方向"选项组"参考"下拉框中选择"水平"；在"草图原点"选项组"原点方法"下拉框中选择 使用工作部件原点；在绘图区选择 YZ 平面为草图平面，单击 确定 按钮进入草图绘制环境。

③绘制图 7-114 所示截面，单击功能区 按钮完成草绘截面 2。

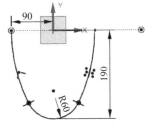

图 7-113　草绘截面 1

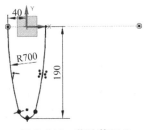

图 7-114　草绘截面 2

4）创建直纹曲面

①选择菜单 插入(S) → 网格曲面(M) → ⚙ 通过曲线组(T)... 命令，打开"通过曲线组"对话框；单击 ✳ 选择曲线或点 (0) ，将 UG NX 主界面"曲线规则"设置为 相连曲线▼ ，并单击在相交处停止┿按钮，在绘图区选择图 7-115 所示曲线 1，单击✕按钮使箭头方向如图所示。

②单击"截面"选项组添加新集 ✚ 按钮，在绘图区选择图 7-115 所示曲线 2，单击 ✕ 按钮使箭头方向如图所示。

③单击"截面"选项组添加新集 ✚ 按钮，在绘图区选择图 7-115 所示曲线 3，单击 ✕ 按钮使箭头方向如图所示。

④单击"截面"选项组添加新集 ✚ 按钮，在绘图区选择图 7-115 所示曲线 4，单击 ✕ 按钮使箭头方向如图所示。

⑤将"连续性"选项组"第一个截面"设置为 G0（位置）▼ ，将"最后一个截面"设置为 G0（位置）▼ 。

⑥设置"对齐"为 弧长 ▼ ，"输出曲面选项"和"设置"选项组的设置参考图 7-116。

⑦其他采用默认设置，单击 确定 按钮，完成的直纹曲面如图 7-117 所示。

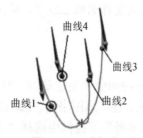
图 7-115 选择曲线

图 7-116 输出曲面选项与设置

图 7-117 完成的直纹曲面

5）隐藏草绘截面

隐藏草绘截面 1 和草绘截面 2。

6）创建曲面加厚

①选择菜单 插入(S) → 偏置/缩放(O) → ⚙ 加厚(T)... 命令，打开"加厚"对话框；单击"面"选项组 ✳ 选择面 (0)，在绘图区选择上一步创建的直纹曲面。

②确认加厚方向箭头朝向曲面内侧（如果不符合则单击"厚度"选项组反向 ✕ 按钮切换方向）；在"偏置 1"文本框中输入数值"4"，在"偏置 2"文本框中输入数值"0"。

③单击 确定 按钮，完成的加厚特征如图 7-118 所示。

7）隐藏直纹曲面

操作过程略。

8）创建拉伸切剪 1

①打开"拉伸"对话框，单击"绘制截面" 🔲 按钮，系统弹出"创建草图"对话框；在"草图类型"下拉框中选择 🔲 在平面上 ，在"草图平面"选项组"平面方法"下拉框中选择 自动判断▼ ；在"草图方向"选项组"参考"下拉框中选择"水平"；在"草图原点"选项组

"原点方法"下拉框中选择 使用工作部件原点；在绘图区选择 *XY* 平面为草图平面，单击 确定 按钮进入草图绘制环境。

②绘制图 7-119 所示草图截面，然后单击工具栏 🏁 按钮，返回"拉伸"对话框；在"方向"选项组指定"−ZC"为拉伸方向；在"限制"选项组"开始"下拉列表中选择 📦 值 ▼ ，在其下方"距离"文本框中输入数值"0"，在"结束"下拉列表中选择 📦 贯通 ▼ ；在"布尔"选项组的"布尔"下拉列表中选择 📭 减去 ▼ ；"体类型"设置为 实体 ▼ ；其他参数采用系统默认设置。

③单击 确定 按钮，完成图 7-120 所示拉伸切剪 1 的创建。

图 7-118　曲面加厚

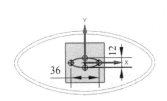
图 7-119　草图截面

图 7-120　完成的拉伸切剪 1

9）创建草绘截面 3

①打开"创建草图"对话框。

②设置草图平面。在"草图类型"下拉框中选择 📄 在平面上，在"草图平面"选项组"平面方法"下拉框中选择 自动判断 ▼ ；在"草图方向"选项组"参考"下拉框中选择"水平"；在"草图原点"选项组"原点方法"下拉框中选择 使用工作部件原点；在绘图区选择 *YZ* 平面为草图平面，单击 确定 按钮进入草图绘制环境。

③绘制图 7-121 所示截面，单击 🏁 按钮完成草绘截面 3。

10）创建基准平面

选择菜单"插入"→ 基准/点(D) → 📄 基准平面(D)... 命令，系统弹出"基准平面"对话框；在"类型"选项组选择 📄 自动判断 ▼ ，单击 ✳ 选择对象 (0)，在绘图区选择图 7-122 所示曲线端点和 *XY* 平面；单击 确定 按钮完成创建，完成的基准面如图 7-122 所示。

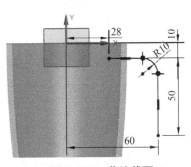
图 7-121　草绘截面 3

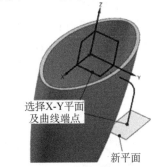
图 7-122　完成的基准平面

11）创建草绘截面 4

①打开"创建草图"对话框。

②设置草图平面。在"草图类型"下拉框中选择 在平面上 ，在"草图平面"选项组"平面方法"下拉框中选择 自动判断▼ ；在"草图方向"选项组"参考"下拉框中选择"水平"；在"草图原点"选项组"原点方法"下拉框中选择 使用工作部件原点 ；在绘图区选择上一步创建的基准平面为草图平面，单击 确定 按钮进入草图绘制环境。

③绘制图7-123所示矩形截面，单击功能区 按钮完成草绘截面4。

12）创建扫掠特征

①选择菜单 插入(S) → 扫掠(W) → 沿引导线扫掠(G)... 命令，打开"扫掠"对话框。

②单击 "截面"选项组 选择曲线 (0) ，选择图7-124所示矩形截面线。

③单击"引导"选项组 选择曲线 (0) ，并将UG选择条"曲线规则"设置为 相切曲线▼ ，在绘图区选择图7-124所示引导线。

④在"布尔"下拉框中选择 合并▼ ；在"设置"选项组"体类型"下拉框中选择 实体▼ ；"偏置"选项组"第一偏置"及"第二偏置"均设为"0"；其他采用默认设置。

⑤单击 确定 按钮，完成扫掠特征的创建（见图7-125）。

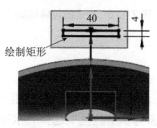

图7-123　草绘截面4

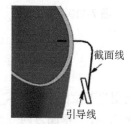

图7-124　选择扫掠曲线

图7-125　扫掠特征

13）隐藏曲线及基准平面

隐藏上一步使用过的曲线及基准平面。

14）替换面

①选择菜单 插入(S) → 同步建模(Y) → 替换面(R)... 命令，打开"替换面"对话框。

②单击"原始面"选项组 选择面 (0) ，将"选择条面规则"设置为 单个面▼ ，在绘图区选择图7-126所示原始面；单击"替换面"选项组 选择面 (0) ，将选择条"面规则"设置为 单个面▼ ，在绘图区选择图7-126所示替换面，将"距离"设置为"0"。

③将"设置"选项组"溢出行为"设置为 自动▼ 。

④单击 确定 按钮，创建的替换面如图7-127所示。

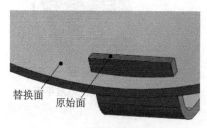

图7-126　选择替换操作面

图7-127　创建的替换面

15）创建拉伸切剪 2

①打开"拉伸"对话框，单击"绘制截面" 按钮，系统弹出"创建草图"对话框；在"草图类型"下拉框中选择 在平面上，在"草图平面"选项组"平面方法"下拉框中选择 自动判断 ；在"草图方向"选项组"参考"下拉框中选择"水平"；在"草图原点"选项组"原点方法"下拉框中选择 使用工作部件原点；在绘图区选择图 7-128 所示平面为草图平面，单击 确定 按钮进入草图绘制环境。

②绘制图 7-129 所示草绘截面，然后单击工具栏 按钮，返回"拉伸"对话框；在"方向"选项组指定"–YC"为拉伸方向；在"限制"选项组"开始"下拉列表中选择 值 ，在其下方"距离"文本框中输入数值"0"，在"结束"下拉列表中选择 直至下一个 项；在"布尔"选项组"布尔"下拉列表中选择 减去 ；"体类型"设置为 实体 ；其他参数采用系统默认设置。

③单击 确定 按钮，完成图 7-130 所示拉伸切剪 2 的创建。

图 7-128　选择草图平面

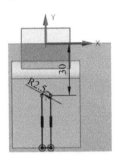
图 7-129　草图截面

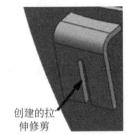
图 7-130　完成的拉伸切剪 2

16）创建倒圆角

①选择菜单 插入(S) → 细节特征(L) → 边倒圆(E)... 命令，打开"边倒圆"对话框；在"连续性"下拉框中选择 G1（相切） ，在"形状"下拉框中选择 圆形 ，在"半径 1"文本框中输入数值"5"。

②单击 选择边 (0)，将选择条"曲线规则"设置为 单条曲线 ，然后在绘图区选择图 7-131 所示倒圆角边。

③勾选"设置"选项组 移除自相交 、 复杂几何体的补片区域 、 限制圆角以避免失败区域 三个复选框。

④单击 确定 按钮，完成倒圆角的创建，如图-132 所示。

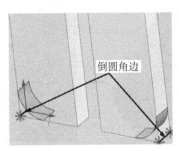
图 7-131　倒圆角边

图 7-132　完成的倒圆角

17）创建倒斜角 1

①选择菜单 插入(S)→细节特征(L)→ 倒斜角(M)... 命令，打开"倒斜角"对话框。

②在"偏置"选项组"横截面"下拉框中选择 非对称，在"距离 1"文本框中输入数值"10"，在"距离 2"文本框中输入数值"5"。

③单击 选择边 (0)，将选择条"曲线规则"设置为 单条曲线，在绘图区选择图 7-133 所示圆柱边为倒角边（注意长边和短边的方向，如有不符则单击"偏置"选项组 按钮反向进行切换）。

④单击 确定 按钮，完成图 7-134 所示倒斜角 1 的创建。

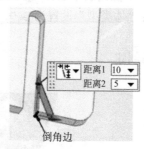

图 7-133 选择倒斜角边

图 7-134 完成的倒斜角 1

18）倒斜角 2

按步骤（17）的方法创建图 7-135 所示倒斜角 2。

19）创建分割面

①选择菜单 插入(S)→修剪(T)→ 分割面(D)... 命令，系统弹出"分割面"对话框；单击"要分割的面"选项组 选择面 (0)，将 UG NX 主界面选择条"面规则"设置为 单个面，在绘图区选择图 7-136（a）所示实体表面。

②将"分割对象"选项组"工具选项"下拉框设置为 对象，单击 选择对象 (0)，在绘图区选择 XZ 平面为分割对象。

③将"投影方向"设置为 垂直于面。

④单击 确定 按钮，完成如图 7-136（b）所示的分割面。

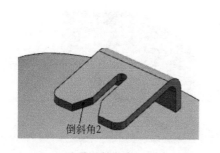

图 7-135 完成的倒斜角 2

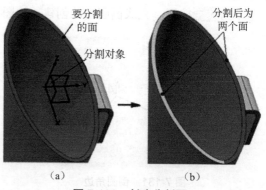

（a）　　　　　　（b）

图 7-136 创建分割面

20）创建拉出面

①选择菜单 插入(S) → 同步建模(Y) → 拉出面(P)...命令，打开"拉出面"对话框。

②单击 "面"选项组 ＊ 选择面 (0)，将"选择条面规则"设置为 单个面 ▼，在绘图区选择图 7-137 所示移动面。

③将"变换"选项组"运动"设置为 距离 ▼；单击 ＊ 指定矢量，选择 ZC 为矢量方向；在"距离"文本框中输入数值"8"。

④单击 确定 按钮，创建的拉出面如图 7-138 所示。

图 7-137　定义拉出面

图 7-138　完成的筷子桶零件

21）保存文件

选择菜单 文件(F) → 保存(S)命令（或单击工具栏 按钮）。

7.8　特征操作与同步建模综合练习

1. 绘制如图 7-139 所示四通管零件三维图。

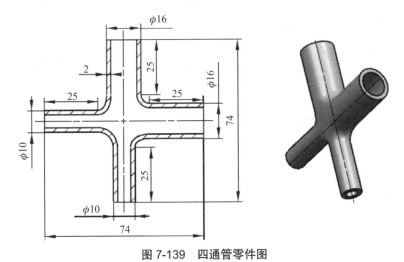

图 7-139　四通管零件图

2. 绘制如图 7-140 所示座机电话筒零件三维图。

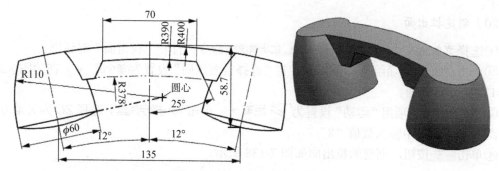

图 7-140　座机电话筒零件图

3. 绘制如图 7-141 所示机座零件三维图。

4. 利用同步建模去掉图 7-142 中"8"字形凸台及两个孔（源文件参见本书配套素材 train/ch7/特征操作与同步建模练习 4.prt）。

图 7-141　机座零件图　　　　　　　　图 7-142　特征操作与同步建模练习 4

单元 8　零件装配设计

零件装配是通过施加限制（约束）将零件或部件连接成装配体的过程。UG NX 提供了专门的装配模块，但在零件模块也是可以建立装配文件的，装配文件的后缀名与零件文件一样同为"`.prt`"。在装配模块不仅可以将零部件组合为装配体，而且通过 WAVE 模式还可以在装配设计过程中参考装配体中的其他零部件进行关联设计与数据共享。

8.1　新建装配文件

启动 UG NX，单击"文件"→"新建"命令，打开"新建"对话框；在"模型"选项卡的"模板"选项组中选择"装配"模板，然后在"新文件名"选项组中输入文件名及文件路径；单击"确定"按钮，完装配文件的创建。

8.2　引用集

引用集可以让用户往装配图中添加组件时选择要导入的对象。选择菜单 格式(R)→ 引用集(R)...命令，可打开"引用集"对话框，如图 8-1 所示。部件的初始引用集一般包括以下三个。

图 8-1　"引用集"对话框

● 模型（MODEL）：该引用集只包含体对象（实体和片体），不包含曲线、点等，在进行装配时一般默认选择此项。

● Entire Part：该引用集包含部件的所有对象。

● Empty：该引用集是空的，不包含部件对象，当部件以空引用集添加到装配图时，只在装配导航中有该部件的注册，在绘图区中是看不到该部件的。

用户也可以根据自己的意图创建新的引用集，步骤如下：

（1）单击"引用集"对话框添加新的引用集 按钮。

（2）在"引用集名称"文本框中输入引用集名称，如"曲面"。

（3）单击 选择对象 (0)，选择该引用集期望包含的对象。

8.3　装配约束

UG NX 装配约束的类型包括"接触对齐""同心""距离""固定""平行""垂直""对齐/锁定""适合窗口""胶合""中心""角度"共 11 种，下面介绍这些约束的功能。

（1）接触对齐约束："接触对齐"选项组"方位"下拉框有四个选项，包含 3 个约束"接触""对齐"和"自动判断中心轴"，首选"接触"，表示优先项是接触在接触约束无法得以实现时由系统自动判定；其中，"接触"是指装配的零部件的两个参照面重合且朝向相反，如图 8-2 所示；"对齐"是指装配的零部件的两个参照面重合且朝向相同，如图 8-3 所示；"自动判断中心轴"可用于两个回转面之间轴线对齐，如图 8-4 所示。还要说明的一点是，"接触"与"对齐"约束的对象不仅可以是"面-面"，还可以对"点-面""点-边""点-点""边-边"等。

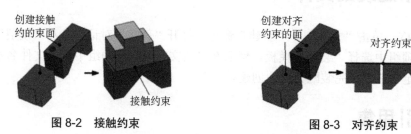

图 8-2　接触约束　　　　　　　　图 8-3　对齐约束

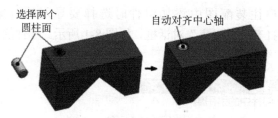

图 8-4　自动判断中心轴约束

（2）同心约束：约束两条圆弧边或椭圆边中心重合并且共面，如图 8-5 所示。同心约束不仅能约束中心，通过曲线共面还能形成轴向约束。

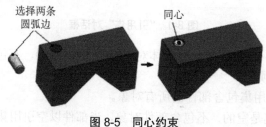

图 8-5　同心约束

（3）距离约束：通过两个对象的 3D 距离来约束对象，如图 8-6 所示。距离约束能约束两个点、点与边、点与面、面与面、边与面之间的 3D 距离，当约束对象为边与面、面与面时还会施加平行约束。

（4）固定约束：在当前位置将对象固定，装配第一个元件时通常采用这种方法。

（5）平行约束：将两个对象的方向矢量定义为相互平行，如图 8-7 所示，约束的对象可以是直线与直线、直线与平面、平面与平面等。

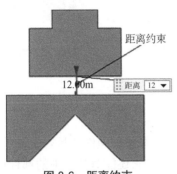

图 8-6　距离约束

图 8-7　平行约束

（6）垂直约束：将两个对象的方向矢量定义为相互垂直，如图 8-8 所示，约束的对象可以是直线与直线、直线与平面、平面与平面等。

（7）对齐/锁定约束：对齐不同对象中的两条轴，同时限制对象绕轴的旋转自由度；"对齐/锁定"与"接触对齐"中的"自动判断中心轴"都可以进行轴对齐约束，所不同的是"对齐/锁定"同时可以限制旋转自由度。

（8）适合窗口约束：约束具有等半径的两个对象，如图 8-9 所示。适合窗口约束能约束两条等半径的圆弧、两个等半径的圆柱面、半径相等的圆弧与圆柱面、两个等半径球面等。

（9）胶合约束：将两个或多个对象约束在一起以使它们作为刚体移动（被约束的对象间相互位置不变）。

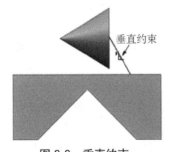

图 8-8　垂直约束

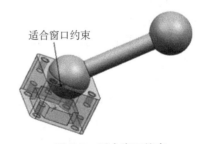

图 8-9　适合窗口约束

（10）中心约束：使一个或两个对象处于一对对象中间（1 对 2、2 对 2），或者使一对对象沿另一对象处于中间（2 对 1），如图 8-10 和 8-11 所示。

（11）角度约束：通过指定两个对象之间的角度进行约束，如图 8-12 所示。角度约束有两种子类型，即 3D 角度和方向角度。其中，3D 角度是在不需要定义旋转轴的情况下在两个对象之间进行测量，3D 角度约束的值小于或等于 180°。由于 3D 角度约束不使用已定义的轴便可定义两个对象之间空间的角度，因此两个对象之间的最小角度将用于求解约束。方向角度是使用选定的旋转轴测量两个对象之间的角度约束，可支持最大 360° 的旋转。

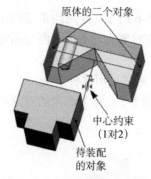

图 8-10　中心约束（1 对 2）

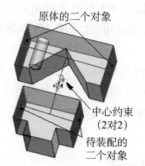

图 8-11　中心约束（2 对 2）

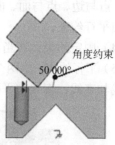

图 8-12　角度约束

8.4　装配导航器

在 UG NX 装配导航器如图 8-13 所示。装配导航器在装配操作中具有十分重要的地位，首先它能将整个装配结构展示在设计者的眼前，除此以外它还能对装配中的部件进行操控。

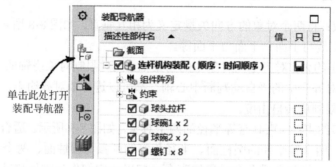

图 8-13　UG NX 装配导航器

● 隐藏部件：选中待隐藏部件前面的☑复选框，或者鼠标右击待隐藏部件，在右键菜单（见图 8-14）中选择▶☑ 隐藏 命令。

● 将隐藏部件再次显示：选中待显示部件前面的☑复选框，或者鼠标右击待隐藏部件，在右键菜单中选择▶☑ 显示 命令。

● 设为工作部件：工作部件是指处于激活状态的部件，这时进行编辑及特征操作的对象都是工作部件。鼠标右击目标部件，在右键菜单（见图 8-14）中选择🔧 设为工作部件 命令即可完成设置。编辑操作结束后将总装配设为工作部件即可取消当前的工作部件。

● 设置唯一显示部件：唯一显示的部件是指装配图唯一显示在绘图区的部件。鼠标右击目标部件，在右键菜单（见图 8-14）中选择🔧 仅显示 命令即可完成设置。编辑操作结束后将总装配设为显示部件即可解除当前的显示状态。

● 在新窗口打开部件：鼠标右击目标部件，在右键菜单（见图 8-14）中选择🔲 在窗口中打开 命令可在新窗口打开部件。单击展开"快速访问"工具栏🔲 窗口▼组，在该组中选择总装配的文件名即可恢复到总装配显示。

装配导航器中➕🔧 约束 组中包括整个装配中的所有约束，在这里可以通过右键菜单对已有约束进行编辑、删除、抑制、隐藏等操作。

图 8-14　右键菜单

8.5　装配基本操作

在 UG NX 中，装配基本操作包括新建组件、添加组件、阵列组件、镜像组件、移动组件、替换组件等。

1. 新建组件

单击"装配"选项卡中![]按钮，打开"新组件文件"对话框，新组件可以是模型也可以是一个子装配；输入组件名称，确认文件路径是否正确，单击**确定**按钮进入"新建组件"对话框，这时用户可以复制已有对象也可以不做选择得到一个空组件。

2. 添加组件

如果存在已经设计好的组件，这时只要通过添加组件将它加入装配中即可。单击"装配"选项卡中添加![]按钮，打开"添加组件"对话框（见图 8-15）。

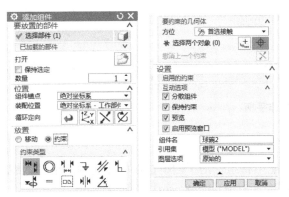

图 8-15　"添加组件"对话框

1）"位置"选项组：用于控制待放置部件的初始位置

组件锚点： 待放置部件中用于对齐的基准，一般采用该部件的绝对坐标系。

装配位置： 装配目标部件中用于对齐的基准，右边的下拉框提供了四种方法供选择。其中，对齐▼表示待放置组件的锚点对齐指定点或指定的坐标系；绝对坐标系 - 工作部件▼表示待放置组件的锚点对齐当前工作部件的绝对坐标系；绝对坐标系 - 显示部件▼表示待放置组件的锚点对齐当前显示部件的绝对坐标系；工作坐标系▼表示待放置组件的锚点对齐装配目标文件的工作坐标系。

2）"放置"选项组：通过移动或装配约束来定位和固定待放置组件

◉ 移动：选中该单选按钮时，绘图区会出现图 8-16 所示的操作手柄，单击手柄的任一操控轴将弹出距离输入框，要求用户输入距离值完成移动；单击任一操控点将弹出角度输入框，要求用户输入角度值完成旋转。

◉ 约束：选中该单选按钮时，对话框中将显示"约束类型"选项组，用户可以选择其中一种约束对待放置部件进行约束。

3）"设置"选项组

启用的约束：展开该项可以勾选所需要的约束类型，没有勾选的约束将不会显示在"约束类型"选项组中。

互动选项：包含关于人机互动的一些设置，其中 ☑ **分散组件** 是指待放置部件的初始位置不与原有部件发生重叠，以方便操作者观察；☑ **保持约束** 是指在确定或应用后约束一直保留，在装配导航器"约束"组中可以找到该约束并进行编辑，不选中该复选框则确定或应用后该约束不保留，在装配导航器中也找不到该约束的记录，当然也就无法对这个约束进行编辑了；勾选 ☑ **预览** 复选框，可以让待放置部件在绘图区显示；勾选 ☑ **启用预览窗口** 复选框，可以让待放置部件在独立的小窗口显示。

3. 阵列组件

阵列组件是指将指定部件复制并按规律排列。单击"装配"选项卡中 阵列组件 按钮，打开"阵列组件"对话框（见图 8-17）。阵列组件的操作方法与阵列特征的操作方法是相似的，请参考前文相关内容。

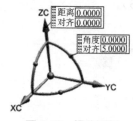

图 8-16　操作手柄

图 8-17　"阵列组件"对话框

4. 镜像组件

镜像组件是指在装配中将组件沿平面镜像以创建复制的组件。镜像组件的操作如下。

Step1：打开本书配套素材 train/ch8/asm1/镜像组件.prt。

Step2：选择菜单 装配(A) → 组件(C) → 镜像装配(I)... 命令，打开图 8-18 所示"镜像装配向导"对话框，单击 下一步 > 按钮。

图 8-18　"镜像装配向导"对话框

Step3：系统弹出的"镜像装配向导（选择组件）"对话框，在绘图区选择图 8-19 所示 T 形块为目标组件，单击 下一步 > 按钮。

图 8-19 选择组件

Step4：系统弹出的"镜像装配向导（选择平面）"对话框，在绘图区选择图 8-20 所示 YZ 平面为镜像平面（也可以通过对话框中平面构造器来选择 YZ 平面），单击 下一步 > 按钮。

图 8-20 选择镜像平面

Step5：系统弹出的"镜像装配向导（命名策略）"对话框，选中 ◉ 将此作为前缀添加到原名中、◉ 将新部件添加到与其源相同的目录中 单选按钮，其余采用默认设置，如图 8-21 所示，单击 下一步 > 按钮。

图 8-21 命名策略设置

Step6：系统弹出的"镜像装配向导（镜像设置）"对话框，选择图 8-22 中 A 所指向的组件，然后再单击图中 B 指向的关联镜像 按钮，单击 下一步 > 按钮。

图 8-22　选择镜像的类型

Step7：系统弹出图 8-23 所示"镜像组件"对话框，单击 确定(O) 按钮。

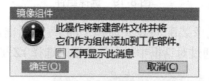

图 8-23　"镜像组件"对话框

Step8：系统弹出"镜像装配向导（定位镜像实例）"对话框，如图 8-24 所示，通过该对话框可以实现多种解算，单击 下一步 > 按钮。

图 8-24　定位镜像实例

Step9：系统弹出 "镜像装配向导（新部件文件）"对话框，通过该对话框可以重命名新组件，单击 完成 按钮，创建的镜像部件如图 8-25 所示。

图 8-25　命名新部件文件

5. 移动组件

选择菜单 装配(A) → 组件位置(P) → ⚙ 移动组件(E)...命令，即可打开"移动组件"对话框（见图 8-26（a））；在装配中指定一个组件，然后在"运动"下拉框选择一种移动方法并输入移动量，单击"确定"按钮即可完成组件的移动。要注意的是，已经有装配约束限制的方向是不能作为移动方向的，比如某个组件在 X 轴方向有一个接触约束，那么这个组件在 X 方向是不能被移动的。

（a）　　　　　　　　　　（b）

图 8-26　移动组件

6. 替换组件

替换组件就是用一个组件替换另一个组件。选择菜单 装配(A) → 组件(C) → ✗ 替换组件(E)...命令，可打开"替换组件"对话框（见图 8-27）；选择要替换的组件和替换件，单击"确定"按钮即可完替换操作。替换件可以从已加载的部件中选择也可以单击"浏览" 🗁 按钮从文件夹中选择。

图 8-27　"替换组件"对话框

7. 新建父对象

建立当前显示部件（当 UG NX 打开了多个窗口，处于激活状态的窗口中的部件）的父对象。选择菜单 装配(A) → 组件(C) → 🐾 新建父对象(W)...命令，系统弹出"新建父对象"对话框；在"名称"文本框输入父对象名并确认"文件夹"文本框中的路径是否符合要求，单击 确定 按钮完成父对象的创建。

8.6　爆炸图

1. 创建爆炸图

爆炸图又称为分解视图，是指将零部件从装配体中拆开并形成特定状态和位置的视图。下面通过一个案例来说明爆炸图创建的一般步骤。

Step1：打开本书配套素材 train/ch8/asm1/镜像组件.prt。

Step2：选择菜单 装配(A)→爆炸图(X)→ 新建爆炸(N)... 命令，打开"新建爆炸"对话框，在 "名称"文本框中输入 exp_1，单击 确定 按钮。

Step3：在"装配"选项卡爆炸图按钮组内的下拉框中选择上一步创建的爆炸 Exp_1 ▼；选择菜单 装配(A)→爆炸图(X)→ 编辑爆炸(E)... 命令，打开"编辑爆炸"对话框（见图 8-28）；选中 ● 选择对象 单选按钮，在绘图区选择图 8-29 所示对象为移动对象。

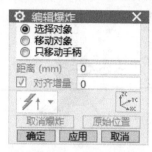

图 8-28　"编辑爆炸"对话框

图 8-29　选择移动对象

Step4：在"编辑爆炸"对话框中选中 ● 移动对象 单选按钮，这时绘图区出现图 8-30 所示操控手柄；单击该手柄，在"距离"文本框中输入数值"−20"。

Step5：单击"编辑爆炸"对话框中的 确定 按钮，创建的爆炸如图 8-31 所示。

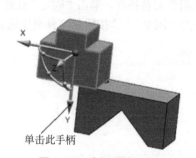

图 8-30　选择移动方向

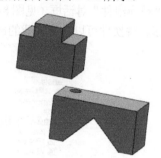

图 8-31　创建的爆炸

难点解析：选中"编辑爆炸"对话框中 ● 只移动手柄 单选按钮，那么此时只会移动操控手柄而部件不会被移动。利用这种方法可将操控手柄移动或旋转至合适的位置和方向，然后可以实现组件（部件）向任意方向分解。

2．删除爆炸图

选择菜单 装配(A)→爆炸图(X)→ 删除爆炸(D)... 命令，系统弹出"爆炸图"对话框，在对话框中选择需要删除的爆炸，然后单击 确定 按钮完成删除操作。需要注意的是，在视图中显示的爆炸是不能删除的。

8.7　显示自由度

一个没任何约束的空间物体拥有六个自由度：沿 X、Y、Z 轴移动的三个自由度，绕 X、Y、Z 轴转动的三个自由度。选择菜单 装配(A)→组件位置(P)→ 显示自由度(F) 命令，系统弹出"组件选择"对话框,在绘图区选择图 8-32 所示部件,操作结果见该图。一个被完全约束的部件的自由度为 0。

图 8-32   显示自由度

8.8   自顶向下的装配设计

自顶向下是一个产品开发过程,是指在装配环境中创建相关部件或组件,是从装配部件顶级向下产生子装配或部件的设计方法,子装配或部件之间通过特定命令能实现模型数据共享。这种设计思想主要体现在一开始就要注重产品结构规划,从顶级装配逐层向下细化设计。

自顶向下的装配设计离不开 WAVE 模式,在装配导航器空白区单击鼠标右键,在右键菜单中选择"WAVE 模式"命令(见图 8-33),启动该模式。

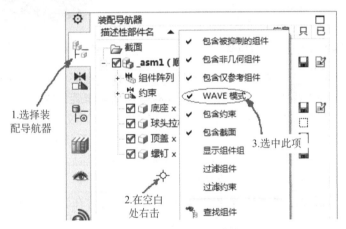

图 8-33   启动 WAVE 模式

WAVE 模式包含一组命令:新建层、WAVE 几何链接器、将几何体复制到组件、将几何体复制到部件、将几何体复制到新部件、产品接口、WAVE 接口链接器等。下面对一些重要且常用的命令进行讲述。

1. 新建层

新建层可以用于创建子部件。下面以本书配套素材 train/ch8/子组件/asm.prt 为例说明子部件的创建步骤。

Step1:在装配导航器空白区单击鼠标右键,在右键菜单中选择"WAVE 模式"命令。

Step2:在装配导航器中右键单击 ☑ 🟦 asm,在右键菜单中选择 WAVE → 新建层 命令,如图 8-34 所示。

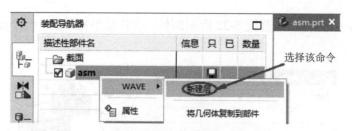

图 8-34　选择"新建层"命令

Step3：系统弹出"新建层"对话框（见图 8-35），单击指定部件名按钮，打开"选择部件名"对话框，确认文件夹路径与原素材文件的路径相同，在"文件名"文本框输入"凸块"，单击 OK 按钮返回"新建层"对话框；单击类选择按钮，系统弹出"WAVE 部件间复制"选择框，将 UG NX 选择条"类型过滤器"设置为实体▼；在绘图区选择图 8-36 所示需要创建的子组件实体，单击确定按钮完成凸块的创建。

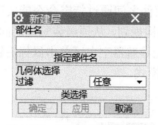

图 8-35　"新建层"对话框

图 8-36　选择子组件实体

Step4：再次在装配导航器中右键单击☑ ▣ asm，在右键菜单中选择WAVE→新建层命令。

Step5：系统弹出"新建层"对话框（见图 8-35），单击指定部件名按钮，打开"选择部件名"对话框，确认文件夹路径与原素材文件的路径相同，在"文件名"文本框输入"凹块"，单击 OK 按钮，返回"新建层"对话框；单击类选择按钮，系统弹出"WAVE 部件间复制"选择框，将 UG NX 选择条"类型过滤器"设置为实体▼，然后在绘图区选择图 8-37 所示需要创建的子组件实体，单击确定按钮完成凹块的创建。

Step6：完成子组件后的装配导航器如图 8-38 所示，这时在装配中增加了"凸块"和"凹块"两个组件，右击相应的组件并选择 ▣ 在窗口中打开命令可以打开刚才创建的子组件。

图 8-37　选择子组件实体

图 8-38　装配导航器

2. 产品接口与 WAVE 接口链接器

将一个部件中的某个对象设置为产品接口，然后在另一个部件中使用"WAVE 接口链接器"命令将产品接口对象复制到该部件。

选择菜单**工具(T)** → 🧩 **产品接口(N)...** 命令，打开的"产品接口"对话框如图 8-39 所示。在该对话框中，"对象类型"可以用于筛选对象，选择对象后单击**确定**按钮即可完成产品接口的设置。

将需要引用接口对象的部件设置为工作部件，选择菜单**插入(S)** → **关联复制(A)** → 🧩 **WAVE 接口链接器(I)...** 命令，打开"WAVE 接口链接器"对话框（见图 8-40），单击 ✳ **选择部件 (0)**，从已加载部件中选择或打开一个含有接口的部件，这时会在"界面"选项组显示可用的接口对象，从中选择所需要的接口对象，单击**确定**按钮即可将接口对象复制到工作部件。

图 8-39　"产品接口"对话框

图 8-40　"WAVE 接口链接器"对话框

3. WAVE 几何链接器

WAVE 几何链接器可以让用户在装配图中将其他组件（部件）的几何元素（点、曲线、面、体等）复制到工作部件，这是自顶向下设计思想的核心命令之一。

下面以本书配套素材 train/ch8/asm1/镜像组件.prt 为例说明 WAVE 几何链接器的用法。

Step1：设置工作部件。在装配导航器中右键单击 ☑ 🧊 **V形块**，在右键菜单中选择 🧊 **设为工作部件** 命令，如图 8-41 所示。

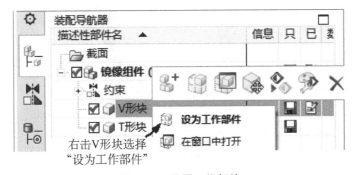

图 8-41　设置工作部件

Step2：打开"WAVE 几何链接器"对话框，"类型"和"面选项"的设置如图 8-42 所示，在"设置"选项组勾选 ☑ **关联** 复选框，激活 ✳ **选择面 (0)**，在绘图区选择图 8-43 所示的两个实体面；单击**确定**按钮，完成几何链接的创建。

Step3：查看结果。在装配导航器中右键单击 ☑ 🧊 **V形块** 选项，在右键菜单中选择 🧊 **在窗口中打开** 命令，完成的 V 形块如图 8-44 所示。

图 8-42 "WAVE 几何链接器"对话框

图 8-43 选择实体面

图 8-44 完成的 V 形块

8.9 零件装配设计综合应用实例

1. 零件装配设计实例 1

完成如图 8-45 所示连杆轴套 3D 装配图。

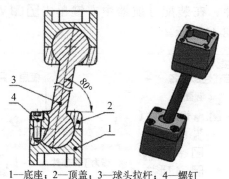

1—底座；2—顶盖；3—球头拉杆；4—螺钉

图 8-45 连杆轴套 3D 装配图

1）新建文件

将本书配套素材 train/ch8/零件装配实例 1 文件夹拷贝到桌面；选择菜单 文件(F) → 新建(N)... 命令，系统弹出"新建"对话框；在"模型"选项卡的"模板"选项组中选择模板类型为 装配，在"名称"文本框中输入文件名称 ljzp_1，"文件夹"的路径设置为 C:\Users\Administrator\Desktop\零件装配实例1；单击 确定 按钮，进入装配环境。

2）装配底座 1

①单击"装配"选项卡中添加 按钮，打开"添加组件"对话框。

②选择待放置部件：单击打开 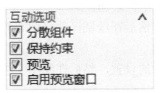 按钮，打开"部件名"对话框，在"名称"列表框选择部件"底座"，单击 OK 按钮。

③设置初始位置：将"位置"选项组"装配位置"设置为 绝对坐标系-显示部件▼。

④添加约束：展开"设置"选项组"互动选项"并勾选所有复选框（见图8-46），在"放置"选项组选中◉ 约束单选按钮，在"约束类型"按钮组单击固定 ⏚ 按钮，在绘图区选择底座。

⑤单击 确定 按钮，完成底座1的装配，如图8-47所示。

图 8-46　互动选项

图 8-47　装配底座 1

3）装配球头拉杆

①打开"添加组件"对话框。

②选择待放置部件：打开"部件名"对话框，在"名称"列表框选择部件"球头拉杆"，单击 OK 按钮。

③设置初始位置：将"位置"选项组"装配位置"设置为 绝对坐标系-显示部件▼。

④移动部件：在"放置"选项组选中◉ 移动单选按钮，用鼠标按住操控手柄的 X 箭头并拖动至图8-48所示位置。

⑤添加约束1：展开"设置"选项组"互动选项"并勾选所有复选框（见图8-46），在"放置"选项组选中◉ 约束单选按钮，在"约束类型"按钮组单击适合窗口 ═ 按钮，然后在绘图区选择图8-48所示球面及球头。

⑥添加约束2：在"约束类型"按钮组单击角度 ⚔ 按钮，将"子类型"设置为 3D 角▼，然后在绘图区选择图8-49所示圆柱面及实体上表面，在下方"角度"文本框输入数值"80"。

⑦添加约束3：在"约束类型"按钮组单击平行 ∥ 按钮，然后在绘图区选择图8-50所示的轴线及平面。

⑧单击 确定 按钮，完成球头拉杆的装配，如图8-50所示。

图 8-48　定义适合窗口约束

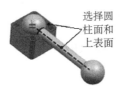

图 8-49　定义角度约束

图 8-50　定义平行约束

4）装配顶盖 1

①打开"添加组件"对话框。

②选择待放置部件：打开"部件名"对话框，在"名称"列表框选择部件"顶盖"，单击 OK 按钮。

③设置初始位置：将"位置"选项组"装配位置"设置为 绝对坐标系-显示部件▼ 。

④移动部件：在"放置"选项组选中◉ **移动** 单选按钮，用鼠标按住操控手柄的 X 箭头并拖动至图 8-51 所示位置，然后按住操控手柄 YC 与 ZC 之间的旋转操控点将部件旋转180°。

⑤添加约束 1：展开"设置"选项组"互动选项"并勾选所有复选框（见图 8-46），在"放置"选项组选中◉ **约束** 单选按钮，在"约束类型"按钮组单击接触对齐 ▶◀ 按钮，并将"方位"设为 ▶◀ 接触▼ ，然后在绘图区选择图 8-51 所示两个组件表面。

⑥添加约束 2：将 "方位"切换为 ▐ 对齐▼ ，然后在绘图区选择图 8-52 所示的两个组件面。

⑦添加约束 3：保持前面的约束类型和"方位"的设置，然后在绘图区选择图 8-53 所示的两个组件面。

⑧单击 确定 按钮，完成顶盖 1 的装配，如图 8-54 所示。

图 8-51 定义接触面　　图 8-52 定义对齐面　　图 8-53 定义对齐面　　图 8-54 顶盖 1 的装配

5）装配顶盖 2

①打开"添加组件"对话框。

②选择待放置部件：打开"部件名"对话框，在"名称"列表框选择部件"顶盖"，单击 OK 按钮。

③设置初始位置：将"位置"选项组"装配位置"设置为 绝对坐标系-显示部件▼ 。

④移动部件：在"放置"选项组选中◉ **移动** 单选按钮，用鼠标按住操控手柄的 X 箭头并拖动至图 8-55 所示位置，然后按住操控手柄 YC 与 ZC 之间的旋转操控点将部件旋转180°。

⑤添加约束 1：展开"设置"选项组"互动选项"并勾选所有复选框（见图 8-46），在"放置"选项组选中◉ **约束** 单选按钮，在"约束类型"按钮组单击适合窗口 ═ 按钮，然后在绘图区选择图 8-48 所示球面及球头。

⑥添加约束 2：在"约束类型"按钮组单击平行 ⫽ 按钮，然后在绘图区选择图 8-56 所示的两个组件面。

⑦添加约束 3：在"约束类型"按钮组单击平行 ⫽ 按钮，然后在绘图区选择图 8-57 所示的两个组件面。

⑧单击 确定 按钮，完成顶盖 2 的装配，如图 8-57 所示。

图 8-55　定义配合面

图 8-56　定义平行面

图 8-57　定义平行面

6）装配底座 2

①打开"添加组件"对话框。

②选择待放置部件：打开"部件名"对话框，在"名称"列表框选择部件"底座"，单击 OK 按钮。

③设置初始位置：将"位置"选项组"装配位置"设置为 绝对坐标系-显示部件▼ 。

④移动部件：在"放置"选项组选中◉ 移动 单选按钮，用鼠标按住操控手柄的 X 箭头并拖动至图 8-58 所示位置。

⑤添加约束 1：展开"设置"选项组"互动选项"并勾选所有复选框，在"放置"选项组选中◉ 约束 单选按钮，在"约束类型"按钮组单击适合窗口 ＝ 按钮，然后在绘图区选择图 8-58 所示球面及球头。

⑥添加约束 2：在"放置"选项组选中◉ 移动 单选按钮，然后按住操控手柄 YC 与 ZC 之间的旋转操控点将部件旋转 90°，如图 8-59 所示；在 "放置"选项组◉ 约束 单选按钮，在"约束类型"按钮组单击接触对齐 ◄►◄ 按钮，并将 "方位"设置为 ▐ 对齐 ▼ ，然后在绘图区选择图 8-59 所示两个组件表面。

⑦添加约束 3：保持前面的约束类型和"方位"的设置，然后在绘图区选择图 8-60 所示的两个组件表面。

⑧单击 确定 按钮，完成底座 2 的装配，如图 8-60 所示。

图 8-58　定义配合面

图 8-59　定义对齐面

图 8-60　装配底座 2

7）装配底部螺钉

①打开"添加组件"对话框。

②选择待放置部件：打开"部件名"对话框，在"名称"列表框选择部件"螺钉"，单击 OK 按钮。

③设置初始位置：将"位置"选项组"装配位置"设置为 绝对坐标系-显示部件▼ 。

④移动部件：在"放置"选项组选中◉ **移动** 单选按钮，用鼠标按住操控手柄的 X 箭头并拖动至图 8-61 所示位置，然后按住操控手柄 YC 与 ZC 之间的旋转操控点将部件旋转 180°。

⑤添加约束 1：展开"设置"选项组"互动选项"并勾选所有复选框（见图 8-46），在"放置"选项组选中◉ **约束** 单选按钮，在"约束类型"按钮组单击接触对齐 ⟩⟨ 按钮，并将 "方位"设置为 ⟩⟨ **接触 ▾**，然后在绘图区选择图 8-61 所示两个组件的台阶面。

⑥添加约束 2：在"约束类型"按钮组单击对齐/锁定 **⟩⟨** 按钮，然后在绘图区选择图 8-62 所示的两个圆柱面。

⑦单击 **确定** 按钮，完成底部螺钉的装配，如图 8-63 所示。

选择两处台阶面

图 8-61　定义接触面

选择两个圆柱面

图 8-62　定义对齐面

图 8-63　底部螺钉的装配

8）完成下部底座螺钉的组件阵列

①单击"装配"选项卡中阵列组件 **⁺ 阵列组件** 按钮，打开"阵列组件"对话框。

图 8-64　完成的螺钉阵列

②单击 **❋ 选择组件 (0)**，在绘图区选择上一步装配好的底部螺钉。

③在"阵列定义"选项组"布局"下拉框选择 **⊞ 线性 ▾**，单击"方向 1" **❋ 指定矢量**，选择-XC 为第一阵列方向，在"间距"下拉框选择 **数量和间隔 ▾**，在下方文本框输入数量为"2"，"节距"设置为"50"；在"方向 2"勾选 **☑ 使用方向 2** 单选按钮，单击"方向 2" **❋ 指定矢量**，选择 YC 为第二阵列方向，"间距"设置为 **数量和间隔 ▾**，"数量"设置为"2"，"节距"设置为"50"。

④单击 **确定** 按钮，完成阵列组件操作，如图 8-64 所示。

9）上部底座螺钉的装配与陈列

按照步骤（7）、（8）的方法完成上部底座螺钉的装配与阵列。

10）创建爆炸图

①单击"装配"选项卡爆炸图按钮组中新建爆炸 🗊 按钮，打开"新建爆炸"对话框，在 "名称"文本框中输入 exp_1，单击 **确定** 按钮。

②在"装配"选项卡爆炸图按钮组的下拉框中选择上一步创建的爆炸 **Exp_1 ▾**；选择菜单 **装配(A)→爆炸图(X)→ 🗊 编辑爆炸(E)...** 命令，打开"编辑爆炸"对话框，选中◉ **选择对象** 单选按钮，在绘图区选择图 8-64 所示部件 1 为移动对象。

③在"编辑爆炸"对话框中选中◉ **移动对象** 单选按钮，这时绘图区出现图 8-65 所示操控

手柄；单击图操控手柄 Z 轴，在"距离"文本框中输入数值"-170"，单击 应用 按钮。

④选中 ◉ 选择对象 单选按钮，在绘图区按住 Shift 键取消选择部件 1，然后在图区选择图 8-66 所示部件 2 为移动对象。

⑤在"编辑爆炸"对话框中选中 ◉ 移动对象 单选按钮，这时绘图区出现图 8-66 所示操控手柄；单击图操控手柄 Z 轴，在"距离"文本框中输入数值"-140"，单击 应用 按钮。

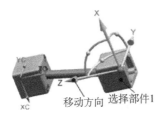

图 8-65 定义部件 1 移动

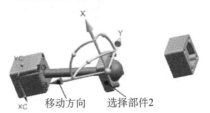

图 8-66 定义部件 2 移动

⑥选中 ◉ 选择对象 单选按钮，在绘图区按住 Shift 键取消选中部件 2，在图区选择图 8-67 所示部件 3（共四个螺钉）为移动对象。

⑦在"编辑爆炸"对话框中选中 ◉ 移动对象 单选按钮，这时绘图区出现图 8-67 所示操控手柄；单击操控手柄 Z 轴，在"距离"文本框中输入数值"80"，单击 应用 按钮。

⑧选中 ◉ 选择对象 单选按钮，在绘图区按住 shift 键取消选择部件 3（四个螺钉都要取消），在图区选择图 8-68 所示部件 4（球头拉杆）为移动对象。

⑨在"编辑爆炸"对话框中选中 ◉ 移动对象 单选按钮，单击图 8-68 所示操控手柄 X 轴，在"距离"文本框中输入数值"75"，单击 应用 按钮。

图 8-67 定义部件 3 移动

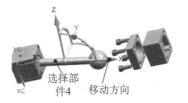

图 8-68 定义部件 4 移动

⑩选中 ◉ 选择对象 单选按钮，在绘图区按住 Shift 键取消选择部件 4，然后在图区选择图 8-69 所示部件 5 为移动对象。

⑪在"编辑爆炸"对话框中选中 ◉ 移动对象 单选按钮，这时绘图区出现图 8-69 所示操控手柄；单击操控手柄 Z 轴，在"距离"文本框中输入数值"30"，单击 应用 按钮。

⑫选中 ◉ 选择对象 单选按钮，在绘图区按住 Shift 键取消选择部件 5，在图区选择图 8-70 所示部件 6（四个螺钉）为移动对象。

⑬在"编辑爆炸"对话框中选中 ◉ 移动对象 单选按钮，单击图 8-70 所示操控手柄 Z 轴，在"距离"文本框中输入数值"80"，单击 应用 按钮。

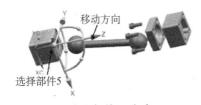

图 8-69 定义部件 5 移动

图 8-70 定义部件 6 移动

⑭单击"编辑爆炸"对话框 确定 按钮，完成的爆炸如图 8-71 所示。

XC

图 8-71 完成的爆炸图

11）保存文件

选择菜单 文件(F) → 🔲 保存(S) 命令（或单击工具栏 🔲 按钮）。

2. 零件装配设计实例 2

在进行鼠标产品设计时，为了能共享用于装配的工装需要将同一系列的不同产品的安装位置标准化，并将这个标准化部件进行共享。下面请按自顶向下的设计思路并根据本书配套素材提供的共享部件完成图 8-72 所示鼠标的造型设计。

(a) 共享的结构部分　　(b) 鼠标上盖　　(c) 鼠标下壳　　(d) 鼠标装配图

图 8-72 鼠标造型

1）打开文件

将本书配套素材 train/ch8/零件装配实例 2 文件夹复制到桌面；选择菜单 文件(F) → 📂 打开(O)... 命令，系统弹出"打开"对话框，将路径定位到刚才复制到桌面的文件夹；在对话框"名称"列表选中 🔳鼠标，单击 OK 按钮，打开鼠标文件。

2）隐藏螺柱

在"资源条"中选择"装配导航器"，单击选中部件"螺柱"前面的"☑"复选框将螺柱隐藏，然后切换到"部件导航器"。

3）创建拉伸特征 1

①打开"拉伸"对话框并单击"绘制截面" 🔳 按钮，系统弹出"创建草图"对话框，选择 X-Y 平面为草图平面，单击 确定 按钮。

②绘制图 8-73 所示草绘截面，单击工具栏 🦟 按钮，返回"拉伸"对话框；在"方向"选项组指定"ZC"为拉伸方向；在"限制"选项组"开始"下拉列表中选择 🔲 值 ▼，在"距离"文本框中输入数值"0"；在"结束"下拉列表中选择 🔲 值 ▼，在 "距离"文本框中输入数值"40"。

③在"布尔"选项组"布尔"下拉列表中选择 🔵 无 ▼，"体类型"设置为 实体 ▼，"拔模"设置为 无 ▼，"偏置"设置为 无 ▼，其他参数采用系统默认设置。

④单击 **确定** 按钮，完成图 8-74 所示拉伸特征 1 的创建。

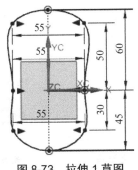

图 8-73   拉伸 1 草图

图 8-74   拉伸特征 1

4）创建草绘截面 1

①选择菜单"插入"→"在任务环境中绘制草图"命令，系统弹出"创建草图"对话框。

②设置草图平面。在"草图类型"下拉框中选择 **在平面上**，在"草图平面"选项组"平面方法"下拉框中选择 **自动判断 ▼**；在"草图方向"选项组"参考"下拉框中选择"水平"；在"草图原点"选项组"原点方法"下拉框选择 **使用工作部件原点**；在绘图区选择 *YZ* 平面为草图平面，单击 **确定** 按钮进入草图绘制环境。

③绘制图 8-75 所示截面，单击功能区 🏁 按钮，完成草绘截面 1。

5）创建草绘截面 2

①打开"创建草图"对话框。

②设置草图平面。在"草图类型"下拉框中选择 **在平面上**，在"草图平面"选项组"平面方法"下拉框中选择 **自动判断 ▼**；在"草图方向"选项组"参考"下拉框中选择"水平"；在"草图原点"选项组"原点方法"下拉框中选择 **使用工作部件原点**；在绘图区选择 *XZ* 平面为草图平面，单击 **确定** 按钮进入草图绘制环境。

③绘制图 8-76 所示截面，单击功能区 🏁 按钮，完成草绘截面 2。

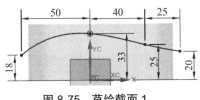

图 8-75   草绘截面 1

图 8-76   草绘截面 2

6）创建扫掠片体 1

①打开"扫掠"对话框。

②单击"截面"选项组 ✱ **选择曲线 (0)**，将 UG NX 主界面"曲线规则"设置为 **单条曲线 ▼**，在绘图区选择图 8-77 所示截面并单击 🗙 按钮使箭头方向如图所示。

③单击"引导线"选项组 ✱ **选择曲线 (0)**，并将 UG 选择条"曲线规则"设置为 **相切曲线 ▼**，在绘图区选择图 8-77 所示引导线 1 并单击 🗙 按钮使箭头方向如图所示。

④展开"截面选项"选项组并勾选 ☑ **保留形状** 复选框，其余接受默认设置（见图 8-78）。

⑤单击 确定 按钮，完成图 8-79 所示扫掠片体的创建。

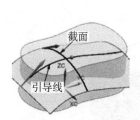

图 8-77 定义曲线

图 8-78 截面选项与设置

图 8-79 扫掠片体 1

7）修剪体

①选择菜单 插入(S) → 修剪(T) → 修剪体(T)… 命令，系统弹出"修剪体"对话框；单击"目标"选项组 选择体 (0)，在绘图区选择图 8-80 所示实体为目标体。

②单击 "工具"选项组 选择面或平面 (0)，在绘图区选择图 8-80 所示曲面为工具体，单击 按钮使箭头方向如图 8-80 所示。

③单击 确定 按钮，完成的修剪体如图 8-81 所示。

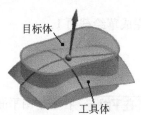

图 8-80 修剪前

图 8-81 修剪后

8）隐藏曲线及曲面

选择步骤（4）、（5）创建的两条草绘曲线及扫掠片体，单击鼠标右键并选择 隐藏(H) 命令。

9）创建倒圆角 1

①选择菜单 插入(S) → 细节特征(L) → 边倒圆(E)… 命令，打开"边倒圆"对话框；在"连续性"下拉框中选择 G1（相切）▼，在"形状"下拉框中选择 圆形 ▼，在"半径 1"文本框输入数值"10"。

②单击 选择边 (0)，将选择条"曲线规则"设置为 相切曲线 ▼，然后在绘图区选择图 8-82 所示倒圆角边。

③勾选"设置"选项组☑ 移除自相交、☑ 复杂几何体的补片区域、☑ 限制圆角以避免失败区域三个复选框。

④单击 确定 按钮，完成边倒圆角 1 的创建。

10）创建倒圆角 2

①打开"边倒圆"对话框；在"连续性"下拉框中选择 G1（相切）▼，在"形状"下拉框中选择 圆形 ▼，在"半径 1"文本框输入数值"1"。

②单击 ✳ 选择边 (0)，将选择条"曲线规则"设置为 相切曲线 ▼，然后在绘图区选择图 8-83 所示倒圆角边。

③勾选"设置"选项组 ☑ 移除自相交、☑ 复杂几何体的补片区域、☑ 限制圆角以避免失败区域 三个复选框。

④单击 确定 按钮，完成边倒圆角 2 的创建。

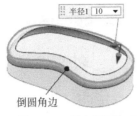

图 8-82　创建倒圆角 1　　　　图 8-83　创建倒圆角 2

11）创建拉伸片体

①打开"拉伸"对话框并单击"绘制截面" 🔳 按钮，系统弹出"创建草图"对话框，选择 *YZ* 平面为草图平面，单击 确定 按钮。

②绘制图 8-84 所示样条曲线为草绘截面，单击工具栏 🏁 按钮，返回"拉伸"对话框；在"方向"选项组指定"XC"为拉伸方向；在"限制"选项组"开始"下拉列表中选择 🔲 对称值 ▼，在"距离"文本框中输入数值"50"。

③在"布尔"选项组"布尔"下拉列表中选择 🔵 无 ▼，"体类型"设置为 片体 ▼，"拔模"设置为 无 ▼，"偏置"设置为 无 ▼，其他参数采用系统默认设置。

④单击 确定 按钮，完成图 8-85 所示拉伸片体的创建。

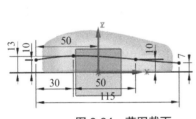
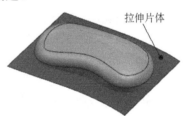

图 8-84　草图截面　　　　　　图 8-85　拉伸片体

12）拆分体

①选择菜单 插入(S) → 修剪(T) → 🔲 拆分体(P)...命令，系统弹出"拆分体"对话框；单击"目标"选项组 ✳ 选择体 (0)，在绘图区选择图 8-86 所示实体为目标体。

②单击"工具"选项组 ✳ 选择面或平面 (0)，在绘图区选择图 8-86 所示曲面为工具体。

③单击 确定 按钮，然后使用隐藏命令隐藏工具体，完成的拆分体如图 8-87 所示。

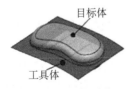

图 8-86　定义拆分体　　　　　图 8-87　完成拆分体

13）生成鼠标上盖零件

①由"资源条"切换到"装配导航器"，在装配导航器空白区单击鼠标右键，在右键菜单中选择"WAVE模式"命令。

②在装配导航器中右键单击☑🎲**鼠标（顺序：时间顺序）**，在右键菜单中选择**WAVE→新建层**命令，如图8-88所示。

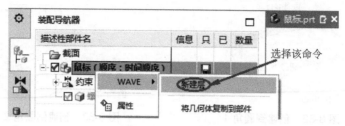

图8-88　选择命令

③系统弹出"新建层"对话框（见图8-89），单击**指定部件名**按钮，打开"选择部件名"对话框；确认文件夹路径与原鼠标文件的路径相同，在"文件名"文本框输入"鼠标上盖"，单击 **OK** 按钮，返回"新建层"对话框；单击**类选择**按钮，系统弹出"WAVE部件间复制"对话框，将UG NX选择条"类型过滤器"设置为**实体▼**，然后在绘图区选择图8-90所示需要创建的子组件实体，单击**确定**按钮，完成鼠标上盖的创建。

14）生成鼠标下壳零件

①在装配导航器中右键单击☑🎲**鼠标（顺序：时间顺序）**，在右键菜单中选择**WAVE→新建层**命令，如图8-88所示。

②系统弹出"新建层"对话框（见图8-89），单击**指定部件名**按钮，打开"选择部件名"对话框；确认文件夹路径与原鼠标文件的路径相同，在"文件名"文本框输入"鼠标下壳"，单击 **OK** 按钮返回"新建层"对话框；单击**类选择**按钮，系统弹出"WAVE部件间复制"对话框，将UG NX选择条"类型过滤器"设置为**实体▼**，在绘图区选择图8-91所示需要创建的子组件实体，单击**确定**按钮，完成鼠标下壳的创建。

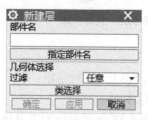

图8-89　"新建层"对话框

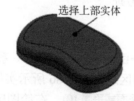

图8-90　选择上盖组件体

图8-91　选择下壳组件体

15）隐藏冗余实体

单击并选中部件"鼠标上盖"和"鼠标下壳"前面的"☑"复选框，将两个部件临时隐藏；选择菜单**格式(R)→ 移动至图层(M)...**命令，系统弹出"类选择"对话框；将UG NX选择条"类型过滤器"设置为**实体▼**，框选绘图区的两个实体（图8-92），单击**确定**按钮，系统弹出"图层移动"对话框（见图8-93）；在"目标图层或类别"文本框中输入数值"10"（任何一个隐藏图层都可以），单击**确定**按钮完成对象图层的设定。

16）显示鼠标上盖和螺柱零件

单击并选中部件"鼠标上盖"和"螺柱"前面的"☑"复选框，将两个部件显示，如图 8-94 所示；在装配导航器中右键单击☑📦鼠标上盖，在右键菜单中选择📦 设为工作部件命令（见图 8-95）。

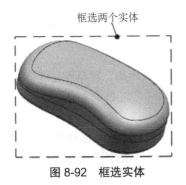

图 8-92　框选实体

图 8-93　"图层移动"对话框

图 8-94　显示鼠标上盖和螺柱

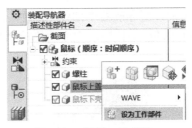

图 8-95　设置工作部件

17）创建壳特征

①选择菜单 插入(S)→偏置/缩放(O)→🗔 抽壳(H)…命令，打开"抽壳"对话框，在"类型"下拉框中选择 🗔 移除面，然后抽壳 ▼。

②单击"要穿透的面"选项组✱ 选择面 (0)，将选择条"面规则"设置为 单个面 ▼，在绘图区选择图 8-96 所示端面为穿透面，在"厚度"文本框中输入数值"1.2"。

③单击 确定 按钮，完成的壳体特征如图 8-97 所示。

图 8-96　选择穿透面

图 8-97　完成的壳体特征

18）创建链接几何体

选择菜单 插入(S)→关联复制(A)→🗔 WAVE 几何链接器(W)…命令，系统弹出"WAVE 几何链器"对话框；"类型"和"面选项"的设置如图 8-98 所示，并在"设置"选项组勾选☑ 关联复选框；单击✱ 选择体 (0)，在绘图区选择图 8-99 所示的 3 个小圆柱体；单击 确定 按钮，完成链接几何体的创建。

图 8-98 "WAVE 几何链接器"对话框

图 8-99 选择复制体

19）修剪体

①选择菜单 插入(S) → 修剪(T) → 修剪体(T)...命令，系统弹出"修剪体"对话框；单击 "目标"选项组 选择体 (0)，将 UG NX 主界面选择条"体规则"设置为 单个体 ，在绘图区选择图 8-100 所示实体为目标体。

②单击"工具"选项组 选择面或平面 (0)，将 UG NX 主界面选择条"面规则"设置为 单个面 ，然后在绘图区选择图 8-100 所示曲面为工具体，单击 按钮使箭头方向如图 8-100 所示。

③取消选中装配导航器中部件"螺柱"前面的" "复选框，将部件临时隐藏，单击"修剪体"对话框中的 确定 按钮，完成的修剪体如图 8-101 所示。

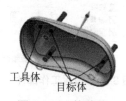

图 8-100 修剪前

图 8-101 修剪后

20）布尔运算

①选择菜单 插入(S) → 组合(B) → 合并(U)...命令，打开"合并"对话框，激活"目标"选项组 选择体 (0)，在绘图区选择图 8-102 所示目标体。

②单击"工具"选项组 选择体 (0)，将 UG NX 主界面选择条"体规则"设置为 特征体 ，在绘图区选择图 8-102 所示 3 个工具体。

③单击"合并"对话框中的 确定 按钮，完成合并操作。

21）显示鼠标下壳和螺柱零件

取消选中部件"鼠标上盖"前面的" "复选框，将鼠标上盖隐藏；选中部件"鼠标下壳"和"螺柱"前面的" "复选框，将两个部件显示，如图 8-103 所示；在装配导航器中右击 鼠标下壳，在快捷菜单中选择 设为工作部件命令（见图 8-104）。

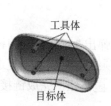

图 8-102 合并体

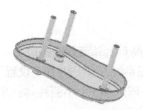

图 8-103 显示下壳和螺柱

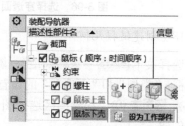

图 8-104 设置工作部件

22）创建壳特征

①选择菜单 插入(S) → 偏置/缩放(O) → 抽壳(H)... 命令，打开"抽壳"对话框，在"类型"下拉框中选择 移除面，然后抽壳 ▼。

②单击"要穿透的面"选项组 选择面 (0)，将选择条"面规则"设置为 单个面 ▼，在绘图区选择图 8-105 所示端面为穿透面，在"厚度"文本框中输入数值"1.2"。

③单击 确定 按钮，完成的壳体特征如图 8-106 所示。

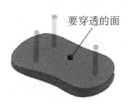

图 8-105　选择穿透面　　　　图 8-106　完成的壳体特征

23）创建链接几何体

①选择菜单 插入(S) → 关联复制(A) → WAVE 几何链接器(W)... 命令，系统弹出"WAVE 几何链接器"对话框；"类型"和"面选项"的设置如图 8-107 所示，并在"设置"选项组勾选 ☑ 关联复选框，单击 选择体 (0)，在绘图区选择图 8-108 所示的 3 个大圆柱体；单击 确定 按钮，完成链接几何体的创建。

24）布尔运算

①取消选中装配导航器中部件"螺柱"前面的"☑"复选框，将部件临时隐藏。

②选择菜单 插入(S) → 组合(B) → 合并(U)... 命令，打开"合并"对话框，单击"目标"选项组 选择体 (0)，在绘图区选择图 8-109 所示目标体。

③单击"工具"选项组 选择体 (0)，将 UG NX 主界面选择条"体规则"设置为 特征体 ▼，在绘图区选择图 8-109 所示 3 个工具体。

④单击"合并"对话框中的 确定 按钮，完成合并操作。

图 8-107　"WAVE 几何链接器"对话框

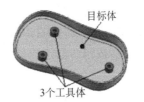

图 8-108　选择复制体　　　　图 8-109　合并体

25）创建拉伸切剪

①单击 菜单(M)▾ 展开主菜单，选择 插入(S) → 设计特征(E) → 拉伸(E)... 命令（或单击工具栏 按钮），系统弹出"拉伸"对话框；单击"拉伸"对话框"绘制截面"选项组 按钮，系统弹出"创建草图"对话框，"草图类型"设置为 在平面上，在"草图平面"选项组"平面方法"下拉框中选择 自动判断▾ ；在"草图方向"选项组"参考"下拉框中选择"水平"；在"草图原点"选项组"原点方法"下拉框中选择 使用工作部件原点；在绘图区选择鼠标下壳底面为草图平面（见图 8-110），单击 确定 按钮，进入草图绘制环境。

②绘制图 8-111 所示草绘截面，然后单击工具栏 按钮，返回"拉伸"对话框；在"方向"选项组指定"ZC"为拉伸方向；在"限制"选项组"开始"下拉列表中选择 值 ▾ ，在其下方"距离"文本框中输入数值"0"，在"结束"下拉列表中选择 直至下一个▾ ；在"布尔"选项组"布尔"下拉列表中选择 减去▾ ；"体类型"设置为 实体▾ ；其他参数采用系统默认设置。

③单击 确定 按钮，完成图 8-112 所示拉伸切剪。

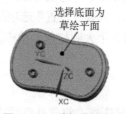

图 8-110　选择草图平面

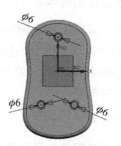

图 8-111　拉伸草图

图 8-112　完成的拉伸切剪

26）替换面

①选择菜单 插入(S) → 同步建模(Y) → 替换面(R)... 命令，打开"替换面"对话框。

②单击"原始面"选项组 选择面 (0)，将选择条"面规则"设置为 单个面 ▾ ，在绘图区选择图 8-113 所示原始面；激活"替换面"选项组 选择面 (0)，将选择条"面规则"设置为 单个面 ▾ ，在绘图区选择图 8-113 所示替换面。

③单击 确定 按钮，创建的替换面如图 8-114 所示。

选择三个圆环面
为原始面

图 8-113　选择替换元素

图 8-114　创建的替换面

27）完成鼠标装配

在装配导航器中右击☑️🔩 **鼠标（顺序：时间顺序）**，在快捷菜单中选择🔩 **设为工作部件**命令；选中部件"鼠标上盖"前面的"☑️"复选框，将鼠标上盖显示。完成的鼠标装配如图 8-115 所示。

图 8-115　完成的鼠标装配

28）保存文件

单击🔻 **菜单(M)** ▾ 展开主菜单，选择 **文件(F)** → 💾 **保存(S)** 命令（或单击工具栏 💾 按钮）。

8.10　零件装配设计综合练习

1. 按照本书配套素材 train/ch8/"零件装配练习 1"文件夹中给定的零件完成如图 8-116 所示的装配设计并完成爆炸图。

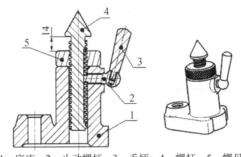

1—底座；2—止动螺杆；3—手柄；4—螺杆；5—螺母

图 8-116　零件装配练习 1

2. 按照本书配套素材 train/ch8/"零件装配练习 2"文件夹中给定的零件完成如图 8-117 所示的装配设计并完成爆炸图。

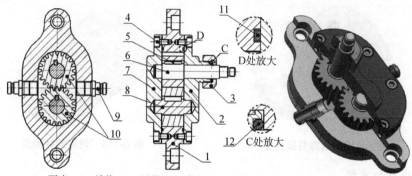

1—泵壳；2—前盖；3—压盖；4—螺钉；5—键；6—轴1；7—后盖；8—轴2；
9—油咀；10—工作齿轮；11—密封圈1；12—密封圈2

图 8-117　零件装配练习 2

3. 创建如图 8-118 所示低速滑轮装配图，组件的各组成零件的零件图请参照图 8-119 和图 8-120。

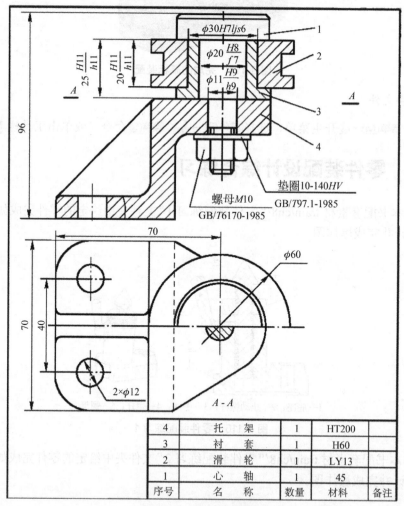

4	托　架	1	HT200	
3	衬　套	1	H60	
2	滑　轮	1	LY13	
1	心　轴	1	45	
序号	名　称	数量	材料	备注

图 8-118　低速滑轮装配图

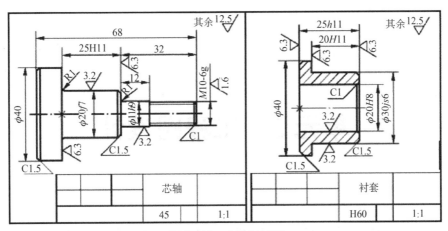

图 8-119　心轴与衬套

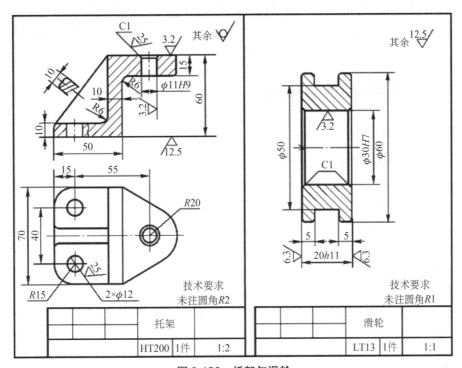

图 8-120　托架与滑轮

单元9　工程图设计

UG NX 拥有成熟的工程图解决方案，能非常快捷地将 3D 模型转换为二维工程图并对工程图进行编辑操作。同时工程图与模型文件之间具有关联性，模型的修改能自动反馈到工程图。另外，UG 制图模块还包含一组 2D 图形工具，用户可以使用它绘制独立的 2D 图形或辅助线。

9.1　工程图的基本操作

1. 新建工程图文档

● **方法 1**：启动 UG NX，选择"文件"→"新建"命令，打开"新建"对话框；接着从"模型"选项卡切换到"图纸"选项卡（见图 9-1），在"部件引用"选项组单击 按钮，系统弹出"选择主模型部件"对话框（见图 9-2）；单击 按钮，在弹出的"部件名"对话框中找到需要创建工程图的模型文件，单击 OK 按钮；在"选择主模型部件"对话框单击 确定 按钮，返回"新建"对话框，在"名称"文本框中输入文件名，在"文件夹"文本框中输入工程图文件的路径，单击 确定 按钮，进入工程图模块。

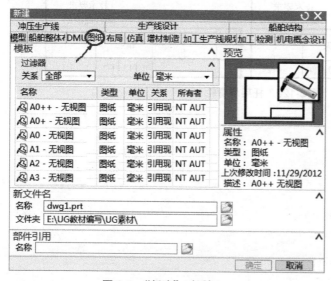

图 9-1　"新建"对话框

图 9-2　"选择主模型部件"对话框

在"新建"对话框中将"关系"设置为 全部 ▼ ，则下方列表区会显示已有制图模板，用户可以选择合适的模板，如 A3 - 无视图；"单位"下拉框用于设置工程图的单位。

● **方法 2**：启动 UG NX，将需要创建工程图的模型设为显示部件，单击"功能"→"应用模块"→"制图"按钮，直接进入工程图模块，如图 9-3 所示。

2. 新建图纸页

进入工程图模块后选择菜单 插入(S)→ 图纸页(H)... 命令，或单击"功能"→"主页"→"新建图纸页"按钮，系统弹出图 9-4 所示"工作表"对话框。新建图纸页的各项功能说明如下。

图 9-3 单击"制图"按钮进入工程图模块

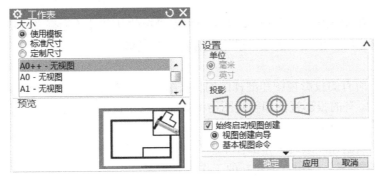

图 9-4 "工作表"对话框

1）"大小"选项组

➢ ◉ **使用模板**：采用 UG NX 标准图纸模板创建工作表，在下方的列表区可以选择已有的图纸模板。

➢ ◉ **标准尺寸**：采用标准尺寸（A0、A1、A2 等）的图框创建工作表，在下方的列表区可以选择已有的标准图纸。

➢ ◉ **定制尺寸**：采用用户指定的图纸页尺寸创建工作表，在下方的"高度"和"长度"文本框中可以输入图纸页的尺寸。

➢ "比例"下拉框：仅标准尺寸和定制尺寸选项可用，用于从列表中选择默认的视图比例。

2）"名称"选项组

➢ "图纸中的图纸页"：向用户展示工作部件中已有的工作表。

➢ "图纸页名称"文本框：用户输入工作表名称。

➢ "页号"文本框：用于对工作表进行计数，第一个页号必须和**制图界面的图纸页**选项卡中指定的**初始页号**相匹配。

➢ "修订"文本框：对修改后的工作表进行区分，用户修改完成后在部件导航器选中相应工作表后右击，在快捷键菜单中选择 递增页版本 命令即可更新当前工作表的版本号，如图9-5所示。

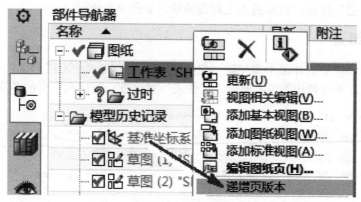

图9-5 更新版本号

3）"设置"选项组

（1）单位

"单位"用于指定图纸页的单位。如果用户将度量单位从英寸改为毫米或从毫米改为英寸，则"大小"选项也将做出相应更改，以匹配选定的度量单位。

（2）投影

➢ ⊡ ⊚：所有的投影视图和剖视图均将按照第一角投影方法进行投影。

➢ ⊚ ⊡：所有的投影视图和剖视图均将按照第三角投影方法进行投影。

（3）☑ 始终启动视图创建

该复选框仅当创建图纸时工作部件中不存在图纸页时出现。

➢ ◉ 视图创建向导：当用户创建新的工作表后系统自动启用"视图创建向导"命令。

➢ ◉ 基本视图命令：当用户创建新的工作表后系统自动启用"基本视图"命令。

3．编辑图纸页

进入工程图模块后选择菜单 编辑(E) → ⟨图标⟩ 图纸页(H)... 命令，或在部件导航器中选中任一工作表并右击，在快捷键菜单中选择 ⟨图标⟩ 编辑图纸页(H)... 命令；在打开的"工作表"对话框中选中一个工作表（如SH1），修改其中参数，单击 确定 按钮，完成编辑。

4．删除图纸页

在部件导航器中选中相应工作表并右击，在快捷菜单中选择 ✗ 删除(D) 命令或在部件导航器中选中相应工作表后按 Delete 键，即可完成工作表的删除。

5．制图标准

进入工程图模块后选择菜单 工具(T) → 制图标准(D)... 命令，打开图9-6所示"加载制图标准"对话框，"标准"下拉框中内置了 ASME、DIN、ESKD、GB、ISO、JIS、Shipbuilding 等制图标准，其中 GB 为中国国家标准。

6. 制图相关设置

工程图的初始设置集中在"制图首选项"对话框中。选择菜单 首选项(P) → ⚡ 制图(D)... 命令，打开图 9-7 所示"制图首选项"对话框，在"类别"列表框中选择一个需要设置的类别，再单击前面的"＋"号，然后在展开类别中选择一项进行设置，图中展示的是"常规/设置"类别中的"工作流程"项的设置界面。

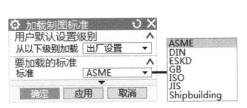

图 9-6　"加载制图标准"对话框

图 9-7　"制图首选项"对话框

9.2　插入视图

1. 基本视图

在图纸页中创建基于模型的视图称为基本视图，它可以创建前视图、后视图、左视图、右视图、仰视图、俯视图及任意方向的轴测图。选择菜单 插入(S) → 视图(W) → 📄 基本(B)... 命令或在功能区单击"主页" → "视图" 📄 → 基本视图按钮，打开图 9-8 所示"基本视图"对话框，主要设置项含义如下。

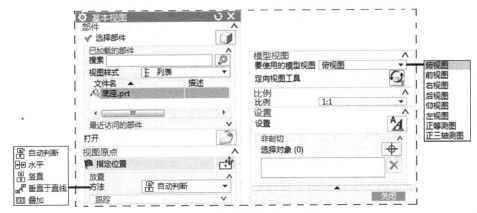

图 9-8　"基本视图"对话框

1）"部件"选项组

单击按钮![icon]或从已"加载的部件"列表中选择一个额外的部件来创建工程图。

2）"视图原点"选项组

![指定位置图标]**指定位置**：通过鼠标在绘图区指定视图位置，该操作会受到"方法"下拉框中选项的限制。

"方法"下拉框中各选项的说明如下。

➢ ![自动判断图标]**自动判断▼**：由系统判断视图放置方法。

➢ ![水平图标]**水平▼**：与一已有参照物成水平对齐。此时下方会出现"对齐"下拉框，"对齐"下拉框中有"对齐至视图""模型点""点到点"三个选项，分别要求用户选择相应的参照物。

➢ ![竖直图标]**竖直▼**：与一已有参照物成竖直对齐，对齐方法与"水平"选项相同。

➢ ![垂直于直线图标]**垂直于直线▼**：指定一个矢量，系统以该矢量的正交方向作为视图放置方向，用户还需要在下方"对齐"下拉框选择一种对齐方法，以及在绘图区选择一个相应的参照物来定位视图。

➢ ![叠加图标]**叠加▼**：让新视图的参照物与原视图的参照物重合的视图定位方法，根据下方"对齐"下拉框的不同选项，对齐方法可以是视图-视图、模型点-模型点、点-点。

3）"模型视图"选项组

从"要使用的模型视图"下拉框中可以选择一个用作基本视图的模型视图，包括前视图、后视图、左视图、右视图、俯视图、仰视图、正等测图、正三轴测图。当以上视图都不能满足要求时也可以采用"定向视图工具"![icon]设置自定义方向。

定向视图工具介绍：单击工具![icon]按钮，打开图9-9所示的"定向视图工具"对话框及图9-10所示"定向视图"小窗口。在"定向视图工具"对话框中，"法向"是指垂直于屏幕的方向，"X向"是指水平向右方向。用户也可以在"定向视图"小窗口中按住鼠标中键自由设置所期望的方向。

图9-9 "定向视图工具"对话框

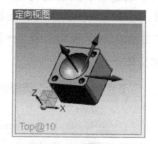

图9-10 "定向视图"小窗口

4）"比例"选项组

设置当前视图的比例，默认值为创建该图纸页（工作表）时的设定值。

5）"设置"选项组

➢ ![设置图标]**设置 A**：可以对视图的线型、线条颜色、隐藏线显示等进行设置，对应的对话框如图9-11所示。

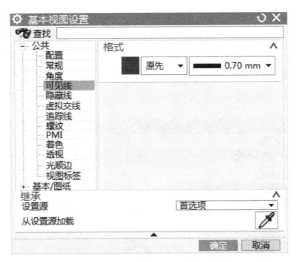

图 9-11 "基本视图设置"对话框

➢ "非剖切"：定义非剖切对象，如果由基本视图创建剖视图，则指定的组件将在剖视图中显示为未剖切，该命令只能用于装配图。

下面通过一个案例说明基本视图的创建过程。

Step1：打开本书配套素材 train/ch9/底座.prt。

Step2：单击"功能"→"应用模块"→"制图"按钮，进入工程图模块。

Step3：选择菜单 插入(S)→ 图纸页(H)... 命令或单击"功能"→"主页"→"新建图纸页"按钮，系统弹出"工作表"对话框；选中"大小"选项组 ◉ 标准尺寸 单选按钮，"大小"设置为 A3 - 297 x 420 ▼ ，"比例"设置为 1:1 ▼ ；选中"设置"选项组 ◉ 毫米 单选按钮，"投影方向"设置为第一角投影 ⊡ ⊙ ，取消选中 ☐ 始终启动视图创建 复选框；单击 确定 按钮，完成工作表的创建。

Step4：选择菜单 插入(S)→视图(W)→ 基本(B)... 命令或单击功能区"主页"→"视图"→基本视图 按钮，打开"基本视图"对话框；在"模型视图"选项组"要使用的模型视图"下拉框中选择 俯视图 ▼ 。

Step5：在图框中间位置单击鼠标左键放置视图，如图 9-12 所示。在弹出的"投影视图"对话框中单击 关闭 按钮，完成基本视图的创建。

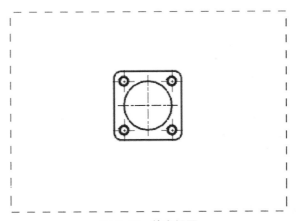

图 9-12 基本视图

2. 投影视图

从存在的视图创建投影正交或辅助视图。选择菜单插入(S)→视图(W)→ 投影(J)...命令或单击功能区"主页"→"视图"→投影视图 按钮，打开图 9-13 所示"投影视图"对话框，主要设置项含义如下。

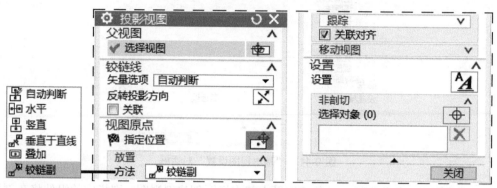

图 9-13　"投影视图"对话框

1)"父视图"选项组

选择一个已有视图作为投影的父视图。

2)"铰链线"选项组

用户可以指定铰链线或交由系统自动判定铰链线，铰链线的正交方向为视图投影方向，图 9-14 所示为铰链线、投影方向与投影视图间的关系。

下面通过一个案例说明投影视图的创建过程。

Step1：打开本书配套素材 train/ch9/底座_投影.prt。

Step2：选择菜单插入(S)→视图(W)→ 投影(J)...命令或单击功能区"主页"→"视图"→投影视图 按钮，打开"投影视图"对话框。

Step3：选择图 9-15 所示父视图（如果系默认已选中该视图，此步骤可省略）；"矢量选项"设置为 自动判断▼ ；"方法"设置为 水平▼ 。

Step4：在图 9-15 所示的投影视图位置单击鼠标左键放置视图；在"投影视图"对话框中单击 关闭 按钮，完成投影视图的创建。

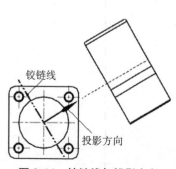

图 9-14　铰链线与投影方向

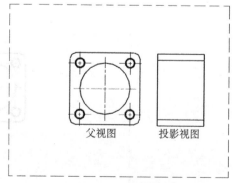

图 9-15　投影视图

3. 局部放大图

局部放大图又称细节视图，主要用于表达模型中的细小结构，如小的台阶、密封圈槽、退刀槽等。选择菜单 插入(S)→视图(W)→ 局部放大图(D)... 命令或单击功能区"主页"→"视图"→局部放大图 按钮，系统弹出图 9-16 所示"局部放大图"对话框，主要设置项含义如下。

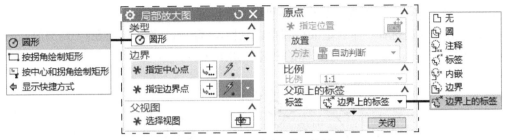

图 9-16　"局部放大图"对话框

1）"类型"选项组

在这里，用户可以选择局部放大图视图边界的轮廓形状，有圆形、按拐角绘制矩形、按中心和拐角绘制矩形三种。

2）"边界"选项组

视图边界设置需指定的要素与"类型"相关，当"类型"为"圆形"时，用户需指定中心点（圆心）和边界点（圆弧上一点）来确定视图边界；当"类型"为"按拐角绘制矩形"时，需要指定的要素为矩形的两个拐角点（对角点）；而当"类型"为"按中心和拐角绘制矩形"时，需提供的要素为矩形的中心点（对角线交点）及某一拐角点（矩形顶点）。

3）"父视图"选项组

用于定义局部视图的父视图，在确定边界后系统会根据边界的位置自动选择一个视图作为父视图，如果父视图选择有误，用户可以另行指定。

4）"父项上的标签"选项组

用于设置局部视图在父视图上标签的有无及放置位置，其中 无 表示不设标签，另外还有 圆、 注释、 标签、 内嵌、 边界、 边界上的标签六个选项，如图 9-17 列举了三种典型的效果。

图 9-17　父视图上标签效果示例

局部放大图的创建过程示例如下。

Step1：打开本书配套素材 train/ch9/底座_投影.prt。

Step2：选择菜单 插入(S)→ 视图(W)→ 局部放大图(D)... 命令或单击功能区"主页"→"视图"→局部放大图 按钮，系统弹出"局部放大图"对话框。

Step3：定义视图边界。在"类型"下拉框中选择 圆形 ▼，在绘图区选择图 9-18 所示中心点和边界点。

Step4：将"比例"设置为 2:1 ▼，将"标签"设置为 标签 ▼。

Step5：在绘图区选择一个合适的位置单击鼠标左键放置视图，然后在 "局部放大图"对话框中单击 关闭 按钮，完成局部放大图的创建，如图 9-18 所示。

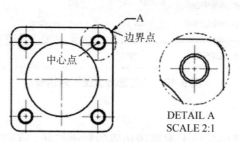

图 9-18　局部放大图

4. 断开视图

断开视图又称破断视图，是细长型零件的一种视图表达方法。选择菜单 插入(S)→ 视图(W)→ 断开视图(K)... 命令或单击功能区"主页"→"视图"→断开视图 按钮，系统弹出图 9-19 所示"断开视图"对话框，主要设置项含义如下。

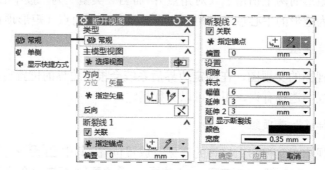

图 9-19　"断裂视图"对话框

1）"类型"选项组

该选项组有"常规"和"单侧"两个选项，"常规"表示将保留断裂线两侧的视图，而"单侧"表示只保留其中的一侧。

2）"方向"选项组

设置断开视图的轴向矢量。

3）"断裂线 1"选项组

通过指定锚点定义断裂线 1 位置，在下方"偏置"文本框输入数值可对当前断裂线位置进行偏置。

4）"断裂线 2"选项组

该选项组只有在"类型"中选择"常规"项时才会出现。通过指定锚点定义断裂线 2 位置，下方"偏置"文本框输入数值可对当前断裂线位置进行偏置；断裂线 1 与断裂线 2 之间的区域为即将截去的部分。

5）"设置"选项组

通过该选项组用户可设置断裂线的样式、尺寸、线型颜色及线宽。

断裂视图的创建示例如下。

Step1：打开本书配套素材 train/ch9/球头拉杆.prt。

Step2：选择菜单 插入(S) → 视图(W) → 🔲 断开视图(K)...命令或单击功能区"主页"→"视图"→断开视图🔲按钮，系统弹出"断开视图"对话框，将该对话框的"类型"设置为 🔲 常规 ▼。

Step3：定义视图。单击"主模型视图"选项组 ❋ 选择视图，在绘图区选择视图（见图 9-20）。

Step4：指定方向矢量。单击"方向"选项组 ❋ 指定矢量，在对话框中矢量按钮组中选择 XC 为方向矢量。

Step5：定位断裂线 1 和 2。单击"断裂线 1"选项组 ❋ 指定锚点，在绘图区选择图 9-20 所示点 1；单击"断裂线 2"选项组 ❋ 指定锚点，在绘图区选择图 9-20 所示点 2。

Step6：单击 确定 按钮，完成的断裂视图如图 9-21 所示。

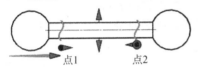

图 9-20　定义断裂视图

图 9-21　完成的断裂视图

5．剖视图

剖视图是工程图中一种非常重要的表达方法，通过剖视方法工程图纸能减少许多不必要的虚线，让识图者能更加容易地看懂图纸。通过 UG NX 剖视图命令可以创建全剖、阶梯剖、半剖、旋转剖、点到点剖等视图。选择菜单 插入(S) → 视图(W) → 🔲 剖视图(S)...命令或单击功能区"主页"→"视图"→剖视图🔲按钮，"剖视图"对话框（见图 9-22），主要设置项含义如下。

1）"截面线"选项组

➢"定义"下拉框：规定创建剖切线的方法，🔲 动态 ▼ 表示在父视图上通过指定的剖切位置（点）创建剖切线；🔲 选择现有的 ▼ 表示选择一条已经创建好的剖切线。

➢"方法"下拉框：定义剖视图的类型，只有当"定义"下拉框设置为"动态"时才会出现。UG NX 将普通剖视图分为四种，即全剖视图与阶梯剖、半剖视图、旋转剖视图、点到点剖视图。

2）"截面线段"选项组

指定位置（点）来放置剖切线，可以选择一个点（全剖），也可以选择多个点（阶梯剖）。

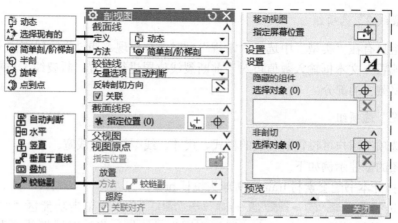

图 9-22 "剖视图"对话框

3) "设置"选项组

➤ "隐藏的组件"：该项适用于装配图，可以选择不需要显示的组件将其隐藏；取消隐藏时只需在下方列表框中选中组件，然后单击旁边的移除 ✕ 按钮即可。

➤ "非剖切"：可以使用该功能将不需要剖切的体或组件排除剖切。

下面通过实例介绍剖视图功能的实际应用。

1) 使用剖视图命令创建全剖视图

Step1：打开本书配套素材 train/ch9/简单剖/一般剖视图.prt。

Step2：选择菜单 插入(S) → 视图(W) → ▦ 剖视图(S)... 命令或单击功能区"主页" → "视图" → 剖视图 ▦ 按钮，系统弹出"剖视图"对话框，在"截面线"选项组"定义"下拉框中选择 ⛓ 动态 ▾，将"方法"设置为 ⛓ 简单剖/阶梯剖 ▾，"铰链线"选项组"矢量选项"设置为 自动判断 ▾。

Step3：选择父视图。单击"父视图"选项组 ✔ 选择视图，在绘图区选择图 9-23 所示视图（由于该工程图中当前只有一个视图，系统会自动选中该图，因此该步骤可省去）。

Step4：指定剖切位置。单击"截面线段"选项组 ✱ 指定位置 (0)，在绘图区选择图 9-23 所示线段中点。

Step5：放置视图。单击"视图原点"选项组 ▩ 指定位置（此步骤系统一般会自动跳转，如已跳转本步骤可省略），在绘图区合适位置单击鼠标左键放置视图。

Step6：单击 关闭 按钮，完成的全剖视图如图 9-24 所示。

图 9-23 定义剖视图

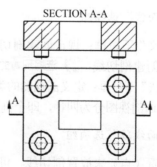

图 9-24 完成的全剖视图

2）使用剖视图命令创建阶梯剖视图

Step1：打开本书配套素材 train/ch9/简单剖/一般剖视图.prt。

Step2：选择菜单 插入(S)→ 视图(W)→▥ 剖视图(S)…命令或单击功能区"主页"→"视图"→ 剖视图▥按钮，系统弹出"剖视图"对话框，在"截面线"选项组"定义"下拉框中选择 🔲 动态 ▼，将"方法"设置为 🔲 简单剖/阶梯剖 ▼。

Step3：选择父视图。单击"父视图"选项组 ✅ 选择视图，在绘图区选择图 9-25 所示视图（由于该工程图中当前只有一个视图，系统会自动选中该图，因此该步骤可省去）。

Step4："铰链线"选项组"矢量选项"设置为 已定义 ▼；单击 ✳ 指定矢量，在绘图区选择图 9-25 所示的铰链线（或在"矢量选项"下拉框中选择 XC 轴为铰链线矢量方向）。

Step5：指定剖切位置。单击"截面线段"选项组 ✳ 指定位置 (0)，在绘图区选择图 9-25 所示第 1 点；再次单击"截面线段"选项组 ✅ 指定位置 (3)，依次选择图 9-25 中第 2 ～ 4 点（中点、中点、圆心）。

Step6：设置剖切方向。单击"铰链线"选项组反转剖切方向🔀按钮，使剖切方向如图 9-25 所示。

Step7：指定非剖切对象。单击"非剖切"选项组 选择对象 (0)；在绘图区框选图 9-25 中的 2 个螺钉为非剖切对象（为避免误选，建议分两次框选，每次都框选 1 处）。

Step8：放置视图。单击"视图原点"选项组 ▣ 指定位置，在绘图区图示位置单击鼠标左键放置视图。

Step9：单击 关闭 按钮，完成的阶梯剖视图如图 9-26 所示。

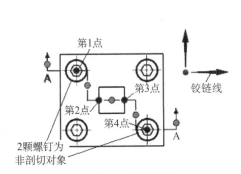

图 9-25　定义阶梯剖视图

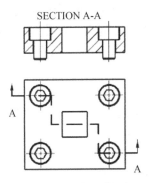

图 9-26　完成的阶梯剖视图

3）使用已有剖切线创建阶梯剖视图

Step1：打开本书配套素材 train/ch9/简单剖/一般剖视图.prt。

Step2：创建剖切线。选择菜单 插入(S)→ 视图(W)→ 🔲 剖切线(L)…命令或单击功能区"主页"→"视图"→剖切线🔲按钮，进入草绘界面，绘制图 9-27 所示草绘截面，单击🏁按钮完成草图绘制；系统弹出"截面线"对话框（见图 9-28），将"方法"设置为 🔲 简单剖/阶梯剖 ▼，单击反向🔀按钮使箭头方向（剖切方向）朝向上方，单击 确定 按钮，完成剖切线的创建。

Step3：选择菜单 插入(S)→ 视图(W)→▥ 剖视图(S)…命令或单击功能区"主页"→"视图"→剖视图▥按钮，系统弹出"剖视图"对话框。

Step4：选择剖切线。在"截面线"选项组"定义"下拉框中选择  选择现有的 ▾，单击 ✳ 选择独立截面线，在绘图区选择 Step2 创建的剖切线。

Step5：系统自动跳转，单击 指定位置，在原视图上方合适位置放置视图（见图 9-29）。

Step6：单击 关闭 按钮，完成的阶梯剖视图如图 9-29 所示。

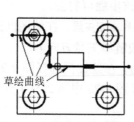

图 9-27　剖切线草绘截面

图 9-28　"截面线"对话框

图 9-29　完成的剖视图

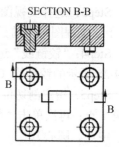

4）使用剖视图命令创建半剖视图

Step1：打开本书配套素材 train/ch9/简单剖/一般剖视图.prt。

Step2：选择菜单 插入(S)→视图(W)→ 剖视图(S)... 命令，系统弹出"剖视图"对话框，在对话框"截面线"选项组"定义"下拉框中选择 动态 ▾，将"方法"设置为 半剖 ▾。

Step3：选择父视图。单击"父视图"选项组 选择视图，然后在绘图区选择图 9-30 所示视图（由于该工程图中当前只有一个视图，系统会自动选中该图，因此该步骤可省去）。

Step4："铰链线"选项组"矢量选项"设置为 已定义 ▾；单击 ✳ 指定矢量，在绘图区选择图 9-30 所示的铰链线（或在矢量下拉按钮组选择 XC 轴为铰链线矢量方向）。

Step5：指定剖切位置。单击"截面线段"选项组 ✳ 指定位置 (0)，在绘图区依次选择图 9-30 中第 1 点、第 2 点（第 1 个点表示剖切位置，第 2 个点表示半剖的分界处）。

Step6：设置剖切方向。单击"铰链线"选项组反转剖切方向 按钮使剖切方向如图 9-30 所示（向上）。

Step7：系统自动跳转，单击 指定位置，在原视图上方合适位置放置视图（见图 9-31）。

Step8：单击 关闭 按钮，完成的半剖视图如图 9-31 所示。

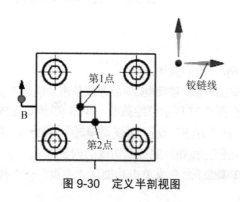

图 9-30　定义半剖视图

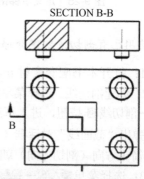

图 9-31　完成的半剖视图

5）使用剖视图命令创建旋转剖视图

Step1：打开本书配套素材 train/ch9/简单剖/旋转剖视图.prt。

Step2：打开"剖视图"对话框，在对话框"截面线"选项组"定义"下拉框中选择 动态，将"方法"设置为 旋转。

Step3：选择父视图。单击"父视图"选项组 选择视图，在绘图区选择图 9-30 所示视图（由于该工程图中当前只有一个视图，系统会自动选中该图，因此该步骤可省去）。

Step4：在"铰链线"选项组"矢量选项"设置为 已定义；单击 指定矢量，在绘图区选择图 9-30 所示的铰链线（或在矢量下拉按钮组选择 XC 轴为铰链线矢量方向）。

Step5：指定剖切位置。系统自动跳转至 指定旋转点，在绘图区选择图 9-32 所示大圆圆心点；系统自动跳转至 指定支线 1 位置 (0)，在绘图区选择图 9-32 中所示左侧圆圆心点；系统自动跳转至 指定支线 2 位置 (0)，在绘图区选择图 9-32 所示右下方圆弧圆心点。

Step6：设置剖切方向。单击"铰链线"选项组反转剖切方向 按钮使剖切方向如图 9-32 所示。

Step7：系统自动跳转，单击 指定位置，在原视图上方合适位置放置视图（见图 9-33）。

Step8：单击 关闭 按钮，完成的旋转剖视图如图 9-33 所示。

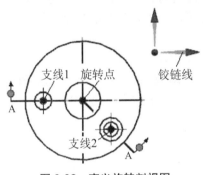

图 9-32　定义旋转剖视图

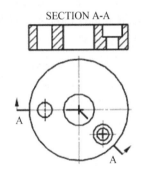

图 9-33　完成的旋转剖视图

6）使用剖视图命令创建点到点剖视图（展开剖视图）

Step1：打开本书配套素材 train/ch9/简单剖/一般剖视图.prt。

Step2：打开"剖视图"对话框，在"截面线"选项组"定义"下拉框中选择 动态，将"方法"设置为 点到点。

Step3：选择父视图。单击"父视图"选项组 选择视图，在绘图区选择图 9-34 所示视图（由于该工程图中当前只有一个视图，系统会自动选中该图，因此该步骤可省去）。

Step4：将"铰链线"选项组"矢量选项"设置为 已定义；单击 指定矢量，在绘图区选择图 9-34 所示的铰链线（或在矢量下拉按钮组选择 XC 轴为铰链线矢量方向）。

Step5：指定剖切位置。系统自动跳转至 指定位置 (0)，取消选中该 创建折叠剖视图复选框，然后在绘图区依次选择图 9-34 所示的四个点。

Step6：设置剖切方向。单击"铰链线"选项组反转剖切方向 按钮使剖切方向如图 9-34 所示。

Step7：单击"视图原点"选项组 指定位置，在原视图上方合适位置放置视图（见图 9-35）。

Step8：单击 关闭 按钮，完成的点到点剖视图如图 9-35 所示。

由图 9-35 很容易发现创建的剖视图在宽度方向上是大于主视图的（在创建剖视图时按剖切线展开），用户如需创建等宽度的点到点剖视图（将剖切线沿铰链线正交方向投影），按上面的操作只需要将 Step5 修改成"系统自动跳转至 ✱ 指定位置 (0)，选中 ☑ 创建折叠剖视图 复选框，然后在绘图区依次选择图 9-34 所示的四个点"即可，这时创建的点到点剖视图效果如图 9-36 所示。

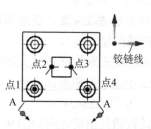

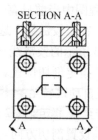

图 9-34　定义点到点剖视图　　　图 9-35　完成的点到点剖视图　　　图 9-36　点到点剖视图（折叠）

6. 展开的点与角度剖视图

展开的点与角度剖表达方法的剖切思路是通过折弯直线连接一系列的点构成剖切线，然后按剖切线展开创建剖视图，在拐点位置用户还可以输入折弯线的角度。下面通过一个典型案例来说明创建过程。

Step1：打开本书配套素材 train/ch9/简单剖/一般剖视图.prt。

Step2：选择菜单 插入(S) → 视图(W) → 🔧 展开的点和角度剖(N)... 命令，系统弹出图 9-37 所示"展开剖视图"对话框，此时系统自动选中"选择父视图" 🔄 按钮，要求用户选择父视图，在绘图区选择视图。

图 9-37　"展开剖视图"对话框

Step3：系统自动进入下一步，此时"定义铰链线" 🔄 按钮处于选中状态，选择父视图的上面水平边界线为铰链矢量，单击 矢量反向 按钮使箭头方向向上，如图 9-38 所示，单击 应用 按钮，打开"截面线创建"对话框。

Step4：在"截面线创建"对话框中选中 ◉ 切割位置 单选按钮；在绘图区选择图 9-39 中第 1 个圆心点之后在"角度"文本框中输入数值"0"（截面线方向与铰链线的夹角）；接着选择图 9-39 中第 2 个圆心点之后在"角度"文本框中输入数值"90"；然后选择图 9-39 中第 3 个圆心点，单击 确定 按钮，返回"展开剖视图"对话框。

Step5：此时系统自动选中放置视图 🔲 按钮，在父视图上方选择合适位置放置视图，如图 9-40 所示。

Step6：单击 取消 按钮，完成剖视图的创建。

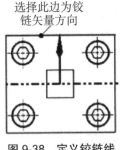

图 9-38　定义铰链线

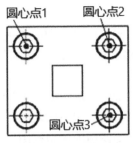

图 9-39　定义截面线

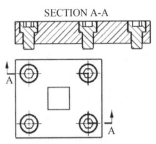

图 9-40　完成的剖视图

7. 轴测剖视图

轴测剖视图是从任何父视图创建一个基于轴测（3D）视图的剖视图。选择菜单 插入(S)→视图(W)→ 轴测剖(P)... 命令，打开图 9-41 所示"轴测图中的简单剖/阶梯剖"对话框，该对话框上方有五个工具按钮分别对应轴测剖视图创建的五个步骤，它们的功能如下。

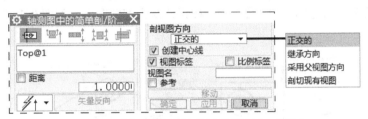

图 9-41　"轴测图中的简单剖/阶梯剖"对话框

➢ ：选择父视图，剖切线及箭头放置在该视图。

➢ ：定义箭头方向，该方向是剖视图的视觉方向，用户可以在图形窗口中选择对象或使用"矢量构造器"列表中的选项来构造矢量。

➢ ：定义剖切方向，允许用户在图形窗口中选择对象，或使用"矢量构造器"列表中的选项定义剖切方向，剖切方向可以理解为绘制剖切线（截面线）草图平面的法向。

➢ ：打开图 9-42 所示"截面线创建"对话框，要求用户设置"切割位置""箭头位置""折弯位置"。有关切割位置、箭头位置及折弯位置的含义请参见图 9-43。在创建装配图的工程图时，"剖视图背景"用于控制组件在视图中的显示与隐藏，"非剖切组件"可以设置不参与剖切的组件。

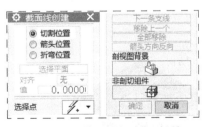

图 9-42　"截面线创建"对话框

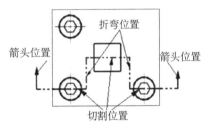

图 9-43　截面线相关要素

➢ ：在绘图区选择合适位置放置视图或选择已有视图（当在"剖视图方向"下拉框中已选择"继承方向"或"剖切现有视图"时）。

"剖视图方向"下拉框提供了四种放置方法，其中 正交的▼ 表示生成与箭头方向正交的剖视图；继承方向▼ 表示按另一视图的方向生成剖视图；采用父视图方向▼ 表示生成与父视图方向相同的剖视图，剖切现有视图▼ 表示将剖视图放置在指定的现有视图中。

轴测剖视图的一般创建过程如下。

Step1：打开本书配套素材 train/ch9/简单剖/一般剖视图.prt。

Step2：创建轴测基本视图。选择菜单插入(S)→视图(W)→ 基本(B)... 命令，打开"基本视图"对话框；在"模型视图"选项组"要使用的模型视图"下拉框中选择 正等测图▼ 。

Step3：在原有视图右边位置单击鼠标左键放置视图，如图 9-44 所示；在系统弹出的"投影视图"对话框中单击关闭按钮，完成基本视图的创建。

Step4：选择菜单插入(S)→视图(W)→ 轴测剖(P)... 命令，系统弹出 "轴测图中的简单剖/阶梯剖"对话框，此时系统已自动选中"选择父视图" 按钮，要求用户选择父视图，在绘图区选择图9-44所示视图。

Step5：系统自动进入下一步，此时"定义箭头方向" 按钮处于选中状态，选择父视图最右边的边界线为箭头方向，单击矢量反向按钮使箭头方向向上，如图 9-44 所示，单击应用按钮进入下一步。

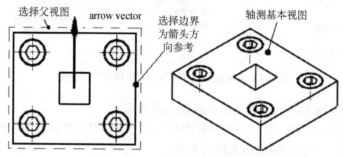

图 9-44　定义轴测剖视图（1）

Step6：此时"定义剖切方向" 按钮处于选中状态，选择轴测图中零件上表面边界线为剖切箭头方向，单击矢量反向按钮使箭头方向向上，如图 9-45 所示，单击应用按钮。

Step7：系统弹出"截面线创建"对话框，选中 ◉ 切割位置单选按钮，在绘图区依次选择图 9-45 所示切割位置 1、切割位置 2；选中 ◉ 折弯位置单选按钮，将"选择点"按钮组设置为面上的点 ，在图 9-45 所示位置单击鼠标左键；单击确定按钮，返回"轴测图中的简单剖/阶梯剖"对话框。

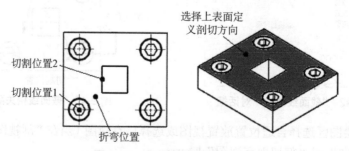

图 9-45　定义轴测剖视图（2）

Step8：此时"放置视图"![按钮]处于选中状态，将"剖视图方向"设置为 剖切现有视图▼ ；选择前面创建的轴测基本视图；单击 取消 按钮，完成的轴测剖视图如图 9-46 所示。

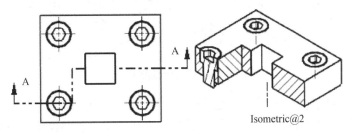

图 9-46　完成的轴测剖视图

8. 半轴测剖视图

半轴测剖是指从任何父视图创建一个基于轴测（3D）视图的半剖视图。选择菜单 插入(S)→视图(W)→ 半轴测剖(I)... 命令，打开图 9-47 所示"轴测图中的半剖"对话框。

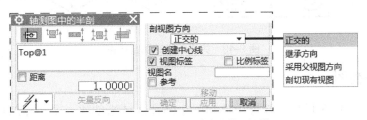

图 9-47　"轴测图中的半剖"对话框

由图 9-47 所示对话框可以看出，半轴测剖视图的设置项与轴侧剖视图基本相同，因此在这里就不再详细介绍该对话框中的相关参数，仅举例说明其操作过程。

Step1：打开本书配套素材 train/ch9/简单剖/一般剖视图.prt。

Step2：创建轴测基本视图。打开"基本视图"对话框，在"模型视图"选项组"要使用的模型视图"下拉框中选择 正等测图▼ 。

Step3：在原有视图右边位置单击鼠标左键放置视图，如图 9-44 所示；在系统弹出的"投影视图"对话框中单击 关闭 按钮，完成基本视图的创建。

Step4：打开"轴测图中的半剖"对话框，此时系统自动选中"选择父视图"![按钮]按钮，要求用户选择父视图，在绘图区选择图 9-44 所示视图。

Step5：系统自动进入下一步，此时"定义箭头方向"![按钮]按钮处于选中状态，选择父视图最右边的边界线为箭头方向，单击 矢量反向 按钮使箭头方向向上，可以参考图 9-44，然后单击对话框 应用 按钮进入下一步。

Step6：此时"定义剖切方向"![按钮]按钮处于选中状态，选择轴测图中零件上表面边界线为剖切箭头方向，单击 矢量反向 按钮使箭头方向向上，可以参考图 9-45，然后单击 应用 按钮。

Step7：系统弹出"截面线创建"对话框，在"截面线创建"对话框选中◉ 折弯位置 单选按钮，在绘图区选择图 9-48 所示折弯位置；选中◉ 切割位置 单选按钮，在绘图区选择图 9-48 所示切割位置；选中◉ 箭头位置 单选按钮，在绘图区选择图 9-48 所示箭头位置；单击 确定 按钮，返回"轴测图中的半剖"对话框。

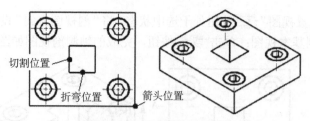

图 9-48　定义半轴测剖视图

Step8：此时"放置视图" 按钮处于选中状态，将"剖视图方向"设置为 剖切现有视图▼ ；选择前面创建的轴测基本视图；单击 取消 按钮，完成的半轴测剖视图如图 9-49 所示。

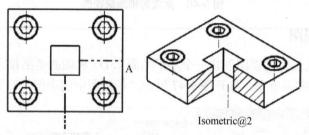

Isometric@2

图 9-49　完成的半轴测剖视图

9. 局部剖视图

局部剖是指通过在任何父视图中移除一个部件区域来创建一个局部剖视图。选择菜单 插入(S)→视图(W)→ 局部剖(O)... 命令，打开图 9-50 所示"局部剖"对话框。该对话框上方有五个工具按钮分别对应局部剖视图创建的五个步骤，它们的功能如下。

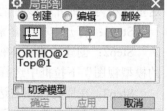

图 9-50　"局部剖"对话框

> ：选择生成局部剖的视图。
> ：在放置剖切线的视图上定义剖切基点（剖切位置）。
> ：定义拉伸矢量，即去除材料方向。
> ：选择控制剖切范围边界线。
> ：修改边界曲线。

局部剖视图的一般创建过程如下。

Step1：打开本书配套素材 train/ch9 /局部剖视图.prt。

Step2：绘制草图（控制剖切范围）。在部件导航器中右键单击视图 ✓ 投影 "ORTHO@2"，在右键菜单中选择 活动草图视图 命令；在功能区"主页"选项卡的"草图"命令组中选择艺术样条 命令，绘制图 9-51 所示草绘截面，单击完成草图 按钮。

Step3：打开"局部剖"对话框，此时系统自动选中"选择视图" 按钮，要求用户选择父视图，在绘图区选择图 9-52 所示视图。

Step4：系统自动进入下一步，此时"指出基点" 按钮处于选中状态，选择图 9-52 所示基点。

Step5：系统自动进入下一步，此时"指出拉伸矢量" 按钮处于选中状态，检查箭头方向与图 9-52 是否相符，如果不符则单击 矢量反向 按钮切换方向。

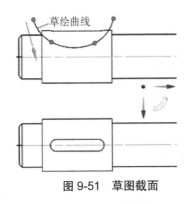

图 9-51 草图截面

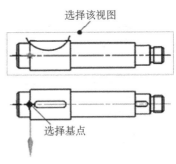

图 9-52 定义局部剖（1）

Step6：单击选择曲线 按钮，在绘图区选择 Step2 创建的曲线（见图 9-53）。

Step7：单击修改曲线 按钮，在绘图区选中图示点向上拖动，如图 9-53 所示。

Step8：单击 应用 按钮，完成局部剖视图的创建，如图 9-54 所示。

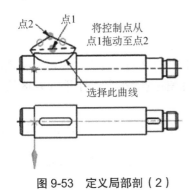

图 9-53 定义局部剖（2）

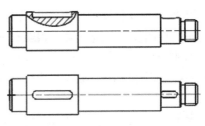

图 9-54 完成的局部剖视图

9.3 编辑视图

1. 修改视图

在部件导航器中右键单击需要修改的视图，在右键菜单中选择 编辑(E)... 命令（见图 9-55）；当需要修改的视图为基本视图时，系统弹出图 9-56 所示"基本视图"对话框，用户可重新放置视图、重新定向视图、调整视图比例、设置非剖切对象等；当需要修改的视图为投影视图时，系统弹出图 9-57 所示"投影视图"对话框，用户可重新放置视图、设置非剖切对象等。

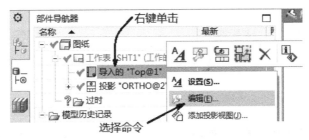

图 9-55 选择"编辑"命令

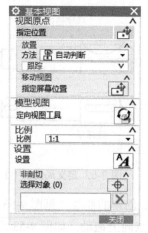

图 9-56 "基本视图"对话框

图 9-57 "投影视图"对话框

2. 移动/复制视图

使用"移动/复制视图"命令可以实现视图在当前图纸页的移动、复制，也可以实现跨图纸页之间的视图复制。选择菜单 编辑(E)→视图(W)→ 移动/复制(Y)… 命令，打开图 9-58 所示的"移动/复制视图"对话框，该对话框中各项功能如下。

➢ ：选中目标视图后单击该按钮，然后通过在绘图区指定一点的方式将视图移动或复制到指定点。

➢ ：选中目标视图后单击该按钮，在绘图区移动鼠标可以沿水平方向移动或复制视图。

➢ ：选中目标视图后单击该按钮，在绘图区移动鼠标可以沿竖直方向移动或复制视图。

➢ ：选中目标视图后单击该按钮，然后在绘图区选择一条直线作为参考线，沿垂直于参考线的方向移动或复制视图。

➢ ：当存在多个图纸页时该按钮可用。选中目标视图后单击该按钮，系统弹出"视图至另一图纸"对话框（见图 9-59），从该对话框的列表中选择目标图纸页即可将视图复制到该页。

➢ 复制视图：选中该复选框可在移动视图时进行复制（保留原视图）。

➢ 距离：勾选该复选框可通过在右边文本框中输入距离来移动或复制视图。

➢ 矢量构造器：当移动方式选择"垂直于直线"时可用，可通过选定矢量构造参考直线。

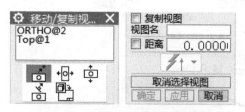

图 9-58 "移动/复制视图"对话框

图 9-59 "视图至另一图纸"对话框

3. 视图对齐

对于投影视图、剖视图系统会自动在投影方向对齐父视图，如果用户希望投影视图、剖视图与其他视图对齐或与父视图的非投影方向对齐，则需要使用"视图对齐"功能。选择菜单 编辑(E)→视图(W)→ 对齐(I)... 命令，打开图 9-60 所示"视图对齐"对话框。

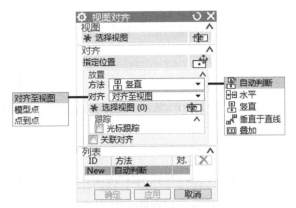

图 9-60　"视图对齐"对话框

单击 选择视图 (0)，选择一个需要对齐到其他对象的视图。"方法"下拉框提供了"水平""垂直""垂直于直线"和"叠加"四种对齐方法，"自动判断"表示由系统根据鼠标拖拉方向位置做出判断；"对齐"下拉框可设置定位对象的类型，其中"对齐至视图"指利用其他视图作为定位对象，"模型点"指利用其他视图的指定点作为定位对象，"点到点"表示将第一个视图的某个点（当前视点）与第二个视图的某个点（静止视点）对齐。

4. 视图边界

使用"视图边界"命令可以编辑某一视图的边界创建局部视图。选择菜单 编辑(E)→视图(W)→ 边界(B)... 命令，打开图 9-61 所示"视图边界"对话框。该对话框中各选项的功能如下。

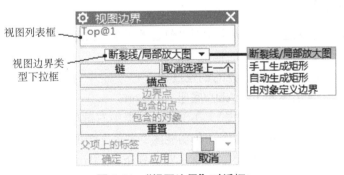

图 9-61　"视图边界"对话框

1）视图边界类型下拉框

➤ 断裂线/局部放大图：可使用用户定义的曲线来定义视图边界，定义的曲线必须位于制图视图中。

➤ 手工生成矩形：通过手工创建矩形来定义视图边界，中心线、中心标记及在边界外引用它们的尺寸将自动隐藏。此方法用于在特定视图中隐藏不需要的几何体。

➢ 自动生成矩形：可用于定义随模型更新而自动调整大小的视图边界。要在特定视图中显示所有几何体时，可选用该选项；要由剖视图的剖切线确定视图边界时，也可选用该选项。

➢ 由对象定义边界：选择视图中模型几何体上的实体边、草图曲线作为视图边界。该选项通常用于可能因为模型更改而需要更改大小或形状的局部放大图。

2）"链"按钮

当选择"断裂线/局部放大图"边界类型时"链"按钮可用，可用于选择一个现有曲线链来定义视图边界。

3）"取消选择上一个"按钮

当选择"断裂线/局部放大图"边界类型时"取消选择上一个"按钮可用，在定义视图边界时取消选择上一个选定曲线。

4）"锚点"按钮

"锚点"按钮可用于将视图内容锚定到图纸上，以防止当模型发生更改时该视图或其内容在图纸中发生移位。锚点将模型上的某个位置固定到图纸上的某个特定位置。

5）"边界点"按钮

当选择"断裂线/局部放大图"边界类型时"边界点"按钮可用，可将视图边界与模型特征进行关联，以使视图边界随模型更改而更新，以保持视图中的模型特征。该按钮的功能在以下情况时非常有用：用户希望即使几何体的大小和位置发生变化，指定的模型几何体也仍保持在视图边界内。

6）"包含的点"按钮

当选择"由对象定义边界"边界类型时"包含的点"按钮可用，允许用户指定当模型发生更改时保留在视图的矩形边界中的模型点。

7）"包含的对象"按钮

当选择"由对象定义边界"边界类型时"包含的对象"按钮可用，允许用户指定当模型发生更改时保留在视图的矩形边界中的模型对象。

下面通过一个案例介绍视图边界的创建过程。

Step1：打开本书配套素材 train/ch9 /底座_投影.prt。

Step2：绘制草图（控制剖切范围）。在部件导航器中右键单击视图 ✔ 🗔 导入的 "Top@1"，在右键菜单中选择 🎛 活动草图视图命令；在功能区"主页"选项卡的"草图"命令组中选择艺术样条命令 🎋，绘制图 9-62 所示草绘曲线（四点样条），单击完成草图 🎆 按钮。

Step3：选择菜单 编辑(E) → 视图(W) → 🗔 边界(B)... 命令，系统弹出"视图边界"对话框，在绘图区选择图 9-63 所示视图。

Step4：将"视图边界类型"设置为 断裂线/局部放大图 ▾，在绘图区选择 Step2 绘制的草绘曲线（图 9-63 中所示的边界曲线），单击 应用 按钮。

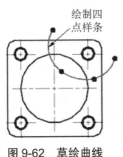

图 9-62　草绘曲线

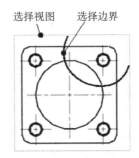

图 9-63　定义视图边界（1）

Step5：选中图 9-64 中的直线（见图中用虚线表示）向外拖动至图示位置（以框住右上角的视图区域为准），到位后单击鼠标左键。

Step6：单击 **确定** 按钮，完成视图边界的创建，如图 9-65 所示。

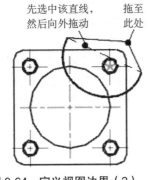

图 9-64　定义视图边界（2）

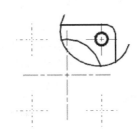

图 9-65　完成的视图边界

5. 更新视图

三维模型修改后，在图纸页中使用"更新视图"命令可以实现视图与模型之间的同步。选择菜单 **编辑(E)** → **视图(W)** → **更新(U)...** 命令，打开图 9-66 所示"更新视图"对话框。

单击 **★ 选择视图 (0)**，在绘图区选择一个视图或从对话框的"视图列表"中选择一个视图，单击 **确定** 按钮完成视图更新；单击选择所有过时视图 按钮，将选中所有已过时的视图；单击选择所有过时自动更新视图 按钮，将选中所有已过时并设置为"自动更新"的视图；当模型中存在多个图纸页时可以勾选 **☑ 显示图纸中的所有视图** 复选框，将所有视图显示在视图列表中。

图 9-66　"更新视图"对话框

6. 隐藏视图中的组件

在创建装配体的工程图时，使用"隐藏视图中的组件"命令可以隐藏视图中指定的组件。选择菜单 编辑(E)→ 视图(W)→ 隐藏视图中的组件(H)...命令，打开如图 9-67 所示"隐藏视图中的组件"对话框。

图 9-67 "隐藏视图中的组件"对话框

单击 选择组件 (0)，在绘图区选择组件；单击 选择视图 (0)，从绘图区或对话框"视图列表"中选择视图；单击 确定 按钮即可完成指定视图中的组件隐藏。

7. 显示视图中的组件

图 9-68 "显示视图中的组件"对话框

在创建装配体的工程图时，使用"显示视图中的组件"命令可以将视图中已隐藏的组件重新显示。选择菜单 编辑(E)→视图(W)→ 显示视图中的组件(M)...命令，打开如图 9-68 所示"显示视图中的组件"对话框。

单击 选择视图 (0)，从绘图区或对话框"视图列表"中选择需要显示组件的视图；单击"选择组件"按钮，从对话框"要显示的组件"列表中选择需要显示的组件；单击 确定 按钮即可完成指定视图中的组件显示。

8. 视图相关编辑

有时用户希望对视图的某些局部或细节进行修改而不是修改整个视图，比如显示部分虚线、将实线切换为双点划线等，都需要使用到"视图相关编辑"命令。选择菜单 编辑(E)→视图(W)→ 视图相关编辑(E)...命令，打开图 9-69 所示"视图相关编辑"对话框，现将相关功能介绍如下。

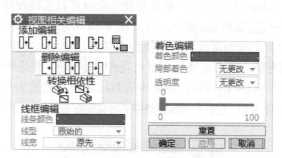

图 9-69 "视图相关编辑"对话框

1）添加编辑

➤ ：从选取的视图中擦除对象（如曲线、边以及剖面线等）。单击该按钮系统弹出"类选择"对话框，用户选择需擦除的对象后单击"确定"按钮完成擦除。这里要注意的是，擦除并非删除，只是让对象不显示在视图中。

➤ ：在选定的视图或图纸页中编辑完整对象（如曲线、边、样条等）的颜色、线型和宽度。单击该按钮在弹出的对话框"线框编辑"选项组中，用户通过"线条颜色" █████ 按钮可设置选定对象的颜色，通过"线型"下拉框 原始的 ▼ 和"线宽"下拉框 原先 ▼ 可设置选定对象的线型（虚线、点划线等）和线宽。完成"线宽编辑"选项组设置后单击 应用 按钮，系统弹出"类选择"对话框，用户选择需编辑的对象后单击"确定"按钮完成编辑。

➤ ⊹▌：可用于控制视图中对象的局部着色和透明度。单击该按钮系统弹出"类选择"对话框，用户选择需要局部着色的对象后单击"确定"按钮，系统返回"视图相关编辑"对话框。这时"着色编辑"选项组被单击，用户可以设置选定对象的着色颜色、着色方式、透明度，然后单击 应用 按钮完成着色。在这里需要强调的就是，该操作前必须设置视图样式以使局部着色对象在视图中显示出来。设置方法为：首先右击目标视图边界，在右键菜单中选择 A 设置(S)… 命令，打开"设置"对话框；在"公共"列表框选择"着色"，将"渲染样式"设置为 局部着色 ▼ 。

➤ ⊹▐：在选定的视图或图纸页中编辑对象段的颜色、线型和宽度。与"编辑完整对象"功能相似，但在这里允许用户选择边界将需编辑的对象进行分割，两个边界之间的区域为该操作的编辑对象。

➤ ▨▨：可用于有选择地控制面或体在剖视图背景中的可见性，只有带有可见背景的剖视图可以使用该功能。单击该按钮系统弹出"类选择"对话框，用户选择需显示的背景对象后单击"确定"按钮完成背景设置，未选择的背景将被擦除。

2）删除编辑

"删除编辑"是"添加编辑"的逆操作。

➤ ⊹▐：删除之前通过使用"擦除对象"功能将对象擦除。单击该按钮系统弹出"类选择"对话框，用户选择需要重新显示的对象后单击"确定"按钮完成操作。

➤ ⊹▐：在图纸页或制图视图中有选择地删除之前通过使用"编辑完整对象"或"编辑对象段"功能对对象的视图进行的相关编辑操作。单击该按钮系统弹出"类选择"对话框，用户选择需要恢复到初始状态的对象后单击"确定"按钮完成操作。

➤ ⊹▐：在图纸页或视图中删除之前对对象所做的所有视图相关编辑。单击该按钮系统弹出"删除所有编辑"警告框，单击 是(Y) 按钮完成操作。

3）转换相依性

➤ ▦：将模型中存在的某些对象（模型相关）转换为单个视图中存在的对象（视图相关），转换的对象应该是非参数化对象，不能转换引用的曲线（如带有关联尺寸的线）和关联的曲线。

➤ ▦：将单个制图视图中存在的某些对象（视图相关对象）转换为模型对象，可转换为模型对象的对象包括未关联的曲线、未引用的曲线、点、图样、尺寸和其他制图对象。

下面介绍一个视图相关编辑的示例。

Step1：打开本书配套素材 train/ch9 /视图相关编辑范例.prt。

Step2：选择菜单 编辑(E) → 视图(W) → 视图相关编辑(E)… 命令，打开"视图相关编辑"对话框，在绘图区选择图 9-70 所示视图。

Step3：单击"添加编辑"选项组擦除对象 ⊹▐ 按钮，系统弹出"类选择"对话框，在绘图区选择图 9-70 所示四条轮廓线，单击 确定 按钮，操作结果如图 9-71 所示。

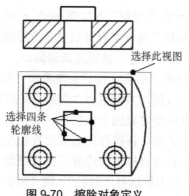

图 9-70 擦除对象定义

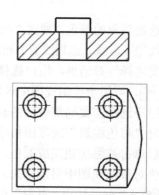

图 9-71 完成擦除对象

Step4：单击"添加编辑"选项组编辑完整对象 ⟦⟧→⟦⟧ 按钮，将"线框编辑"选项组"线型"设置为 ▬▬·▬·▬ ▼ ；单击 应用 按钮，系统弹出"类选择"对话框，在绘图区选择图 9-72 所示两条轮廓线；单击 确定 按钮，操作结果如图 9-73 所示。

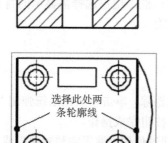

图 9-72 编辑完整对象定义

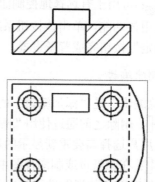

图 9-73 完成编辑完整对象

Step5：单击"添加编辑"选项组编辑对象段 ⟦⟧→⟦⟧ 按钮，将"线框编辑"选项组"线型"设置为 ▬▬·▬·▬ ▼ ；单击 应用 按钮，系统弹出"编辑对象段"对话框，在绘图区选择图 9-74 所示轮廓线后系统弹出"选择边界对象"对话框，在绘图区选择图 9-74 所示两条边界对象；单击"选择边界对象"对话框 确定→取消 按钮，返回"视图相关编辑"对话框，操作结果如图 9-75 所示。

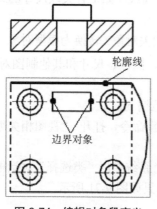

图 9-74 编辑对象段定义

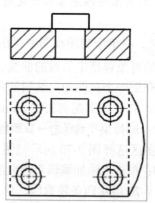

图 9-75 完成编辑对象段

Step6：单击"删除编辑"选项组删除所有编辑⨍⊡按钮，系统弹出"删除所有编辑"警告框，单击 是(Y) 按钮完成操作，这时视图恢复到初始状态。

Step7：单击"转换相依性"选项组模型转换到视图 按钮，系统弹出"类选择"对话框，在绘图区选择图 9-76 所示模型曲线，单击"类选择"对话框 确定 按钮完成转换，然后单击"视图相关编辑"对话框 确定 按钮，退出对话框。

Step8：在部件导航器右击✚ ✓ 导入的 "Top@1"，然后在右键菜单选中"展开"命令。

Step9：选择菜单 插入(S) → 曲线/点(C) → A 文本(T)... 命令，打开"文本"对话框，将"类型"设置为 面上 ▼ ；单击✲ 选择面 (0)，选择图 9-77 所示实体上表面为文本放置面；将"放置方法"设置为 面上的曲线 ▼ ，单击✲ 选择曲线 (0)，选择 9-77 所示下方轮廓线为放置曲线；在"文本属性"文本框中输入"UGNX"；其余接受默认设置，单击 确定 按钮完成文本的创建。

Step10：选择菜单 编辑(E) → 视图(W) → 视图相关编辑(E)... 命令，打开"视图相关编辑"对话框，然后在绘图区选择图 9-77 所示俯视图。

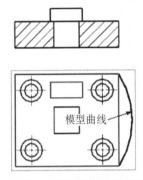

图 9-76　定义模型转换到视图

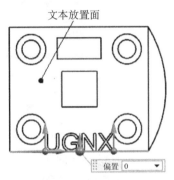

图 9-77　定义文本

Step11：单击"转换相依性"选项组视图转换到模型 按钮，系统弹出"类选择"对话框，在绘图区框选图 9-77 所示文字"UGNX"，单击 确定 按钮完成转换；单击"主页"/"应用模块"选项卡 按钮切换到建模模块，完成的转换如图 9-78 所示。

图 9-78　视图转换到模型

9.4 图样标注

1. 尺寸标注

"尺寸标注"命令位于 插入(S)→尺寸(M) 级联菜单中，其对应的功能按钮位于功能区"主页"选项卡的 "尺寸"按钮组中，包括快速尺寸按钮⊬ ⚡⊦、线性尺寸按钮⊢⊣、径向尺寸按钮⨍、角度尺寸按钮⊿、倒斜角尺寸按钮⊤、厚度尺寸按钮⊰、弧长尺寸按钮⊓、周长尺寸按钮⊡、坐标尺寸按钮⊞。

1）快速尺寸按钮⊬ ⚡⊦

单击该按钮，系统弹出的"快速尺寸"对话框如图 9-79 所示，其中"参考"选项组的两个选项用于选择需标注尺寸的图元；"测量"选项组"方法"下拉框提供了九种标注方法，"自动判断"表示由系统综合所选图元及鼠标位置做出判断,除此之外还有"水平""竖直""点到点""垂直""圆柱式""角度""径向""直径";单击"设置"选项组 $\boxed{A_A}$ 按钮,可以打开"快速尺寸设置"对话框,该对话框可以完成对当前尺寸的尺寸线、箭头、尺寸文本格式的设置,也可以添加尺寸文本的前缀和后缀,但不会影响已有的标注。

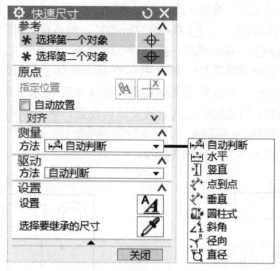

图 9-79 "快速尺寸"对话框

下面通过一个简单案例说明快速尺寸创建的一般流程。

Step1:打开本书配套素材 train/ch9 /底座_投影.prt。

Step2:选择菜单 插入(S) → 尺寸(M) → ┡╌┩ 快速(P)...命令,打开 "快速尺寸"对话框,将"测量"选项组"方法"设置为 ┢ 点到点 ▼ 。

Step3:单击"设置"选项组 $\boxed{A_A}$ 按钮,单击 ⊞ 文本 按钮,展开文本选项组,选中 尺寸文本,在"高度"文本框中输入数值"5",如图 9-80 所示,单击 关闭 按钮完成设置。

Step4:确认"参考"选项组 ✳ 选择第一个对象 处于激活态,在绘图区依次选择图 9-81 所示两个圆心点为第一个对象和第二个对象,然后移动鼠标至合适位置单击鼠标左键放置尺寸。

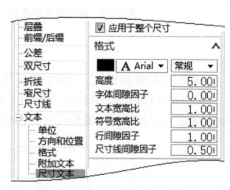

图 9-80 设置文字高度

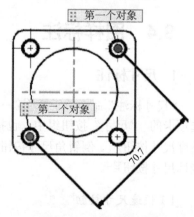

图 9-81 完成的快速尺寸

2）线性尺寸按钮 [x]

单击该按钮，系统弹出的"线性尺寸"对话框如图 9-82 所示，其中"参考"选项组的两个选项用于选择需标注尺寸的图元；"测量"选项组"方法"下拉框提供了七种标注方法，"自动判断"表示由系统综合所选图元及鼠标位置做出判断，除此之外还有"水平""竖直""点到点""垂直""圆柱式""孔标注"。这里"孔标注"的对象为模型中用孔工具创建的各类孔，但不包括用拉伸、旋转等建模命令创建的孔。

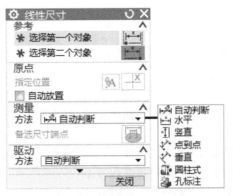

图 9-82　"线性尺寸"对话框

3）径向尺寸按钮 [R]

单击该按钮，系统弹出的"径向尺寸"对话框如图 9-83 所示，其中"测量"选项组"方法"下拉框提供了四种标注方法，"自动判断"表示由系统综合所选图元及鼠标位置做出判断，除此之外还有"径向""直径""孔标注"。"径向"表示标注圆弧或圆的半径值，"孔标注"可以标注用孔工具创建的各类孔的直径。

图 9-83　"径向尺寸"对话框

4）角度尺寸按钮 [∠]

单击该按钮，系统弹出的"角度尺寸"对话框如图 9-84 所示，其中"参考"选项组"选择模式"下拉框中 [⊕ 对象▼] 表示选择两条直线或坐标轴来标注角度，[Vectors and Objects ▼] 表示选择两个图元及矢量来标注角度。

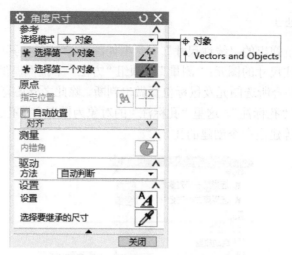

图 9-84 "角度尺寸"对话框

下面通过一个简单案例说明角度尺寸创建的一般流程。

Step1：打开本书配套素材 train/ch9 /角度尺寸.prt。

Step2：选择菜单插入(S)→尺寸(M)→ ⚟ 角度(A)... 命令，打开 "快速尺寸"对话框，将"参考"选项组 "选择模式"设置为 ⊕ 对象▼。

Step3：确认"参考"选项组 ✱ 选择第一个对象 处于激活态，在绘图区依次选择图 9-85 所示两条边界为第一个对象和第二个对象，然后移动鼠标至合适位置单击鼠标左键放置尺寸。

Step4：单击"设置"选项组 ⚟ 按钮，单击 ⊞ 文本 按钮展开文本选项组，选中单位，在"小数位数"文本框中输入数值"2"，单击 关闭 按钮完成设置。

Step5：将"参考"选项组 "选择模式"设置为 ↑Vectors and Objects▼；确认"参考"选项组 ✱ 选择第一个对象 处于激活态，在绘图区选择图 9-86 所示边界为第一个对象，然后在绘图区选择图 9-86 所示边界为第二个对象。

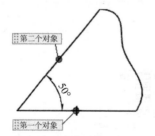

图 9-85 完成角度尺寸 1

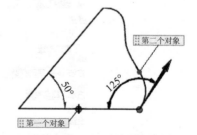

图 9-86 完成角度尺寸 2

Step6：此时系统自动选中 ✱ 指定第二个矢量，单击 ↧ 按钮，打开"矢量"对话框，将"类型"设置为 ⟋ 曲线上矢量▼；将 UG NX 主界面"曲线规则"设置为 单条曲线 ▼；在绘图区再次选择图 9-86 所示边界为第二个对象后将 "曲线上的位置"选项组 "位置"设置为 ⟋ 弧长百分比▼，在"弧长百分比"文本框输入数值"0"；单击 确定 按钮。

Step7：系统返回"角度尺寸"对话框，此时系统自动激活 ⟋ 指定位置，移动鼠标至合适位置单击鼠标左键放置尺寸，如图 9-86 所示。

5）倒斜角尺寸按钮 ⅄

单击该按钮，系统弹出的"倒斜角尺寸"对话框如图 9-87 所示，其中"倒斜角尺寸"工具可以标注在建模中使用"倒斜角"工具创建倒角的尺寸；"参考"选项组 ✱ 选择倒斜角对象 用于选择要应用尺寸的对象，该对象必须位于参考边的 45° 位置，✱ 选择参考对象 用于在倒斜角相邻边不适合作为参考边时，选择一个参考对象（与斜角边成 45° 的边或其他对象）。图 9-88 为倒斜角标注示例。

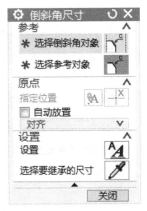

图 9-87　"倒斜角尺寸"对话框

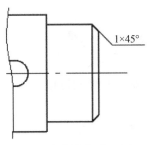

图 9-88　倒斜角标注示例

6）厚度尺寸按钮 ⅀

利用该按钮可创建两个平行对象或同心圆弧边界间的厚度尺寸，也可创建选定点与对象间的最短距离尺寸。"厚度尺寸"对话框如图 9-89 所示。选择两个对象，然后单击放置尺寸即可完成标注。这里要注意，第一个对象可以是点或其他对象，而第二个对象只能是其他对象。图 9-90 为厚度尺寸标注示例。

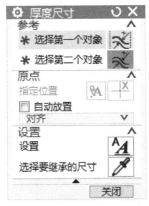

图 9-89　"厚度尺寸"对话框

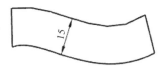

图 9-90　厚度尺寸标注示例

7）弧长尺寸按钮 ⅄

利用该按钮可创建圆弧周长尺寸。"弧长尺寸"对话框如图 9-91 所示。选择一段圆弧，然后单击放置尺寸即可完成标注。图 9-92 为弧长尺寸标注示例。

8）周长尺寸按钮

利用该按钮在活动草图中控制选定直线和圆弧的集体长度。"周长尺寸"对话框如图 9-93 所示。选择需要创建周长约束的对象（可以是一个对象也可以是多个对象），然后单击放置尺寸即可完成标注。

图 9-91 "弧长尺寸"对话框

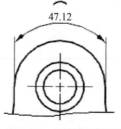

图 9-92 弧长标注示例

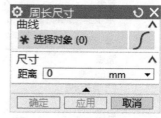

图 9-93 "周长尺寸"对话框

9）坐标尺寸按钮

对于复杂的工程图，尺寸较多，如果采用普通的尺寸标注方法会使图面杂乱不堪，这时如采用坐标法标注则可以很好地避免这一情况。"坐标尺寸"对话框如图 9-94 所示，现将对话框相关功能介绍如下。

（1）类型

➤ 单个尺寸▼：用于在单个点处创建坐标尺寸，用户可通过捕捉点过滤自己的选择。

➤ 多个尺寸▼：用于通过矩形工具同时选择多个尺寸点，必须事先定义边距 。

（2）参考

➤ 选择原点：用于选择视图中的一个点作为坐标尺寸集的原点，用户也可以通过 工具创建新原点。

➤ 选择对象：用于选择进行尺寸标注的单个或多个对象（点）。

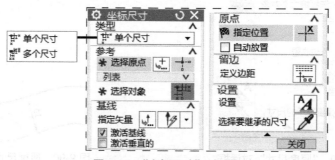

图 9-94 "坐标尺寸"对话框

（3）基线

基线可以理解为标注尺寸的起始边界线。

➤ ：使用矢量对话框或"矢量"列表中的选项指定基线方向，默认值为图纸页的 X 轴。

> ☑ **激活基线**：使主基线处于活动态。如 X 轴为主基线时，标注的坐标尺寸为 Y 方向坐标值。

> ☑ **激活垂直的**：使副基线（与主基线垂直的方向）处于活动态。如 X 轴为主基线时，标注的坐标尺寸为 X 方向坐标值。

（4）留边

定义坐标尺寸与选定的边界对象的距离，也可用于多个坐标尺寸的对齐。

单击 ⊞ 按钮可打开图 9-95 所示"定义边距"对话框。对话框中各项的含义如图 9-96 所示。

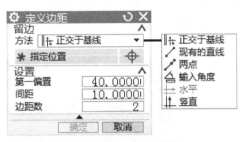

图 9-95　"定义边距"对话框

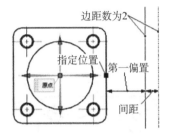

图 9-96　定义边距示例

下面通过一个简单案例说明坐标尺寸的创建方法。

Step1：打开本书配套素材 train/ch9 /底座_投影.prt。

Step2：选择菜单 插入(S) → 尺寸(M) → 坐标(O)… 命令，打开"坐标尺寸"对话框，将"类型"设置为 单个尺寸。

Step3：确认"参考"选项组 选择原点 处于激活态，在绘图区选择图 9-97 所示的圆心为坐标标注原点。

Step4：单击"设置"选项组 按钮，单击"快速尺寸设置"对话框 坐标，打开坐标设置框，选中 ☑ 在基线处显示零 复选框，并取消选中 显示尺寸线 复选框，其余接受默认设置；单击 关闭 按钮，完成设置并返回"坐标尺寸"对话框。

Step5：选中"基线"选项组 ☑ 激活基线 复选框，取消选中 激活垂直 复选框；单击"参考"选项组 选择对象，在绘图区选择图 9-97 所示的点 1 为标注对象，然后光标右移并在图示位置放置尺寸。

Step6：在绘图区选择图 9-97 所示的点 2 为标注对象，然后光标右移并在图示位置放置尺寸并使之与上一个尺寸在垂直方向对齐。

Step7：选中"基线"选项组 ☑ 激活垂直 复选框，取消选中 激活基线 复选框；单击"参考"选项组 选择对象，在绘图区选择图 9-97 所示的点 1 为标注对象，然后光标上移并在图示位置放置尺寸。

Step8：在绘图区选择图 9-97 所示的点 2 为标注对象，然后光标下移并在图示位置放置尺寸。

Step9：单击 关闭 按钮，完成尺寸标注。

10）标注尺寸公差

尺寸公差的标注可以在尺寸标注时完成，也可以在对已有尺寸进行编辑时添加公差，但不管采用哪种方法都必须在"线性尺寸设置"对话框的"公差"项中进行设置。

下面介绍标注尺寸时如何添加公差。

Step1：打开本书配套素材 train/ch9 /底座_投影.prt。

Step2：选择菜单 插入(S)→尺寸(M)→ 线性(L)...命令，打开 "线性尺寸"对话框，将测量"方法"设置为 水平▼。

Step3：单击"设置"选项组 按钮，然后单击"线性尺寸设置"对话框列表区公差项，展开公差设置区，进行如图 9-98 所示设置，单击关闭按钮完成设置。

Step4：确认"参考"选项组 选择第一个对象处于激活态，在绘图区依次选择图 9-99 所示两条边界为第一个对象和第二个对象，然后移动鼠标至合适位置单击鼠标左键放置尺寸。

Step5：单击"线性尺寸"对话框的关闭按钮，完成图 9-99 所示公差标注。

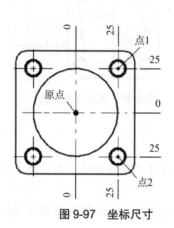

图 9-97　坐标尺寸

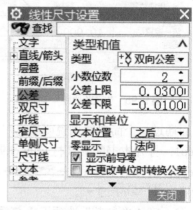

图 9-98　设置公差

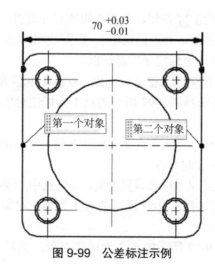

图 9-99　公差标注示例

2. 创建文本注释

选择菜单 插入(S)→注释(A)→ 注释(N)...命令，打开图 9-100 所示"注释"对话框，现将相关功能介绍如下。

单击"设置"选项组 A 按钮可以打开"注释设置"对话框，该对话框允许用户设置字体格式、字体大小、字体间隙、行间隙，还可以设置文字对正方式等；选中 ☑ 竖直文本 复选框可创建竖直排列的文本；"斜体角度"文本框用于设置斜体字的角度，此项必须在"文本输入"选项组选中斜体格式 I ，时有效；"粗体宽度"下拉框用于设置粗体宽度等级，此项必须在"文本输入"选项组选中粗体格式 B 时有效。

在"文本输入"选项组允许用户输入当前注释的文本内容，用户还可以从下方符号列表中选择常用符号作为文本内容；"编辑文本"中共有六个工具按钮，可以对文本进行复制、剪切、粘贴、清除等操作；"格式设置"可以实现临时字体格式、字体高度的设置，下方六个按钮可以设置粗体、斜体、下划线、上划线、上标及下标文字；另外"文本输入"还支持从其他文本文件导入内容或将文本内容导出至其他文本文件。

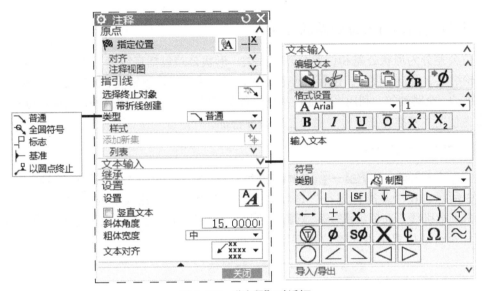

图 9-100　"注释"对话框

下面通过一案例介绍如何给视图添加文本注释。

Step1：打开本书配套素材 train/ch9 /底座_投影.prt。

Step2：打开 "注释"对话框。

Step3：单击"设置"选项组 A 按钮，打开"注释设置"对话框，将字体格式设置为 chinesef_fs ▼ ，将字体线宽设置为 Aa 正常宽 ▼ ；在字体"高度"文本框中输入数值"4"，其余接受默认设置，如图 9-101 所示；单击 关闭 按钮，完成设置并返回"注释"对话框。

Step4：在"注释"对话框"文本输入"选项组输入注释文本"M10 螺孔（深 15）"。

Step5：单击"指引线"选项组 选择终止对象 ，在绘图区选择图 9-102 所示圆心，然后拖动光标至合适位置单击左键放置文本注释。

Step6：单击"注释"对话框的 关闭 按钮，完成图 9-102 所示文本注释。

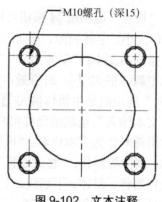

图 9-101 文本参数设置 图 9-102 文本注释

3. 基准的创建与形位公差的标注

形位公差分为形状公差和位置公差两大类，形状公差包括直线度、平面度、圆度、圆柱度、线轮廓度、面轮廓度等；位置公差包括平行度、垂直度、倾斜度、同轴度、对称度、位置度、圆跳动、全跳动等。利用"特征控制框"命令可以直接标注形状公差，当标注位置公差时需要事先使用"基准特征符号"命令创建基准特征。

1）创建基准特征符号

选择菜单 插入(S) → 注释(A) → ⒜ 基准特征符号(R)... 命令，打开的"基准特征符号"对话框如图 9-103 所示。在"基准标识符"选项组"字母"下拉框中输入基准名称，如"A""B"等；单击"指引线"选项组 选择终止对象，选择一个指引线的终止对象，再单击 指定位置，拖动光标至合适位置单击左键放置基准特征符号。

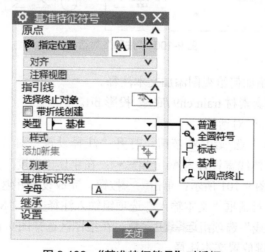

图 9-103 "基准特征符号"对话框

2）创建形位公差

选择菜单 插入(S) → 注释(A) → ⊨ 特征控制框(E)... 命令，打开的"特征控制框"对话框如图 9-104 所示。现将该对话框相关功能介绍如下。

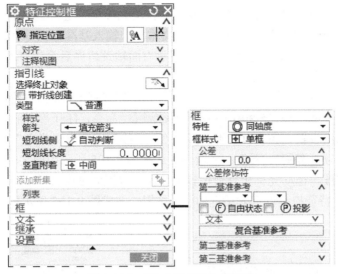

图 9-104 "特征控制框"对话框

（1）指引线

"指引线"选项组"类型"下拉框提供"普通""全圆符号""标志""基准""以圆点终止""全面符号"六种类型指引线；在"样式"中可对选定指引线类型设置不同风格，如"类型"选择"普通"，则可在下方"样式"的"箭头"下拉框选择"填充箭头""封闭箭头""封闭实心箭头""开放箭头"等；单击选择终止对象 ▚ 按钮，则用户可选择一个指引线将指向的对象。

（2）框

➤ "特性"：允许用户选择形位公差的类型，如圆度、同轴度、平行度等。

➤ 框样式：用户可以在"单框"与"复合框"中选择一种 。

➤ "公差"：共有 3 个框，第一个为下拉框，用于选择公差范围限制方式，包括"无""φ""Sφ"三种；第二个为文本框，用户可输入公差数值；第三个为下拉框，允许用户指定实体原则，包括最小实体状态Ⓛ、最大实体状态Ⓜ、不考虑特征大小Ⓢ及无 4 个选项。

➤ "第一基准参考"：共有 2 个框，第一个为下拉框，允许用户选择或输入一个基准符号；第二个也是下拉框，允许用户指定基准的实体原则，包括最小实体状态Ⓛ、最大实体状态Ⓜ、不考虑特征大小Ⓢ及无 4 个选项。

➤ "第二基准参考"和"第三基准参考"：定义第二、三基准，没有可不定义，定义方法与第一基准相同。

（3）文本

允许用户输入附加文本对形位公差进行说明。

3）形位公差标注举例

下面以创建位置公差为例说明形位公差的创建方法。

Step1：打开本书配套素材 train/ch9 /轴 2.prt。

Step2：选择菜单 插入(S) → 注释(A) → 基准特征符号(R)... 命令，打开 "基准特征符号"对话框。

Step3：在"基准标识符"选项组"字母"文本框中输入基准标识符"A"；将"指引线"选项组"类型"设置为 基准▾；单击"指引线"选项组 选择终止对象；在绘图区选择图 9-105

所示左面轴颈边界后系统自动激活 ▦ 指定位置，拖动光标至合适位置单击左键放置标识符。

　　Step4：在"基准标识符"选项组"字母"文本框中输入基准标识符"B"；单击"指引线"选项组选择终止对象；在绘图区选择图 9-105 所示右面轴颈边界后系统自动激活 ▦ 指定位置，拖动鼠标至合适位置单击左键放置标识符。

　　Step5：单击"特征控制框"对话框的关闭按钮，完成基准标识符的创建。

　　Step6：选择菜单插入(S)→注释(A)→ ⊨⊐ 特征控制框(E)…命令，打开"特征控制框"对话框；将对话框"框"选项组设置如图 9-106 所示；将"指引线"选项组"类型"设置为 ↘ 普通▼，单击"指引线"选项组选择终止对象；在绘图区选择图 9-105 所示中间大径面边界中点后系统自动激活 ▦ 指定位置，拖动光标至合适位置单击左键放置同轴度公差。

　　Step7：单击"特征控制框"对话框的关闭按钮，完成图 9-105 所示形位公差。

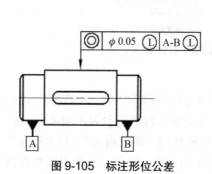

图 9-105　标注形位公差

图 9-106　"框"设置

4．表面粗糙度的标注

　　选择菜单插入(S)→注释(A)→ √ 表面粗糙度符号(S)…命令，打开图 9-107 所示的"表面粗糙度"对话框。依照"图例"中的参数标识在下方找到相应参数的文本框，在其中允许用户输入参数。比如在"放置符号（d）"文本框中输入"M"，则在绘图区标注表面糙度时会在粗糙度符号 ▽ 的"d"位（参见对话框"图例"）显示"M"。

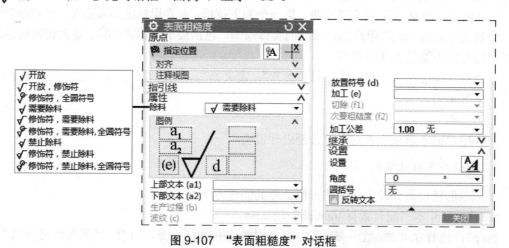

图 9-107　"表面粗糙度"对话框

下面举例说明表面粗糙度的标注方法。

Step1：打开本书配套素材 train/ch9 /轴 2.prt。

Step2：打开"表面粗糙度"对话框，将"属性"选项组"除料"设置为 √ 需要除料 ▼ ，在"下部文本（a2）"下拉框中输入数值"3.2"。

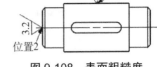

图 9-108　表面粗糙度

Step3：在绘图区选择图 9-108 所示位置 1 放置表面粗糙度标注。

Step4：在"设置"选项组"角度"文本框中输入数值"90"，然后在绘图区选择图 9-108 所示位置 2 再放置一个表面粗糙度标注。

Step5：单击 关闭 按钮完成标注。

5. 中心线

在 插入(S)→中心线(E) 级联菜单中包含一组有关中心线的命令，其对应的功能按钮位于功能区"主页"选项卡的"中心线"按钮组中。其中，"中心标记"命令 ⊕ 用于创建圆的中心标记；"螺栓圆中心线"命令 ⊕ 可以创建沿圆或圆弧分布多个对象之分度圆并标记对象的位置；"圆形中心线"命令 ⊙ 可以创建沿圆或圆弧分布多个对象之分度圆；"对称中心线"命令 ╫ 用于创建标记对象对称的中心线；"2D 中心线"命令 ⊞ 允许用户选择 2D 对象创建中心线；"3D 中心线"命令 ⊟ 允许用户选择 3D 对象（圆柱面、圆锥面等）创建中心线。各类型中心线的创建方法是基本相似的，下面案例包含了几种典型中心线的操作步骤。

Step1：打开本书配套素材 train/ch9 /中心线.prt。

Step2：创建中心标记。选择菜单 插入(S)→中心线(E)→⊕ 中心标记(M)... 命令，打开图 9-109 所示"中心标记"对话框；系统自动激活 ✳ 选择对象 (0)，在绘图区选择图 9-110 所示圆弧，单击 <确定> 按钮完成中心标记。

图 9-109　"中心标记"对话框

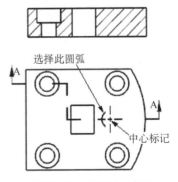

图 9-110　创建中心标记

Step3：创建螺栓圆中心线。选择菜单 插入(S)→中心线(E)→ ⊕ 螺栓圆(B)... 命令，打开图 9-111 所示"螺栓圆中心线"对话框；将对话框"类型"设置为 ⊙ 通过 3 个或多个点 ▼ ；选中"放置"选项组 ☑ 整圆 复选框；系统自动激活 ✳ 选择对象 (0)，在绘图区选择图 9-112 所示四个圆心点；再将"缝隙"设置为"2"、"中心十字"设置为"1.5"；单击 <确定> 按钮完成螺栓圆中心线。

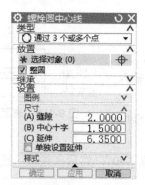

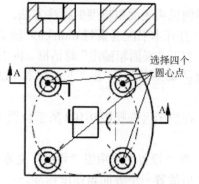

图 9-111　"螺栓圆中心线"对话框　　　　图 9-112　创建螺栓圆中心线

Step4：创建 2D 中心线。选择菜单 插入(S)→中心线(E)→ 2D 中心线... 命令，打开图 9-113 所示"2D 中心线"对话框；将"类型"设置为 从曲线▼；系统自动激活"第 1 侧" 选择对象 (0)，在绘图区选择图 9-114 所示第 1 侧曲线；系统自动激活"第 2 侧" 选择对象 (0)，在绘图区选择图 9-114 所示第 2 侧曲线；单击 <确定> 按钮完成 2D 中心线。

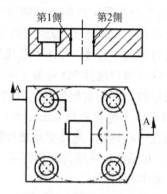

图 9-113　"2D 中心线"对话框　　　　图 9-114　创建 2D 中心线

Step5：创建 3D 中心线。选择菜单 插入(S)→中心线(E)→ 3D 中心线... 命令，打开图 9-115 所示"3D 中心线"对话框；将"偏置"选项组"方法"设置为 无 ▼；将"设置"选项组"超出线"设置为 2，勾选 ☑ 单独设置延伸 复选框；系统自动激活 选择对象 (0)，在绘图区选择图 9-116 所示内圆柱面；拖动上方箭头使中心线长度合适；单击 <确定> 按钮完成 3D 中心线。

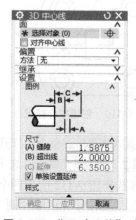

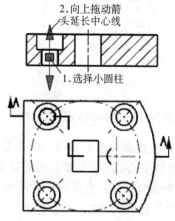

图 9-115　"3D 中心线"对话框　　　　图 9-116　创建 3D 中心线

9.5　工程图设计综合应用实例

完成如图 9-117 所示支座零件工程图。

1）打开文件

打开本书配套素材 train/ch9 /工程图实例 1.prt。

2）新建图纸页

进入工程图模块，选择菜单 插入(S)→ 图纸页(H)…命令，系统弹出"工作表"对话框；选中"大小"选项组 ◉ 使用模板 单选按钮，将"大小"下拉框设置为 A3 - 无视图，取消选中 ☐ 始终启动视图创建 复选框；单击 确定 按钮，完成工作表的创建。

3）显示图框和标题栏

选择菜单 格式(R)→ 图层设置(S)…命令，打开"图层设置"对话框，勾选 ☑ 170 和 ☑ 173 两个图层，单击 关闭 按钮完成图层设置。

4）创建基本视图 1

①选择菜单 插入(S)→ 视图(W)→ 基本(B)…命令，打开"基本视图"对话框；在"模型视图"选项组"要使用的模型视图"下拉框中选择 俯视图 ▼。

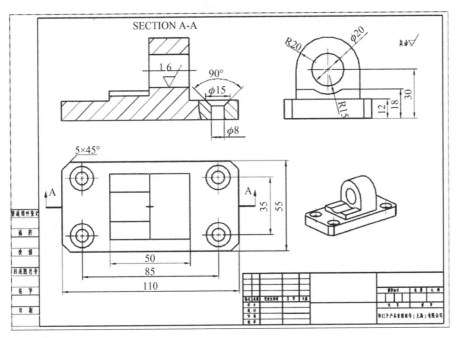

图 9-117　支座零件工程图

②单击工具按钮 🔄，打开"定向视图工具"对话框及"定向视图"小窗口（见图 9-118），单击"X 向"选项组 指定矢量，然后在"定向视图"小窗口中选择图 9-118 所示矢量为 X 方向，单击 确定 按钮完成定向。

③此时系统自动返回"基本视图"对话框，在绘图区图 9-119 所示位置单击鼠标左键放置视图，在弹出的"投影视图"对话框中单击 关闭 按钮，完成基本视图的创建。

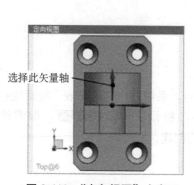

图 9-118 "定向视图"小窗口

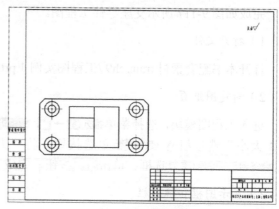

图 9-119 基本视图

5）创建全剖视图

①选择菜单 插入(S)→视图(W)→ 剖视图(S)... 命令，打开"剖视图"对话框，在"截面线"选项组"定义"下拉框中选择 动态 ▼ ，将"方法"设置为 简单剖/阶梯剖▼ ，"铰链线"选项组"矢量选项"设置为 自动判断▼ 。

②选择父视图：单击"父视图"选项组 选择视图 ，然后在绘图区选择上一步创建的基本视图（由于该工程图中当前只有一个视图，系统会自动选中该图，因此该步骤可省去）。

③指定剖切位置：单击"截面线段"选项组 指定位置 (0) ，然后在绘图区选择图 9-120 所示线段中点。

④放置视图：单击"视图原点"选项组 指定位置 （此步骤系统一般会自动跳转，如已跳转则本步骤可省略），然后在图 9-121 所示位置单击鼠标左键放置视图。

⑤设置剖面线间距：左键单击全剖视图中的剖面线，在弹出的工具条中单击 按钮，然后在"设置"对话框"距离"文本框中输入数值"6"。

⑥单击 关闭 按钮，完成的全剖视图如图 9-121 所示。

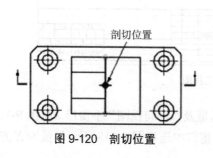

图 9-120 剖切位置

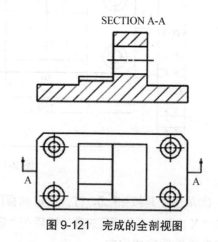

图 9-121 完成的全剖视图

6）创建投影左视图

①选择菜单 插入(S) → 视图(W) → ⚙ 投影(J)... 命令，打开"投影视图"对话框。

②单击"父视图"选项组 ✔ 选择视图，选择上一步创建的全剖视图为父视图；将"矢量选项"设置为 自动判断 ▼；将"方法"设置为 ⊞ 水平 ▼。

③在图 9-122 的左视图位置单击鼠标左键放置视图，单击 关闭 按钮完成投影视图的创建。

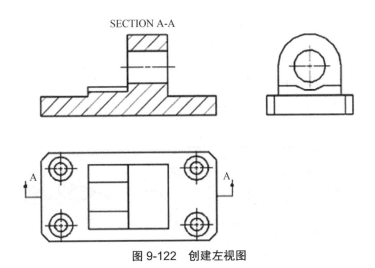

图 9-122　创建左视图

7）创建局部剖视图

①绘制草图（控制剖切范围）。在部件导航器中右键单击视图 ✔ 🗔 表区域 "SX@2" A，在右键菜单中选择 品 活动草图视图 命令；在功能区"主页"选项卡的"草图"命令组中选择艺术样条命令 ⌁，绘制图 9-123 所示草绘截面，单击完成草图 🏁 按钮。

②选择菜单 插入(S) → 视图(W) → 🗔 局部剖(O)... 命令，系统弹出"局部剖"对话框并自动选中"选择视图" 🖳 按钮，要求用户选择父视图，在绘图区选择全剖视图为父视图。

③系统自动进入下一步，此时"指出基点" 🖳 按钮处于选中状态，选择图 9-124 所示基点。

④系统自动进入下一步，此时"指出拉伸矢量" 🖳 按钮处于选中状态，单击 矢量反向 按钮使箭头方向如图 9-124 所示。

⑤单击选择曲线 🖳 按钮，在绘图区选择步骤①创建的曲线（见图 9-123）。

⑥单击 应用 按钮完成局部剖视图的创建（见图 9-125），单击 取消 按钮退出。

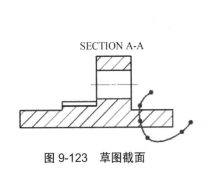

图 9-123　草图截面

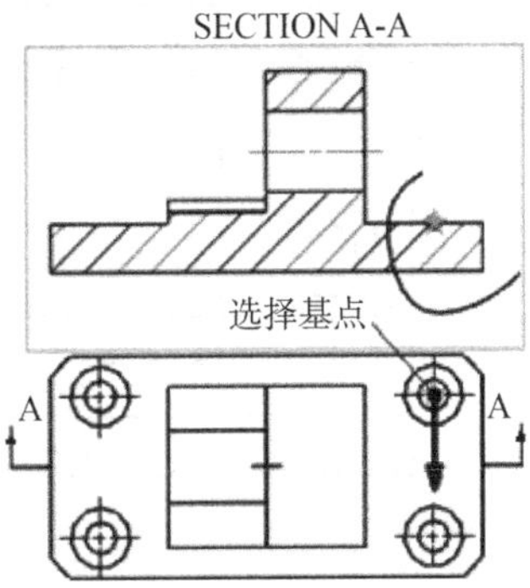

图 9-124　定义局部剖视图

8）创建轴测基本视图

①选择菜单 插入(S)→视图(W)→ 基本(B)... 命令，打开"基本视图"对话框；在"模型视图"选项组"要使用的模型视图"中选择 正二轴测图 ，将"比例"设置为 1:2 。

②在图 9-125 所示右下角位置单击鼠标左键放置视图，在弹出的"投影视图"对话框中单击 关闭 按钮完成基本视图的创建。

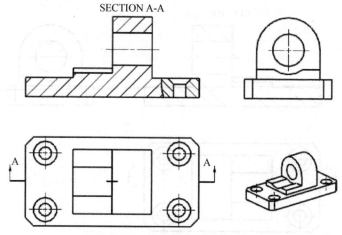

图 9-125　局部剖视图及轴测图

9）添加注释

①线性尺寸。选择菜单 插入(S)→尺寸(M)→ 线性(L)... 命令，打开 "线性尺寸"对话框，将测量"方法"设置为 自动判断 ，然后标注图 9-126 所示的所有线性尺寸。

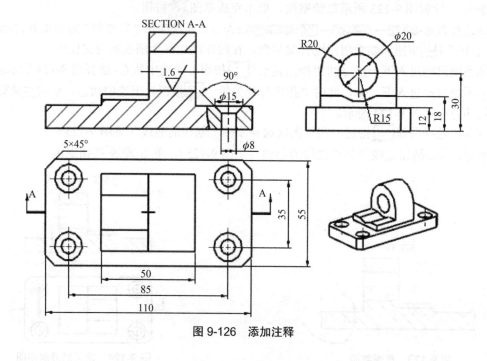

图 9-126　添加注释

②倒角尺寸。选择菜单 插入(S)→尺寸(M)→ ╲° 倒斜角(C)...命令，打开 "倒斜角尺寸"对话框，然后标注图 9-126 中俯视图的 5×45º 倒角。

③角度尺寸：选择菜单 插入(S)→尺寸(M)→ △ 角度(A)...命令，打开"角度尺寸"对话框，然后标注图 9-126 中主视图的 90º 沉孔角度标注。

④表面粗糙度。选择菜单 插入(S)→注释(A)→ √ 表面粗糙度符号(S)...命令，打开 "表面粗糙度"对话框；将"属性"选项组"除料"设置为 √ 需要除料 ▼，在"下部文本（a2）"下拉框中输入数值"1.6"；标注图 9-126 中主视图内孔处标注表面粗糙度。

10）创建中心线

选择菜单 插入(S)→中心线(E)→ ╬ 3D 中心线...命令，打开图 9-115 所示"3D 中心线"对话框；将"偏置"选项组"方法"设置为 无 ▼；在"设置"选项组勾选 ☑ 单独设置延伸复选框；系统自动激活 ✳ 选择对象 (0)，在绘图区选择图 9-126 主视图局部剖中沉孔内圆柱面；拖动箭头使中心线长度合适；单击 <确定> 按钮完成 3D 中心线。

11）保存文件

选择菜单 文件(F)→ 🖫 保存(S)命令（或单击工具栏 🖫 按钮）。

9.6　工程图设计综合练习

1. 按照本书配套素材 train/ch8/ "工程图练习 1"，创建如图 9-127 所示的工程图。

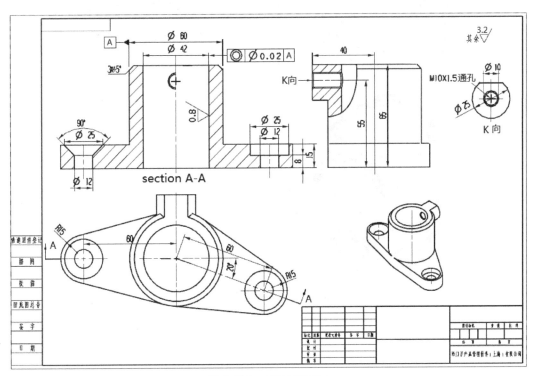

图 9-127　工程图练习 1

2. 首先按照图 9-128 所示的工程图绘制 3D 模型图，然后再创建模型的工程图。

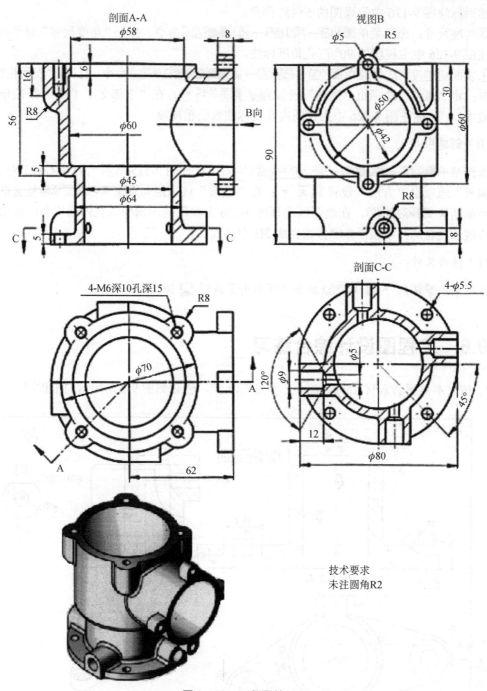

图 9-128　工程图练习 2

技术要求
未注圆角R2